Probleme mit dem Hund verstehen und vermeiden

Celina del Amo

Probleme mit dem Hund verstehen und vermeiden

mit 6 speziellen
Trainingsprogrammen

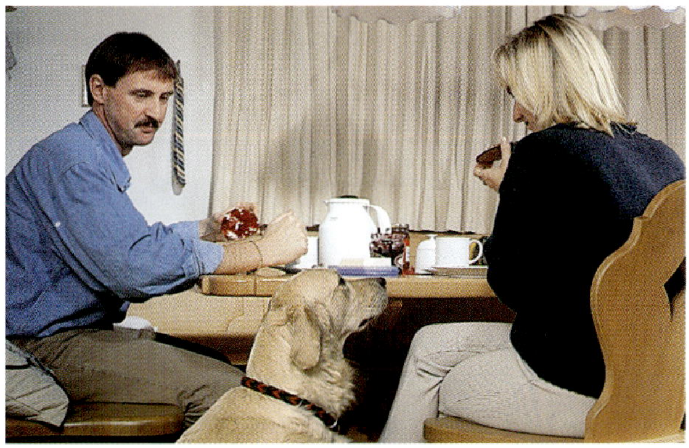

56 Farbfotos
11 Zeichnungen

E.U.
VERLAG
EUGEN
ULMER

Für Birgit und Anna

Danksagung: Ich möchte mich bei Frank Niedorf und Birgit Ober bedanken, die es mir durch das Schaffen einer entspannten Atmosphäre auch während der Prüfungszeit im dritten Teil des Staatsexamens und durch ihre Freundschaft ermöglicht haben, gleichzeitig an meinem Manuskript zu arbeiten. Weiterhin gilt mein Dank Gisela und Hannelore Beyer, die mir auch bei diesem Buch wieder mit vielen Ratschlägen zur Seite standen.

Die Deutsche Bibliothek – CIP-Einheitsaufnahme

DelAmo, Celina:
Probleme mit dem Hund verstehen
und vermeiden : mit 6 speziellen Trainings-
programmen / Celina del Amo. -
Stuttgart (Hohenheim) : Ulmer, 1999
ISBN 3-8001-7468-5

Wollgrasweg 41, 70599 Stuttgart (Hohenheim)
Printed in Germany
Lektorat: Dr. Eva-Maria Götz
Satz/DTP: KL-Grafik, München
Druck und Bindung: Friedrich Pustet, Regensburg

Inhaltsverzeichnis

Einführung

Lieber Hundebesitzer,

in diesem Buch werden die häufigsten Verhaltensprobleme beleuchtet, die im Zusammenleben mit Hunden auftreten und die oft für die Familie eine große Belastung darstellen. Gelegentlich resignieren die Halter und stellen die Überlegung an, den Hund entweder abzugeben oder gar einschläfern zu lassen. Das sollte aber nicht der letzte Ausweg sein. Denn glücklicherweise gibt es eine annehmbare Alternative: Mit gut angeleiteter und konsequent durchgeführter Verhaltenstherapie kann man die meisten Probleme in den Griff bekommen.

Zunächst einmal muss festgehalten werden, dass der oft benutzte Ausdruck »Verhaltensstörung« mit Blick auf die auftretenden Probleme in den meisten Fällen nicht gerechtfertigt ist. Wirklich gestörtes Verhalten ist krankhafter Natur und tritt zum Glück sehr selten in reiner Form auf. Eine echte Verhaltensstörung bedarf einer speziellen medizinischen Diagnose und Behandlung – leider ist die Therapie auch dann nicht immer von Erfolg gekrönt. Der Ausdruck »Problemverhalten« hingegen umfasst alle Verhaltensweisen, die für den Menschen im Zusammenleben mit dem Hund ein Problem darstellen. Durchaus normales Hundeverhalten wie beispielsweise Beißen kann ohne Frage zum Problem werden und sollte dann in jedem Fall behandelt werden.

Als Besitzer mag man zunächst schokkiert sein, wenn einem bewusst wird, dass man in einigen Fällen selbst – aus Liebe zu seinem Tier oder auch aus Gutmütigkeit – ein Problem erst hat entstehen lassen oder ein bestehendes verschlimmert hat. Der positive Aspekt dabei ist: Probleme, die aufgrund ungünstiger Erziehungsmaßnahmen oder nicht optimaler Haltungsbedingungen entstanden sind, können durch eine Korrektur dieser Umstände verhältnismäßig leicht wieder aus der Welt geschafft werden.

Das Buch ist in zwei Abschnitte unterteilt. Der erste beleuchtet in kurzgefasster Form einerseits das Sozialverhalten des Hundes, seine Entwicklung, Aspekte der Kommunikation und die daraus resultierenden Konsequenzen für das Zusammenleben von Mensch und Hund. Andererseits spiegelt er die Grundlagen sowie gängige Methoden der Erziehung umrissartig wider.

Der zweite Teil des Buches ist den einzelnen Problemstellungen gewidmet. Im Anhang sind verschiedene Trainingsprogramme aufgeführt, auf die in den Therapievorschlägen Bezug genommen wird.

Düsseldorf im Herbst 1999
Celina del Amo

Sozialverhalten

Entwicklungsphasen eines Hundes

Vorgeburtliche Phase

Die Erbanlagen des Hundes werden bei der Befruchtung der Eizelle festgelegt und sowohl durch die Gene des männlichen Tieres als auch der Mutterhündin bestimmt. Auf die Entwicklung der Welpen im Mutterleib wirken sich Stress, Ernährung, Medikamente, Gifte und Strahlung sowie Krankheiten der Hündin nachhaltig aus.

Konsequenz: Als Besitzer einer tragenden Hündin sollten Sie darauf achten, das Leben der Hündin während der 59 bis 64 Tage dauernden Trächtigkeit bestmöglich zu gestalten. Das bedeutet, sie keinem großen Stress auszusetzen, sie bedarfsgerecht zu ernähren und ihr das nötige Maß an Bewegung zukommen zu lassen, damit sich die Welpen optimal entwickeln können.

Geburt

Kurz vor der Geburt sucht die Hündin ein geeignetes Lager auf, wo sie die Welpen auf die Welt bringen wird. Bei der Geburt sind die Neugeborenen noch von Fruchthüllen umschlossen. Diese werden von der Hündin geöffnet und die Welpen daraus befreit. Die einzelnen Welpen kommen im Zeitabstand von ungefähr 30 Minuten auf die Welt. Die Hündin leckt sie – am Kopf beginnend – trocken und beißt schließlich die Nabelschnur durch. Etwa eine Viertelstunde später wird die Nachgeburt ausgestoßen und von der Hündin gefressen.

Neugeborenenphase

Diese Phase dauert vom Zeitpunkt der Geburt bis etwa zum 14. Lebenstag. Die noch wenig handlungsfähigen Welpen sind während dieser Zeit taub und blind und auf diese Weise vor ungünstigen psychischen Umwelteinflüssen geschützt. Ihre Wärmebildung ist noch nicht voll ausgereift und die körperlichen Reserven sind gering. Zwischen kalt und warm können sie aber bereits unterscheiden. Das Verhalten der Mutterhündin wird durch verschiedene Lautäußerungen der Welpen beeinflusst. Die Welpen sind in der Lage zu schmecken und zu fühlen. Ihre Handlungen basieren ausschließlich auf angeborenen Verhaltensweisen, die reflexartig als direkte Antwort auf einen bestimmten Reiz ausgeführt werden. Durch Pendelbewegungen des Kopfes findet der Welpe die Zitze, die er am Speichelgeruch erkennt, weil die Hündin nicht nur den Welpen, sondern auch ihr Gesäuge ableckt. Der Tagesablauf der Welpen besteht aus Schlafen, Saugen und Ausscheiden. Letzteres wird von der Hündin durch Belecken des Bauches und der Genitalregion der Jungtiere in Gang gebracht. Harn und Kot frisst die Hündin sofort auf und hält so das Lager sauber.

Studien belegen, dass instinktsicheres und liebevolles Verhalten der Mutterhündin den Charakter der Welpen mitbestimmt. Geruchskontakte mit Menschen während dieser frühen Zeit führen zu einer leichteren Kontaktaufnahme in der folgenden Lebensphase. Mäßiger Stress, dem die Welpen jetzt ausgesetzt werden, fördert im späteren Leben die Fähigkeit, mit Belastungen und Problemsituationen fertig zu werden. Das ist darauf zurückzuführen, dass während der Neugeborenenphase die Feinabstimmung des hormonellen Regelsystems stattfindet.

Konsequenz: Sie sollten als Besitzer darauf achten, die Welpen nicht zu isolieren und die Aufzucht nicht nur der Hündin zu überlassen. Wenn Sie die Hundebabys mildem Stress in Form von Anfassen, Streicheln, Hochheben, sanften Bewegungen des Lagers und Stimulationen durch verschiedene Geräusche und Lichtimpulse aussetzen, ermöglichen Sie ihnen den bestmöglichen Start ins Leben.

Übergangsphase

Die Übergangsphase dauert etwa vom 15. bis 21. Tag. Während dieser Woche öffnen die jungen Hunde zum ersten Mal die Augen und die Zähnchen brechen durch. Außerdem können sie jetzt auch hören und aufgrund einer besser funktionierenden Wärmeregulation erstmals kurz das Lager verlassen, um selbständig Harn und Kot abzusetzen. Bei Messungen von Gehirnströmen kann man, unter gleichzeitiger Einwirkung visueller, akustischer und geruchlicher Reize, erstmals Erregungen registrieren. Es lässt sich eine Unterscheidung zwischen leichtem Schlaf und Tiefschlaf feststellen. Gegen Ende dieser Phase ist sicher, dass die Welpen Menschen bewusst wahrnehmen können. Einige von ihnen beginnen sogar schon zu knurren, zu bellen oder zu wedeln.

Konsequenz: Kontakte zu Menschen sollten jetzt aufrechterhalten und die Stimulation des Gehörsinns und der optischen Wahrnehmung fortgeführt werden.

Sozialisationsphase

Diese Phase ist – auf verschiedene Bereiche bezogen – unterschiedlich lang. Die Sozialisation mit Artgenossen dauert etwa von der 3. bis zur 6. Woche, mit Menschen etwa bis zur 12. Woche. Das Zurechtkommen in neuartigen Umweltsituationen und die Sozialisation mit anderen Tierarten erfolgen etwa bis zur 16. Woche.

Das Gehirn der Welpen ist nun voll funktionsfähig und ihre Bewegungsaktivität nimmt zu. Verhaltensweisen wie Wedeln, Bellen, Zerren, Kauen, Tragen

Solch ein lockeres Zusammensein ist nur möglich, wenn der Hund während der Sozialisationsphase viele Menschen und Hunde kennengelernt hat.

oder Schleppen von Gegenständen, Balgen, Rennen und Springen werden ausprobiert und verfeinert. Ihre Kommunikation stützt sich jetzt auf Mimik, Gestik und Lautäußerungen, die im Spiel gezeigt werden und mehr und mehr dazu dienen, soziale Stellungen durchzuspielen. Innerhalb des Wurfes ist eine große Gruppendynamik zu beobachten, an der sich auch die erwachsenen Tiere beteiligen. Im Spiel wird Sozialverhalten erprobt und erlernt. Rangordnungsspiele erfreuen sich großer Beliebtheit. Außerdem wird die Kommunikation verbessert und die Koordination geschult. Erkundungs- und Neugierdeverhalten nehmen einen wichtigen Stellenwert ein. Abwechslungsreiche und vielfältige Umwelterfahrungen während dieser Phase entscheiden zusammen mit der genetischen Ausstattung des Welpen über Flexibilität und Lernbereitschaft im späteren Leben des Hundes.

Ab der 4. Woche werden die Welpen langsam von der Muttermilch entwöhnt und durch hervorgewürgtes Futter (oder

Konsequenz: Verschiedenartige positive Kontakte mit Hunden, Menschen und das Erleben einer möglichst abwechslungsreichen Umwelt sind dringend notwendig, um eine gute Sozialisation zu gewährleisten. Alles, was der Hund in dieser Phase kennenlernt, speichert er im Sinne eines Referenzwertes als normal ab. Das bedeutet, dass Sie Kontakte mit fremden Tierarten in dieser Zeit fördern sollten, wenn Sie möchten, dass sich die Tiere auch später problemlos aneinander gewöhnen. Durch einfache Übungen und gestellte Problemsituationen, wie etwa eine kleine Stufe im Weg oder Ähnliches, können Sie die Lernbereitschaft nachhaltig beeinflussen.

Dieser Hund ist gut mit Katzen sozialisiert.

auch durch vom Besitzer angebotenes) auf feste Nahrung umgestellt. Die Welpen springen zur Begrüßung an der Mutterhündin hoch und stimulieren sie dazu, Futter hervorzuwürgen, indem sie deren Mundwinkel mit der Schnauze anstupsen.

Bedeutung der Sozialisation

Sozialisation heißt im Grunde nichts anderes als »Einordnung in die Gesellschaft« und kann in Bezug auf das Hundeverhalten frei mit »Vertrautmachung« umschrieben werden. Ihr kommt für die Entwicklung eines Hundes größte Bedeutung zu. Während der Sozialisationsphase werden die Eindrücke anders abgespeichert als später. Innerhalb dieser Zeitspanne setzt der Hund für sich selbst eine Art Normalbereich fest, in dem alles enthalten ist, was ihm vertraut gemacht wurde. Er wird während der Sozialisationsphase sozusagen auf seine spezifische Umwelt vorbereitet. In gewissem Umfang ist es auch später noch möglich, den Hund an bestimmte Dinge zu gewöhnen, allerdings nur über Lernvorgänge und nicht mehr so ganz nebenbei, wie dies während der Sozialisationsphase geschieht.

Aber nicht nur Eindrücke spielen in der Sozialisationsphase für den Hund eine große Rolle, sondern er lernt durch einfache Aktions-Reaktions-Muster auch Mimik und Gestik richtig einzuschätzen und selbst einzusetzen. Hunden ist ein Großteil an Verhaltensweisen nicht einfach in die Wiege gelegt, wie man vielleicht zunächst annehmen möchte. Ganz im Gegenteil, sie müssen Schritt für Schritt ein normales Sozialverhalten erlernen. Dies geschieht im Spiel, wobei sie Rangpositionen durchspielen und dabei austesten, wie weit sie bei den einzelnen Geschwistern, den Elterntieren oder anderen Hunden gehen können.

Im Spiel erlernt der Hund die Beißhemmung.

Beißhemmung

Die Beißhemmung ist keinesfalls angeboren, sie wird bis etwa zur 18. Lebenswoche durch ein Aktions-Reaktions-Muster erlernt. Dieses sieht wie folgt aus: Ein Welpe beißt im Spiel einen anderen Hund, der vor Schreck und Schmerzen aufschreit. Dieser Schrei bedeutet für den Angreifer zunächst noch nichts, er hört nicht auf zu beißen. Der andere allerdings dreht sich um und verteidigt sich seinerseits mit einem Biss. Durch den Schmerz, den er am eigenen Leib erfährt, lernt der Welpe, die Bedeutung seines eigenen Bisses, den Grund des Aufschreies und auch die Stärke der Gegenwehr einzuschätzen; er erfährt, dass sie von der Stärke seines Angriffs abhängt.

Um eine gute Beißhemmung zu entwickeln, ist es für Welpen notwendig, mit möglichst vielen anderen Welpen – im Idealfall verschiedener Rassen – zu spielen. Nicht jeder Hund hat die gleiche Reizschwelle, um auf Spielattacken zu reagieren. In unserem modernen Stadtleben sind viele erwachsene Hunde Welpen gegenüber ausgesprochen geduldig, was nicht unbedingt nur positiv zu bewerten ist. Nichts geht über eine angemessene Maßregelung durch einen souveränen erwachsenen Hund, wenn ein Welpe sich zu dreist benimmt.

Auch in Bezug auf Menschen sollten Sie dem Welpen viel Spielmöglichkeit bie-

Entgegen der landläufigen Meinung, Welpen hätten einen sogenannten »Welpenschutz«, liegen die Dinge in Wirklichkeit anders. Kein erwachsener Hund hat die »Pflicht«, einen fremden Welpen und somit fremdes Erbgut zu schützen. Einen Welpen zu beißen oder gar zu töten, ist unter Hunden allerdings trotzdem eine seltene Ausnahme, denn Welpen haben im Allgemeinen die Tendenz, sich erwachsenen Hunden gegenüber unterwürfig zu zeigen. Diese Unterwürfigkeit wird im Rahmen der sozialen Spielregeln von den erwachsenen und ranghohen bzw. dominanten Tieren akzeptiert und entsprechend berücksichtigt, so dass es nicht zu einem Angriff kommt. Bissverletzungen oder Todesfälle sind im Zusammenhang mit Welpen entweder auf eine mangelnde Beißhemmung von Seiten des erwachsenen Hundes oder aber auf die Tatsache zurückzuführen, dass sich der Welpe – vermutlich durch mangelnde frühe Sozialisation zum Beispiel bei isolierter Aufzucht – nicht eindeutig untergeordnet hat. Die Beißhemmung, die vom Welpen erlernt werden muss, ist somit eine variable Größe. Die Stärke eines Angriffs wird auch von den Signalen der Gegenwehr oder der Unterwerfung des anderen Hundes bestimmt.

Konsequenz: Um zu gewährleisten, dass der Hund eine gute Beißhemmung erlernt, sollte man als Besitzer eines Welpen darauf achten, dass er mit vielen Hunden möglichst verschiedener Rassen spielen kann, da auch im Spielverhalten Rasseunterschiede zu beobachten sind. Wenn der Welpe im Spiel wirklich einmal eine kräftige Abreibung von einem anderen Hund bekommt, sollte der andere Hund nicht gleich als »verhaltensgestört« eingestuft werden. Meistens ist solch eine Abfuhr einer guten Sozialisation durchaus zuträglich und außerdem fast immer darauf zurückzuführen, dass der Welpe einfach zu weit gegangen ist.

Hier demonstriert ein Wolf durch das Über-die-Schnauze-Beißen seine Überlegenheit.

ten, aber als Besitzer von Anfang an trotzdem darauf achten, dass der Hund einige menschliche Spielregeln lernt.

Als Mensch haben Sie schlechte Karten, wenn Sie dem Hund entsprechende Gegenwehr bei Beißspielen bieten wollen, denn schließlich können Sie nicht zurückbeißen und auch das schrille Aufschreien eines anderen Welpen ist nur schlecht nachzuahmen. Wenn Sie dem Hund verdeutlichen wollen, dass Beißen etwas Unerwünschtes ist, erweist sich folgende Methode als ideal: Sobald der Hund zu ruppig zu werden beginnt, brechen Sie das Spiel für einen Moment ab und ignorieren ihn für kurze Zeit. Auf diese Weise lernt er schnell, dass er nur dann mit seinen Menschen spielen kann und nur dann von ihnen die erwünschte Zuneigung erfährt, wenn er seine Zähne unter Kontrolle hält. Diese Maßnahme sollten Sie besonders in dem Fall ergreifen, wenn der Welpe auf Ihren Händen herumkaut, nach Ihnen schnappt oder sich in Ihrer Kleidung verbeißt.

Schutz gegen Krankheiten

Während der für die soziale Entwicklung so wichtigen Sozialisationsphase ergibt sich in Bezug auf das Infektionsrisiko folgendes medizinische Problem: Eine regelmäßig geimpfte Hündin überträgt schon vor der Geburt und auch mit der Muttermilch Antikörper auf die Welpen, die diese vor den entsprechenden Krankheiten schützen. Diese Antikörper sind allerdings nur eine gewisse Zeit lang funktionsfähig und müssen von den Welpen durch eigene ersetzt werden. Das geschieht beispielsweise auf eine Impfung hin oder aber auch als Reaktion auf eine durchleb-

Ignorieren Sie den Hund, wenn er zu ruppig spielt oder Sie anspringt.

te Infektion. Leider befindet man sich dadurch in einem medizinischen Dilemma, denn Impfungen sind nur dann wirkungsvoll, wenn keine mütterlichen Antikörper mehr vorhanden sind.

Um eine ausreichend gute Krankheitsprophylaxe und gleichzeitig eine normale Entwicklung des Verhaltens zu gewährleisten, ist die beste, wenn auch nicht vollauf befriedigende Lösung, den Welpen früh und regelmäßig impfen und gleichzeitig so viel wie möglich mit anderen gesunden, ebenfalls geimpften Hunden zusammen zu lassen. Es bleibt zwar ein leicht erhöhtes Risiko für Infektionen. Das sollte man aber in Kauf nehmen, denn kein anderer Baustein der Entwicklung ist so wichtig wie eine gute Sozialisation.

Angst- und Erkundungsverhalten

Das Erkundungsverhalten gewinnt beim Hund ab der dritten Woche sprunghaft an Bedeutung, wenn er durch das Öffnen der Augen und Ohren mehr Sinneseindrücke verwerten kann. Angstgesteuertes Verhalten hingegen zeigen Hunde erstmals ab der fünften Woche. Im Laufe der Zeit, etwa ab der achten Woche, wird die Neugierde als Triebfeder für das Verhalten langsam von Angst überlagert. Das bedeutet, dass der Hund bis zur achten Woche völlig unbedarft an fremde Dinge herangeht und nach der achten Woche immer mehr dazu neigt, Fremdem gegenüber zunächst skeptisch zu reagieren.

Sie sollten versuchen, dem Hund so früh wie möglich, spätestens aber bis zur 16. Lebenswoche, ein breitgefächertes Bild seiner Umwelt zu vermitteln – zum einen, weil die Kluft zwischen Angst- und Erkundungsverhalten immer größer wird, zum anderen, weil der Hund nach Abschluss der Sozialisationsphase die neuen Eindrücke nicht mehr in derselben Art und Weise abspeichern kann wie vorher (vgl. Grafik 1, Seite 16).

Hunde in der Stadt sollten während der Sozialisation auch Fahrten mit öffentlichen Verkehrsmitteln kennen lernen.

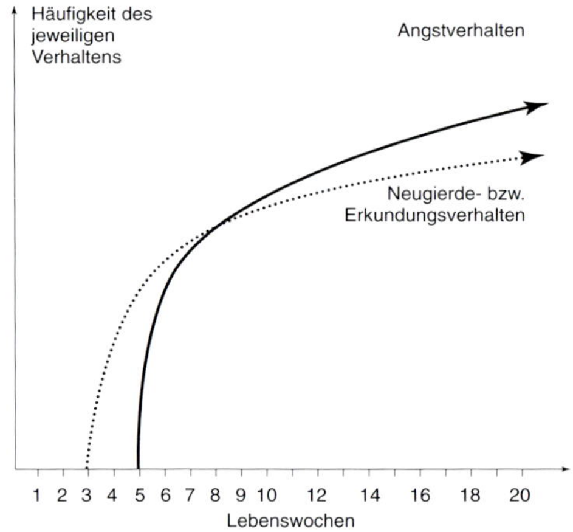

Grafik 1: Die zeitliche Entwicklung von Angst- und Neugierdeverhalten.

Im Hinblick auf die Sozialisation gegenüber fremden Tierarten, Menschen oder neuen Situationen ist dies besonders wichtig.

Auswirkungen von Stress

Stress ist ein Zustand, der über verschiedene Hormone reguliert wird. Die hauptsächlich an einer Stressreaktion beteiligten Hormone sind Adrenalin, Noradrenalin und ACTH (Adenocorticotropes Hormon). Der Körper ist grundsätzlich in der Lage, auch im Fall einer starken Belastung optimal zu reagieren. Hierzu dienen verschiedene Regelkreise, an denen unter anderem auch die genannten Substanzen beteiligt sind. Die beiden Extremreaktionen in Stress-Situationen sind Flucht oder Angriff.

Dauerstress wird vom Organismus sehr schlecht vertragen, weil der Körper nicht die nötige Zeit hat, sich von einem Alarmzustand wieder zu erholen, bevor die Regelsysteme erneut auf vollen Touren wirksam werden müssen. Die Organsysteme, die von Dauerstress am meisten in Mitleidenschaft gezogen werden, sind das Immunsystem, das Herz und der Magen-Darm-Kanal. Stress führt also nicht nur zu einer starken psychischen, sondern auch körperlich bedeutsamen Belastung.

Die gleichen Hormone, die bei der Stressregulation eine Rolle spielen, sind in gewisser Weise auch für die Verarbeitung und Abspeicherung von Lerneindrücken verantwortlich. In vereinfachter Form kann man sagen, dass für Lernvorgänge, auch für das Umlernen, ein normaler ACTH-Spiegel optimal ist. Ein zu niedriger ACTH-Spiegel bedingt langsames, mühsames Lernen und ein zu hoher steht der Möglichkeit entgegen, erlerntes Verhalten zu modifizieren. Besonders von Noradrenalin ist bekannt, dass es als Neurotransmitter im Gehirn maßgeblich am Ablauf von Lernvorgängen beteiligt ist. Die für das Lernen notwendigen Stoffwechselvorgänge werden durch Neurotransmitter bzw. Hormone beeinflusst und gesteuert. Bei einem zu hohen Spiegel von ACTH und Noradrenalin ist Lernen nicht mehr möglich und auch bereits gespeicherte Informationen können nicht mehr abgerufen werden.

Ein weiterer Botenstoff, Acetylcholin, ist für die Proteinbiosynthese und somit für die Abspeicherung von Informationen wichtig. Sein Gehalt hängt von der Konzentration des Noradrenalins ab. Liegt viel Noradrenalin vor, ist die Menge an Acetylcholin gering. Bei zu geringem Spiegel an Acetylcholin kommt es zur Lernblockade – die Abspeicherung von neuen Informationen ist dann nicht möglich.

Die Feinabstimmung der Regelsysteme, die später bei Stress-Situationen die Reaktionen steuern, findet während der Neugeborenenphase statt. In Bezug auf die Stresstoleranz, Verarbeitung von Sinneseindrücken und Abrufbarkeit bereits gespeicherter Informationen muss man folgendes berücksichtigen: Man kann auf Hunde, die durch einen angstauslösenden Reiz unter starkem Stress stehen, in diesem Moment nicht über Erziehungstechniken einwirken. Lernen ist dann nicht möglich. Starke Angst vermag außerdem alle bereits erlernten Eindrücke zu löschen, wenn diese noch nicht durch genügend häufige Wiederholungen ins Langzeitgedächtnis übergegangen sind.

Durch die Körpersprache werden Rangstellungen ausgedrückt. Der Husky dominiert hier den Golden Retriever.

Rangordnung

Für das Wohlbefinden eines Hundes ist ausschlaggebend, dass er einen festen Platz in der Rangordnung hat. Leider sind die menschlichen Vorstellungen von Macht und Toleranz nicht deckungsgleich mit denen von Hunden. Dies führt immer wieder zu Problemen, und zwar deshalb, weil ein Hund die Stellung, die ein Familienmitglied oder er selbst einnimmt, nur anhand verschiedener Gesten und Privilegien erkennen und einordnen kann. Die Signale, die für den Hund wichtig sind, sind für den Menschen dabei oft völlig bedeutungslos.

Eine Liste mit einigen wichtigen Gesten und Handlungen findet sich im Kapitel »Aggression« in der Übersicht 1. Die wichtigsten Ausdrucksformen der Körpersprache sind auf Seite 20, 21 dargestellt.

Jugendphase

Die Jugendphase schließt sich der Sozialisationsphase an. In diese Zeitspanne fällt der Zahnwechsel der Hunde, der zwi-

Ein wirklich ranghoher Hund zeichnet sich – entgegen der vorherrschenden Meinung – nicht durch übermäßige Aggression seiner Familie oder seinem Rudel gegenüber aus, sondern er leitet die Gruppe mit hervorstechender Souveränität. Kaum jemals fängt er einen Kampf an – er bringt seine Überlegenheit durch Mimik und Gestik zum Ausdruck. Eine hohe Rangstellung kann man vor allem daran erkennen, dass dieses Tier zu gemeinschaftlichen Aktivitäten aufruft und sich selbst die größten Privilegien einräumt, während die untergeordneten Tiere sich nach ihm richten. Dieses Regelprinzip der Unterordnung in einem Rudel ist auch in der Mensch-Hund-Beziehung zu beobachten: Ein seinem Menschen untergeordneter Hund richtet sich nur allzu gerne nach seinem Meister und wird mit Feuereifer an seinen Aktivitäten teilnehmen.

Durch das Über-die-Schnauze-Fassen maßregelt hier ein selbstbewusster Hund einen anderen, der seine Untergebenheit durch die Körpersprache ausdrückt.

schen dem vierten und sechsten Monat stattfindet. Auch in der Jugendphase sind soziale Kontakte und die Möglichkeit zu spielen wichtig für das Wohlbefinden der Tiere, wenn auch diese Kontakte keinen prägungsähnlichen Charakter mehr haben. Die Jugendphase dauert bis zum Eintritt der Geschlechtsreife. Diese kündigt sich beim Rüden dadurch an, dass er beginnt, beim Harnabsatz das Bein zu heben – je nach Veranlagung, sozialem Umfeld und Rasse etwa ab dem fünften Monat. Hündinnen werden durchschnittlich zwischen dem siebten und elften Monat zum ersten Mal läufig.

Erwachsenenalter

Die soziale Reife erreichen Hunde nicht gleichzeitig mit dem Eintritt der Geschlechtsreife, sondern erst wesentlich später. Auch hier spielen wieder Veranlagung, Rasse und das soziale Umfeld die entscheidende Rolle. Das bedeutet, dass einige Hunde schon mit 1 1/2 Jahren, andere aber erst mit drei Jahren oder noch später ihre soziale Reife erreichen.

Altern

Im Durchschnitt kann man bei Hunden ab einem Alter von ungefähr acht Jahren Alterungsvorgänge beobachten. Da die Rassevielfalt so enorm ist, sind auch die Unterschiede in Bezug auf das Altern besonders groß. Ähnlich wie Menschen altern einige Tiere früher, andere später, diese langsam und jene schlagartig. Auch im Verhalten sind mit zunehmendem Alter des Hundes Veränderungen zu beobachten, die denen der Menschen ähnlich

Während des Zahnwechsels ist das Kaubedürfnis groß. Bieten Sie dem Hund Kauknochen und Spielzeug an, damit er sich nicht selbst etwas sucht.

sein können. Ein alter Hund ist weniger flexibel und oftmals an seinen speziellen Tagesrhythmus angepasst. Außerdem machen vielen Hunden im Alter mehr und mehr Wehwehchen zu schaffen. Der Spieltrieb bleibt nicht selten lebenslang erhalten. Dasselbe gilt für die Lernfähigkeit, auch wenn die Geschwindigkeit, mit der neue Lerneindrücke abgespeichert werden, im Vergleich zu Jungtieren vermindert sein kann. Mit leichten Übungen und Spielen sollte man deshalb auch den alten Hund herausfordern.

Kommunikation und Normalverhalten

Die mittlerweile über 400 Hunderassen, die es auf der Welt gibt, unterscheiden sich untereinander nicht nur im äußeren Erscheinungsbild, sondern auch in ihrem Verhalten. Wegen dieser Uneinheitlichkeit und Vielfalt lässt sich kein Vergleichsmaßstab für »normales Hundeverhalten« festlegen. Will man ergründen, was normal ist und was in den Bereich Problemverhalten fällt oder sogar als Verhaltensstörung bezeichnet werden muss, dann sollte man immer einen Blick auf das rassetypische Verhalten des Hundes werfen. Bedingt durch ihre Veranlagungen neigen einige Rassen mehr als andere dazu, ein ganz bestimmtes Problemverhalten zu entwickeln. Aus dieser Tatsache ergibt sich im Prinzip die sicherste Prophylaxe. Durch eine gewissenhafte Auswahl der Rasse mit all ihren Verhaltensmerkmalen und unter Berücksichtigung der Zuchtgeschichte kann man bei Rassehunden schon vor dem Kauf abschätzen, mit welchen Veranlagungen man später zu rechnen hat. Als Beispiel soll hier der Pudel genannt werden, der zwar heutzutage hauptsächlich als Begleit- oder gar Schoßhund gehalten wird, der jedoch früher für die Jagd

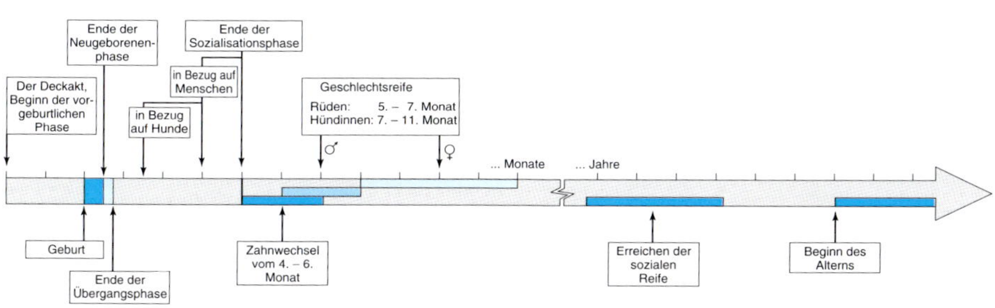

Grafik 2: Die Entwicklungsphasen eines Hundes im zeitlichen Überblick.

Körpersprache des Hundes

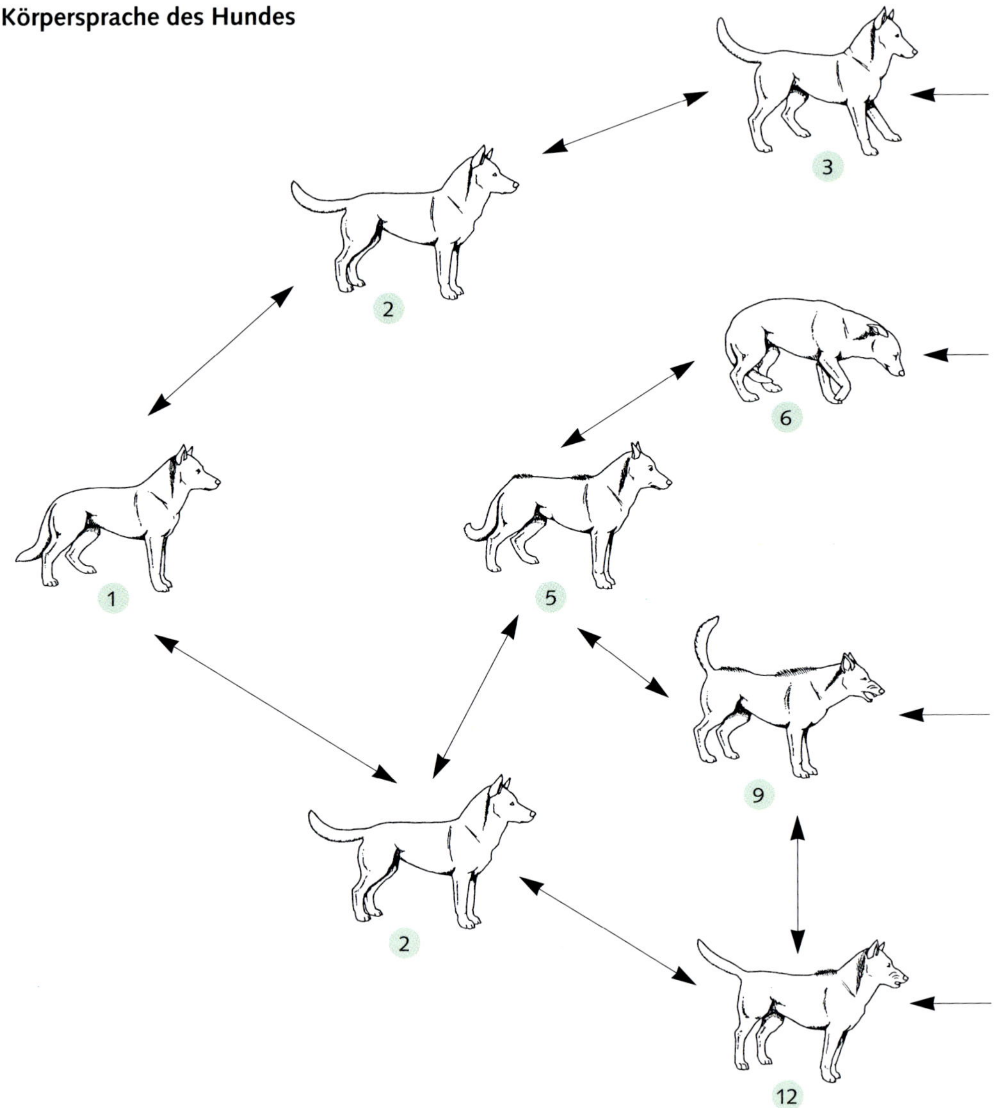

im Wasser gezüchtet und eingesetzt wurde. Für dieses Verhalten bringt er nach wie vor auch die entsprechenden Anlagen mit – vor allem eine große Wasserbegeisterung. Ähnliche charakteristische Eigenarten und Besonderheiten – basierend auf speziellen Zuchtzielen – zeigen sich bei nahezu allen Hunderassen.

Aus der Tatsache, dass Hunde schon vor weit mehr als 12.000 Jahren domestiziert wurden, ergibt sich, dass das Verhalten des Wolfes, des Stammvaters der Hunde, heute nicht mehr als allgemeingültiges Referenzsystem für »normales« Hundeverhalten herhalten kann. Trotzdem kann man mit einem Blick auf das Wolfsverhal-

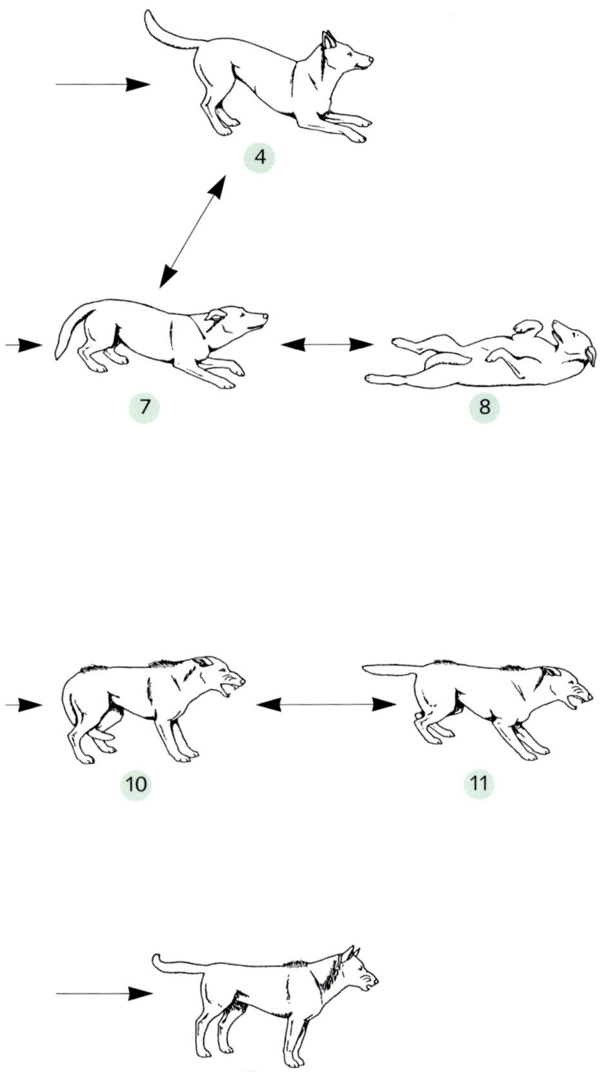

Die Körpersprache des Hundes ist situationsgebunden. Die Übergänge sind fließend.
Hund 1: neutrale Körperhaltung · Hund 2: aufmerksam · Hund 3 und 4: Spielpositionen · Hund 5: unsicher · Hund 6: Demutsgesten · Hund 7: aktive Unterwerfung · Hund 8: passive Unterwerfung · Hund 9: unsicheres Drohen · Hund 10: unsicheres Drohen, bereit zur Flucht oder zum Angriff · Hund 11: unsicheres Drohen, bereit zur Flucht oder zum Angriff · Hund 12: selbstsicheres Drohen · Hund 13: selbstsicheres Drohen, bereit zum Angriff

ten noch die eine oder andere Eigenart im Hundeverhalten erklären. Gute Kenntnisse der Körpersprache des Hundes helfen, bestimmte Problemverhaltensweisen zu verhindern oder dienen bei bestehenden Problemen dazu, eine sichere Diagnose zu stellen. In den oben abgebildeten Zeichnungen ist die Körpersprache des Hundes in einzelnen Stufen dargestellt, die fließend ineinander übergehen können.

Neben der Körpersprache basiert die Kommunikation der Hunde aber auch auf der Lautsprache. Im Zusammenleben mit einem Hund lernt der Besitzer meist schnell, die häufigsten Lautäußerungen seines Hundes richtig einzuschätzen.

Grundlagen der Ausbildung

Für die erfolgreiche Ausbildung eines Hundes müssen verschiedene Bedingungen erfüllt werden. Zum einen sollte der Hund die nötigen Anlagen für die jeweilige Ausbildung mitbringen, zum anderen sollte man sich Methoden bedienen, die der artgerechten und schnellen Erziehung nicht entgegenstehen.

Es gibt verschiedene Lernprinzipien, die im Folgenden aufgeführt werden. Die daraus abgeleiteten Methoden der Verhaltensmodifizierung sind wichtig für die Therapie von Verhaltensproblemen, denn nicht jedes Problem kann auf dieselbe Weise gelöst werden.

Intelligenz und Lernbereitschaft

Der Begriff Intelligenz ist wissenschaftlich nicht genau definiert. Unter Intelligenz werden im Allgemeinen Fähigkeiten wie Konzentration, Vorstellungskraft, Gedächtnis, Denken, Lernen und Kommunikationsfähigkeit zusammengefasst.

Intelligenzformen, die dem Hund zugeschrieben werden können, sind:

- Die räumliche Intelligenz, die es ihm ermöglicht, eine spezifische Umwelt als vertraut oder fremd zu erkennen und sich innerhalb dieser Umwelt bei einem zweiten Besuch wesentlich leichter zu orientieren.
- Weiterhin verfügt der Hund über eine körper- und bewegunsbezogene Intelligenz, denn er ist in der Lage, die verschiedensten Bewegungen zu erlernen, die ihm aufgrund anatomischer Möglichkeiten offen stehen.
- Als Tiere, die in einem gut strukturierten Sozialverband leben, verfügen Hunde über eine hochentwickelte soziale Intelligenz, die bemerkenswerterweise das Zusammenleben mit Menschen einschließt und nicht nur auf die eigene Art beschränkt ist.
- Die sprachliche Intelligenz ist bei Hunden zwar wesentlich stärker auf die Körpersprache als auf Lautäußerungen ausgerichtet, aber auch durch Lautäußerungen können sich Hunde mit anderen Hunden und auch mit Menschen verständigen und Nachrichten übermitteln.
- Jeder Hund hat seine charakteristische Form von veranlagungsbedingter Intelligenz. Diese ist durch die Fähigkeit zur Verarbeitung von Sinneseindrücken und körperlichen Anlagen charakterisiert.

Beim Training und in der Hundeausbildung kann man sich einige Begabungen des Hundes in besonderer Weise zunutze machen: Hunde sind uns je nach Rasse,

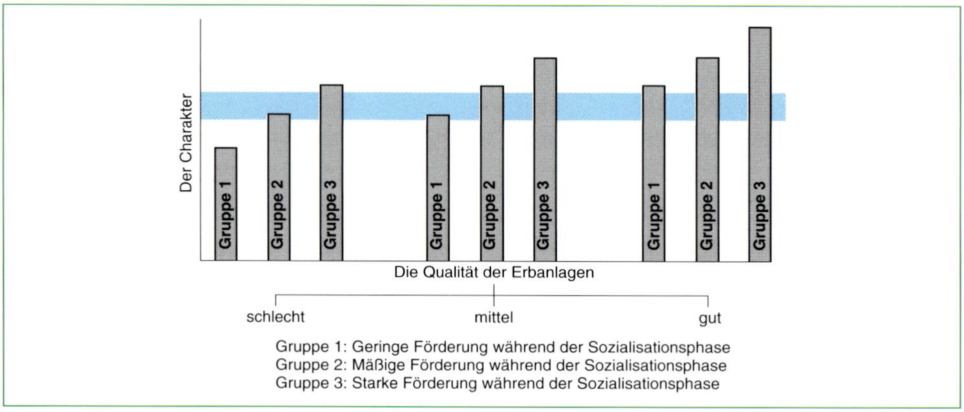

Grafik 3: Charakter des Hundes = Summe aus Erbanlagen und Sozialisation: Der blaue Balken in der Grafik stellt die charakterliche Voraussetzung dar, die der Hund für ein entspanntes Zusammenleben mit Menschen mitbringen sollte. Aus der Grafik geht hervor, dass auch einem ungetrübten Zusammenleben mit einem Hund, der mit schlechten Erbanlagen ausgestattet ist, nichts entgegensteht, wenn er während der Sozialisationsphase entsprechend gefördert wurde.

Größe und Alter meist in puncto Geschwindigkeit und Wendigkeit weit überlegen. Dasselbe gilt für die Hörleistung und die Riechkraft, die beim Hund der am besten ausgebildete Sinn ist. Im Gegensatz dazu ist seine Sehkraft meist der des Menschen unterlegen.

Für ein reibungsloses Zusammenleben von Hunden mit Menschen sind die wichtigsten charakterlichen Aspekte der Tiere ihre Anpassungsfähigkeit und ihre Lernbereitschaft. Was die Lernfähigkeit anbetrifft, legten Forscher in einer sehr interessanten amerikanischen Studie aus dem Jahre 1965 dar, dass gute Sozialisation durch die Förderung der Anpassungsfähigkeit und Lernbereitschaft wichtiger ist als gute Veranlagung (siehe oben stehende Grafik).

> Die »Intelligenz« des Hundes ist nicht nur naturgegeben. Sie wird zu einem Großteil durch die Aufzucht- und Haltungsbedingungen in der Sozialisationsphase während der ersten sechzehn Lebenswochen im positiven oder im negativen Sinne nachhaltig beeinflusst.

Verschiedene Lernprinzipien

Lernen durch Beobachtung

Viele Verhaltensweisen kann sich ein Hund von einem anderen abschauen. Dies fängt schon früh an, indem der Welpe der Mutter nachläuft und an Dingen schnüffelt, an denen sie schnüffelt, oder auch an dem Stöckchen knabbern will, das eines seiner Geschwister gerade erobert hat. Auch später ist Lernen durch Beobachten noch möglich und gelegentlich hat man den Eindruck, dass ein zweiter, neu aufgenommener Hund die Dinge viel schneller lernt als der erste, nämlich durch Beobachtung und Nachahmung. Dennoch: Auch wenn ein Hund Verhaltensweisen durch Beobachten übernimmt, stellt er als bloßer Zuschauer eines Trainings, das mit einem anderen Hund durchgeführt wird, keine Verknüpfung mit Befehlen her, die man jenem gibt. Lernen durch Beobachtung ist somit für den Hund zwar eine für seine Entwicklung sehr wichtige Fähigkeit, aber für ein gezieltes Training in Bezug auf eine Übung keine geeignete Methode.

Klassische Konditionierung

Unter klassischer Konditionierung versteht man die Kopplung eines neutralen Reizes mit einer Reflexantwort. Diese wird zunächst durch einen reflexauslösenden Reiz hervorgerufen. Durch mehrmalige, mit einem neutralen Reiz zeitgleiche Wiederholung dieser Reflexhandlung kann sie schließlich auch durch den neutralen Reiz ausgelöst werden.

Das bekannteste Beispiel der klassischen Konditionierung sind die Hunde Pawlows, die zunächst als Reflexantwort auf das Erblicken der Futterschüssel Speichelfluss zeigten. Als nächstes wurde gleichzeitig mit dem Zeigen der Futterschüssel als neutraler Reiz ein Metronom angestellt. Später konnte alleine durch das Ticken des Metronoms der Speichelfluss ausgelöst werden.

> Für die klassische Konditionierung ist als Grundvoraussetzung immer eine Reflexhandlung nötig, die man auf einen zunächst neutralen Reiz umlenken kann. Ein Charakteristikum der klassischen Konditionierung ist, dass sie nicht willentlich zu beeinflussen ist und nicht belohnt werden muss. Die Handlung selbst ist reflexgesteuert und läuft nach dem Alles-oder-nichts-Prinzip ab, wenn sie zum Beispiel durch einen Befehl als umgeformten, ehemals neutralem Reiz ausgelöst wurde.

Instrumentelle Konditionierung

Beim instrumentellen Lernen, auch operantes Lernen genannt, wird eine bestimmte Handlung durch eine Belohnung verstärkt und somit in Zukunft die Wahrscheinlichkeit erhöht, dass diese spezielle Handlung gezeigt wird. Nach erfolgreicher Konditionierung setzt der Hund also im positiven Sinn eine Handlung gezielt ein, um zum Beispiel ein Leckerchen zu ergattern.

> Für die instrumentelle Konditionierung müssen immer folgende drei Faktoren zusammentreffen: ein Reiz, die Reaktion und die Verstärkung. In einer Trainingssituation bedeutet das: Der Hund bekommt einen Befehl, zum Beispiel SITZ, befolgt ihn und erhält dann ein Belohnungsleckerchen. Auch das Prinzip »Versuch und Irrtum« folgt der instrumentellen Konditionierung. Die Verstärkung kann auch hier positiv oder negativ sein.

Die instrumentelle Konditionierung kann auch in negativer Form ablaufen. Bedingt durch einen Strafreiz wird dann eine bestimmte Handlung in der Folge seltener ausgeführt oder unterlassen, um einem erneuten Strafreiz zu entgehen.

Lob und Strafe

Wer Lob und Strafe in der Erziehung und bei der Behandlung eines Problemverhaltens sinnvoll einsetzen will, sollte sich folgende Dinge vor Augen führen:
Der Hund wird belohnt, um eine bestimmte Verhaltensweise zu bekräftigen und durch die positive Resonanz zu erreichen, dass dieses Verhalten öfter gezeigt wird. Hunde sprechen sehr gut auf Belohnungen in Form von Futterhappen, Spielzeug oder einem kurzen Spiel, Streicheln, verbalem Lob oder einfach nur auf verstärkte Aufmerksamkeit an. Gleichzeitig stellt das Wegfallen einer Strafe und damit einer unangenehmen Erfahrung eine Belohnung in sich selbst dar.

Um durch Belohnung ein bestimmtes Verhalten möglichst sicher zu festigen, ist es unabdingbar, die erwünschte Handlung in der Anlernphase jedesmal sofort zu belohnen. Nachdem der Hund die Verknüpfung zwischen der Handlung und dem Befehl sicher hergestellt hat, sollte man dieses Lob unregelmäßiger anwenden, um die Verknüpfung weiter zu festigen.

Ein Spiel mit dem Besitzer ist eine tolle Belohnung.

Wortinhalte können Hunde weder bei Lob noch bei Strafe erfassen. Besonders das »beschwichtigende Einreden« auf den Hund stellt eine ständige Quelle von Missverständnissen zwischen ihm und dem Menschen dar. Man neigt dazu, in einem Moment großen Stresses auf einen ängstlichen Hund mit schmeichelnden Worten einzureden, um ihn zu beruhigen oder ihm Zuspruch zu geben. Diesen sanften und liebevollen Tonfall interpretiert der Hund allerdings als Lob und stellt auf diese Weise die – falsche – Verbindung her: Es lohnt sich, Angst zu haben. Schließlich wird ja sein Verhalten vom Besitzer durch das »Lob« bestätigt und bekräftigt. Dasselbe kann auch für eine Strafe gelten (beispielsweise beim Hochspringen des Hundes). Auch wenn Sie den Hund für sein Verhalten schelten, wird er also nicht immer die Verknüpfung richtig herstellen. Die vermehrte Aufmerksamkeit, die ihm beim Beschimpftwerden zuteil wird, empfindet er unter Umständen eher als Belohnung denn als Strafe. Das liegt daran, dass Hunde – wie Menschen übrigens auch – negativ gefärbte Aufmerksamkeit als Belohnung akzeptieren, wenn positiv gefärbtes Beachtetwerden in dieser Situation nicht ausreichend zur Verfügung gestellt wird.

Beim Hochspringen etwa bedeutet dies, dass es zwei Möglichkeiten gibt, das Verhalten zu modifizieren. Entweder Sie ermöglichen es dem Hund, eine positiv gefärbte Aufmerksamkeit für ein erwünschtes Ersatzverhalten zu bekommen, oder aber Sie entziehen ihm jegliche Aufmerksamkeit, indem Sie ihn vollkommen ignorieren. Letzteres stellt für ihn tatsächlich eine Strafe dar (vgl. Gegenkonditionierung, Extinktion, Anspringen). Ausschlaggebend für den Erfolg der Erziehung ist der genaue Zeitpunkt, in dem das Lob (oder auch die Strafe) einsetzt wird. Viele Hundebesitzer begehen leider oft unbewusst den Fehler, ein Lob und somit eine Akzeptanz des Verhaltens zum falschen Zeitpunkt zu geben. Sie erziehen ihre Hunde so zu Ungenauigkeiten und damit zur Unfolgsamkeit. Die Zeitspanne, während der ein Hund Lob oder Strafe auf die Handlung bezieht, die er gerade ausgeführt hat, liegt unter einer Sekunde. Spätere Einwirkungen bezieht er demnach auf ganz andere Handlungen.

Beim Strafen haben Sie die Möglichkeit, direkt (in Form von verbaler Schelte, körperlicher Gewalt oder einer Einschüchterungstaktik) oder aber indirekt auf den Hund einzuwirken. Letzteres ist für viele Situationen die wirkungsvollere Methode, weil Sie in diesem Fall völlig im Hintergrund bleiben und die Strafe somit vom Hund konkret auf die Handlung selbst bezogen wird. Das bedeutet, der Hund wird in Zukunft diese Handlung nicht nur in Ihrer Anwesenheit unterlassen.

Wichtig bei der Durchführung einer indirekten Strafe (etwa Anspritzen mit einer Wasserpistole oder Bewerfen des Hundes mit einer leichten Wurfkette) ist es, nicht gleichzeitig zu schimpfen, denn nur dann ist man für den Hund auch wirklich nicht als Strafquelle zu identifizieren. Durch indirekte Strafen wirkt man außerdem der Gefahr entgegen, dass der Hund durch den direkten Eingriff des Besitzers Angst vor diesem bekommt.

Ignorieren des Hundes stellt eine ausgesprochen wirkungsvolle Strafe dar, denn nichts schockiert einen Hund mehr als Iso-

Diese Hündin demonstriert Unterwürfigkeit. Ein »schlechtes Gewissen« können Hunde nicht haben – wohl aber Angst vor ihrem Besitzer.

lation. Dabei muss man streng darauf achten, ihm im entscheidenden Moment, also genau während der Hund seine unerwünschte Handlung ausführt, jegliche Aufmerksamkeit zu entziehen. Es ist nicht notwendig, dies über einen langen Zeitraum fortzuführen. Ganz im Gegenteil, sobald der Hund sein unerwünschtes Verhalten eingestellt hat, können Sie ihn eine andere erwünschte Handlung ausführen lassen und diese dann belohnen, um so das gewünschte Verhalten zu bestärken (vgl. Trainingsprogramm 4).

Die Motivation des Hundes, ein bestimmtes Verhalten häufiger oder weniger häufig zu zeigen, wird entscheidend durch Lob oder Strafe bestimmt. Belohnungen, also alle Dinge, die dem Hund positiv erscheinen, steigern seine Motivation, genau das Verhalten zu zeigen, durch das er die jeweilige Belohnung erhalten kann. Strafen bewirken das Gegenteil.

Methoden der Verhaltensmodifizierung

Es gibt eine Reihe verschiedener Methoden, das Verhalten des Hundes zu ändern und ihm neue Lerneindrücke zu vermitteln. Die gängigsten sind nachfolgend aufgeführt, außerdem sind für einige dieser Vorgehensweisen spezielle Trainingsprogramme zusammengestellt.

Prinzip der Desensibilisierung

Bei der Desensibilisierung versucht man, den Hund schrittweise an einen bestimmten, negativ behafteten Reiz zu gewöhnen. Diese Methode ist mit guten Erfolgsaussichten beispielsweise bei Geräuschphobien einzusetzen. Der angstauslösende Reiz sollte dem Hund während der Therapie in einem entspannten Umfeld zunächst kaum merklich, dann in gesteigerter Intensität vorgeführt werden.

Prinzip der Gegenkonditionierung

Das Prinzip der Gegenkonditionierung kann man dann anwenden, wenn ein bestimmter Reiz beim Hund einen negativen emotionalen Zustand – etwa Angst oder Aggression – hervorruft, der dann zu einem unerwünschten Verhalten führt. Mittels Gegenkonditionierung erhält dieser Reiz eine neutrale oder positive Bedeutung. Beispiel: Der Hund beginnt beim Erblicken eines ihn ängstigenden Menschen ausgelassen zu spielen, statt Furcht zu empfinden.

Prinzip der Extinktion

Die Ausführung einer bestimmten Verhaltensweise erscheint für den Hund nicht mehr »lohnend«, wenn sie nicht mehr belohnt wird. Die Belohnung bezieht sich dabei sowohl auf eine positive als auch auf eine negative Bestätigung des Verhaltens. Wird der Hund völlig ignoriert, stellt er sein Verhalten ein. Das bezeichnet man als Auslöschung (= Extinktion). Gut geeignet ist diese Methode als Therapie bei Aufmerksamkeit erheischendem Verhalten.

Prinzip des Shaping

Als Shaping (<engl.> *to shape*: formen) bezeichnet man die Technik, dem Hund eine komplexe Handlung beizubringen, indem man kleinste Einzelhandlungen durch Belohnung verstärkt. Diese übt man zunächst unabhängig voneinander und setzt sie dann Schritt für Schritt zusammen. Wenn man hierbei die umgekehrte Reihenfolge der zu formenden Handlungskette wählt, erwartet der Hund die Belohnung immer erst nach der zuletzt auszuführenden Aktion.

Prinzip der bedingten Aversion

Das Prinzip der bedingten Aversion ist eine Form der klassischen Konditionierung. Man kann sie besonders gut im Bereich von Problemverhalten bei der Nahrungsaufnahme einsetzen, wenn man zum Beispiel dem Hund abgewöhnen möchte, dass er Kot oder andere Dinge frisst, die er draußen findet. Durch die Präparation mit bestimmten Mitteln dieses, im wahrsten Sinne des Wortes, gefundenen Fressens kann man Ekel oder starken Brechreiz auslösen. Diese sind unangenehme, vom Hund selbst nicht zu beeinflussende Reflexhandlungen, die er dann mit dem ehemals neutralen Umweltreiz (dem gefundenen Unrat) verbindet.

Prinzip der bedingten Appetenz

Die bedingte Appetenz ist ebenfalls eine Form der klassischen Konditionierung und steht somit auch immer im Zusammenhang mit einer Reflexhandlung. Sie kommt bei der Erziehung zur Stubenreinheit zum Tragen sowie bei der Entstehung von Angstproblemen (als sogenannte Angst vor der Angst) oder bei anderen Reflexhandlungen wie beispielsweise bei der Paarung. So gewöhnen sich Hunde bei erfolgreicher Paarung auch unbewusst an die jeweilige Umwelt, die ihrerseits nach mehrmaliger Wiederholung alleine als Reiz ausreicht, um eine sexuelle Erregung einzuleiten.

Prinzip der bedingten Hemmung

Bei der bedingten Hemmung, die eine Form des instrumentellen Lernens darstellt, muss der Hund die Verbindung herstellen, dass eine bestimmte Handlung eine Strafe zur Folge hat, die er als unangenehm empfindet. Infolgedessen wird er die Handlung in Zukunft nicht mehr oder zumindest nicht mehr so häufig zeigen.

Prinzip des Lernens durch Erfolg

Diese Methode kann man ebenfalls dem instrumentellen Lernen zuordnen. Sie basiert darauf, dass eine ausgeführte Handlung für den Hund eine bestimmte Belohnung nach sich zieht und deshalb von ihm öfter gezeigt wird. Dieses Prinzip wird in der Hundeerziehung schon seit jeher eingesetzt und hat auch in der modernen Hundeausbildung seinen festen Platz. Es wird tagtäglich umgesetzt, indem man den Hund für das ordnungsgemäße Ausführen eines Befehls mit Futter, Lob, Spiel oder Streicheleinheiten belohnt.

Prinzip der Reizüberflutung

Bei der Reizüberflutung setzt man den Hund zum Beispiel einem angstauslösenden Reiz solange aus, bis er nicht mehr darauf reagiert. Für Laien stellt dies keine geeignete Therapieform dar, weil der Stress während dieser Art des Trainings für den Hund ein unglaubliches Ausmaß annehmen kann. Reizüberflutung als Therapie sollte nur unter fachkundiger Anleitung erfolgen.

Problemverhalten

Im Folgenden sollen, soweit dies möglich war, nach Funktionskreisen geordnet die einzelnen Probleme, mögliche Ursachen und Besonderheiten sowie Prophylaxe- und Therapiemaßnahmen besprochen werden. Ich möchte an dieser Stelle jedoch ausdrücklich betonen, dass die Angaben keine allgemeingültigen Rezepte sind.

Da jeder Hund anders ist und sich mit seinem persönlichen Umfeld arrangieren muss, kann man auch in der Therapie nicht nach Patentrezepten vorgehen. Der Grundstein der Verhaltenstherapie ist die genaue Beobachtung und die richtige Einordnung eines bestimmten Verhaltens. Nur auf dieser Basis kann ein erfolgversprechendes Therapieprogramm erarbeitet werden. Damit einem dies gelingt, ist die genaue Kenntnis sowohl des art- und rasseabhängigen Normalverhaltens als auch der möglichen Differentialdiagnosen nötig.

Bei der Diagnosestellung von Verhaltensproblemen ist sinngemäß ein schöner Satz aus meinem Studium anzuwenden:

»Jedes Tier hat das Recht, mehrere Krankheiten gleichzeitig zu haben«.

Gleichzeitiges Auftreten zweier oder mehrerer Probleme – auch aus verschiedenen Funktionskreisen – ist demnach keine Seltenheit.

Ein auf Verhaltenstherapie spezialisierter Tierarzt scheint mir bei solchen Fällen der richtige Ansprechpartner zu sein, da es auch gilt, medizinische Probleme auszuschließen, die sich ebenfalls in Verhaltensveränderungen äußern können. In bestimmten Fällen, besonders aber, wenn Sie bei der alleinigen Durchführung eines speziellen Therapieprogramms unsicher sind, ist nichts gegen die intensive Zusammenarbeit mit einem gut geschulten Hundetrainer einzuwenden.

In der Verhaltenstherapie kann man keinen allgemeingültigen Zeitrahmen dafür festlegen, wie schnell ein bestimmtes Problem behoben werden kann. Sie tun sich selbst einen großen Gefallen, wenn Sie dies auch für sich selbst bei der Umsetzung eines Therapieplans berücksichtigen und sich keinen oder aber einen sehr großzügigen zeitlichen Rahmen stecken. Wenn Sie genug Geduld und Motivation dafür mitbringen, das Problem wirklich beheben zu wollen und sich auch nicht an sogenannten toten Punkten entmutigen lassen, werden Sie feststellen, dass oft nach einer gewissen Zeit oder einer Ihnen zuerst unüberwindlich scheinenden Hürde plötzlich alles viel schneller und leichter vorangeht.

Angst

Angst ist auch bei Hunden eine normale Reaktion auf verschiedene Reize, mit denen sie im täglichen Leben konfrontiert werden können. Die Sensibilität, mit der ein Hund ängstlich reagiert, ist sehr unterschiedlich. Sie wird weitgehend durch den Grad der Sozialisation, aber auch durch andere frühere Erfahrungen und die genetische Veranlagung bestimmt.

Die Verhaltensweisen, die ein Hund in Angstsituationen zeigt, reichen von Gesten der Unterwürfigkeit, wie sich klein zu machen, den Schwanz einzuziehen, sich auf den Rücken zu drehen, eine Pfote anzuheben, die Ohren anzulegen, bis hin zu körperlichen Symptomen starken Stresses, etwa einer gesteigerten Herzschlag- und Atemfrequenz, Durchfall, unkontrolliertem Harn- und Kotabsatz, Speicheln und Erbrechen.

Ein interessantes Phänomen ist das sogenannte Generalisieren. Wichtig und bekannt ist es vielleicht schon aus der Erziehung, häufig kann man es aber auch bei Angstreaktionen beobachten. In diesem Fall entwickelt der Hund nach und nach vor immer mehr Dingen oder Situationen Angst, die er früher stressfrei ertragen hat.

Im folgenden Kapitel sind die häufigsten der angstbedingten Probleme aufgeführt. Einige wurden allerdings aus Gründen der Übersichtlichkeit anderen Funktionskreisen des Hundeverhaltens zugeordnet.

Einen Überblick über die verschiedenen körperlichen Signale beim ängstlichen Verhalten des Hundes geben die Zeichnungen in der Rubrik »Die Körpersprache«.

Trennungsangst

Problem

Das als Trennungsangst bezeichnete Verhalten stellt ein weit verbreitetes Problem dar und bezieht sich auf die Situation, in der ein Hund, wenn man ihn alleine zu Hause lässt, eine Reihe unerwünschter Verhaltenweisen zeigt. Die Palette des Fehlverhaltens ist sehr groß und es ist für den unerfahrenen Hundehalter oftmals schwer, die Gründe dafür richtig einzuordnen. Die folgende Aufzählung gibt einen kurzen Überblick über Verhaltensweisen aus dem Problemkomplex Trennungsangst: Manche Hunde jaulen, winseln, bellen, fangen an, stark zu speicheln, Kot oder Harn in der Wohnung abzusetzen, andere erbrechen, fügen sich selbst Wunden zu oder beißen Sachen kaputt.

Ursache

Eine Erklärung, die alle oben aufgeführten Verhaltensprobleme unter einen Hut bringt, ist, dass der alleine gelassene Hund unter starker Angst beziehungsweise unter Stress leidet. Betrachtet man Hunde (und ihre Besitzer!), die unter diesem Problem zu leiden haben, wird man feststellen, dass es zwei Gruppen von Hunden gibt, die – alleine gelassen – Probleme entwickeln. Rasse und Geschlecht spielen dabei kaum eine Rolle:

Die einen haben eine besonders intensive, sehr abhängige Beziehung zu ihrem Besitzer. Die markanteste und für dieses Problem charakteristische Angewohnheit fast all dieser Hunde ist, ständig bestrebt zu sein, dem Besitzer in Haus und Hof hinterherzulaufen. Das kann in Extremfällen so weit gehen, dass der Hund seine Bezugsperson bis auf die Toilette verfolgt und – wenn ihm die Möglichkeit verwehrt wird, mit ins Bad zu kommen – solange davor sitzen bleibt, bis sich die Tür wieder öffnet. Außerdem lieben diese Hunde den Körperkontakt mit ihrer Bezugsperson ganz besonders. Manche von ihnen haben schon einmal schlechte Erfahrungen mit dem Alleingelassenwerden gemacht, wenn sie zum Beispiel »Hunde aus zweiter Hand« sind, die von ihren ersten Besitzern ausgesetzt wurden. Andere sind es seit jeher gewöhnt, immer jemanden um sich zu haben und auch immer mitgenommen zu werden.

Die andere Gruppe von Hunden steht nicht in solch einem engen Abhängigkeitsverhältnis zu ihren Menschen, verträgt aber dennoch Trennungen nicht. Da dieses Problem plötzlich auftreten kann, nimmt man an, dass der Hund in Abwesenheit der Besitzer eine für ihn eindrucksvoll negative Erfahrung gemacht und diese mit dem Alleinsein in Verbindung gebracht hat. Gelegentlich kann auch ein Umzug oder eine Änderung im Tagesablauf zu Trennungsangst beim Hund führen.

Der Stress, der durch die Trennungsangst entsteht, nimmt für die betroffenen Hunde so starke Ausmaße an, dass medizinisch bedeutsame Symptome auftreten: Die Herzschlagfrequenz ist gesteigert, andere zentral gesteuerte Funktionszentren des Körpers geben vermehrte oder verminderte Signale ab, so dass es zu dem oben angesprochenen vermehrten Speichelfluß, unkontrolliertem Harn- und Kotabsatz sowie zu Erbrechen kommen kann.

An den Türen sind oftmals Kratz- und Beißspuren sichtbar, wenn der Hund unter Trennungsangst leidet.

Der Stress als solcher ist es, der den Hund dazu veranlasst, die unerwünschten Verhaltensweisen zu zeigen. Sobald ein Tier (oder auch ein Mensch) in einen starken Stresszustand gerät, muss der Körper Wege finden, diesen abzubauen, um dem seelischen und körperlichen Ungleichgewicht standhalten zu können.

Warum einige Hunde den Stress durch Zerbeißen von Gegenständen (meist solcher, an denen der Geruch des Besitzers haftet) oder aber durch Kratzen und Beißen an der Haustür oder an Fenstern zu kanalisieren versuchen, während bei anderen die Kontrolle über die Schließmuskeln nicht mehr funktioniert und bei wieder anderen das Stressventil die Stimme zu sein scheint, bleibt ungeklärt. Für die Therapie ist dies aber auch nebensächlich.

Besonderheiten

Für alle oben aufgeführten Verhaltensweisen gibt es auch andere Ursachen, die nichts mit Trennungsangst zu tun haben. Die Unterscheidung fällt jedoch relativ leicht, weil die unerwünschten Verhaltensweisen bei einem Trennungsangstproblem ausschließlich in Abwesenheit der Besitzer gezeigt werden. Meist nimmt der Stress innerhalb der ersten zwanzig Minuten des Alleinseins für die Hunde so unerträgliche Ausmaße an, dass er in den unerwünschten Handlungen abreagiert werden muss.

Wenn ein alleine gelassener Hund winselt oder bellt, wird meist die Vermutung geäußert, dass er mit seiner Situation nicht zufrieden ist und entweder lieber seine Familie zu Hause hätte oder gerne mitgegangen wäre. Zeigt ein Hund aber etwa eine für die menschliche materielle Grundvorstellung weniger akzeptable Verhaltensweise, wie beispielsweise das Zerstören von Gegenständen oder eine Vorliebe dafür, auf den teuren Sesseln Kot oder Urin zu hinterlassen, tendiert man eher dazu, dieses Verhalten nicht mit der Angst des Hundes vor dem Alleinsein in Verbindung zu bringen. Statt dessen werden Gründe gesucht wie: »Das hat er jetzt nur getan, um sich dafür zu rächen, dass er nicht mitgenommen worden ist.« Ähnlich reagieren Besitzer oft, wenn der Hund erbricht. Ein häufig gehörter Spruch ist dann etwa: »Immer wenn wir mal schön abends weggehen wollen, mimt er den Kranken, und das, wo wir doch so selten ausgehen.« Diese und ähnliche Formen der Interpretation, die Hundebesitzern, die sich schon seit geraumer Zeit über das Verhalten ärgern, verständlicherweise zunächst in den Sinn kommen können, decken sich allerdings nicht mit der einheitlichen Expertenmeinung. Rache als Triebfeder für eine bestimmte Handlung ist im Verhaltensrepertoire der Hunde nicht zu finden.

> Trennungsangst des Hundes ist in jedem Fall therapiebedürftig, denn selbst in den Fällen, in denen der Besitzer die Stress-Kompensationsmaßnahmen des Hundes dulden bzw. tolerieren kann, befindet sich der Hund dennoch in einer starken Leidenssituation. Aus dieser sollte ihm, nicht zuletzt auch aus tierschutzrechtlichen Gründen, schnellstmöglich herausgeholfen werden.

Prophylaxe

Es scheint, dass Welpen aus Würfen, bei denen die Mutterhündin oft, aber nur kurz nicht mit ihren Welpen zusammen war, weniger häufig ein Trennungsangstproblem entwickeln, als Welpen, die selten, aber dafür längere Zeit von ihrer Mutter getrennt waren. Auch in der menschlichen Familie sollte der Hund gleich beim Einzug daran gewöhnt werden, (zunächst nur kurz) alleine bleiben zu müssen. An absehbare Änderungen im Tagesablauf kann der Hund schrittweise und so früh wie möglich gewöhnt werden. Außerdem sollte man darauf achten, dass der Hund ein gesundes Maß an Selbstvertrauen und damit auch eine gewisse Unabhängigkeit gegenüber seiner Bezugsperson entwickeln kann.

Therapievorschlag

Um des Problems Herr zu werden ist es nötig, die Einstellung des Hundes zum

Alleinsein soweit zu ändern, dass er nicht mehr in einen Stresszustand gerät. Nur auf diese Weise kann erreicht werden, dass sich das Verhalten des Hundes dauerhaft bessert. Für Hunde, die in besonders starker Abhängigkeit zu ihren Besitzern stehen, gilt es in der Therapie, diese Abhängigkeit zu mindern. Dieser Therapieansatz selbst kann mitunter schon ein Problem darstellen, weil manche Besitzer befürchten, ihr Hund büße neben der übertriebenen Abhängigkeit auch einen Teil seiner starken Zuneigung ein. Diese Furcht ist unbegründet, denn die Therapie besteht nicht darin, aus dem Hund in Zukunft ein dem Besitzer gegenüber gleichgültiges Wesen zu machen, sondern soll ihm ein normales Maß an Zugehörigkeitsgefühl vermitteln. Sie gibt ein neues Gefühl von Selbstsicherheit und -vertrauen und ein gesundes Maß an Eigenständigkeit.

Bei der anderen Gruppe von Hunden wird man leider nur selten herausfinden können, was tatsächlich während der Abwesenheit der Besitzer passiert ist und die plötzliche Angst vor dem Alleinebleiben ausgelöst hat. Falls einem dies gelingt, kann und sollte man die Therapie selbstverständlich direkt auf diese Situation zuschneiden (vgl. »Methoden der Verhaltensmodifizierung«).

Allgemeine Therapiemaßnahmen

Besonders für die überabhängigen Hunde empfiehlt es sich, die Bindung zu ihrem Besitzer ein wenig zu lockern, so dass die beiden Extremsituationen »Besitzer ist anwesend und wird ständig verfolgt« und »Besitzer ist außer Haus, und der Hund gerät in Panik« abgebaut werden. Das erreicht man am besten dadurch, dass man während der Zeit, die man zusammen mit dem Hund im Haus verbringt, immer einmal wieder Situationen der Trennung schafft. Man sollte den Hund durch die folgende Methode strikt daran hindern, ständig wie ein Schatten hinter einem herzulaufen: Man macht einfach die Tür hinter sich zu, wenn man das Zimmer verlässt, in dem man vorher gemeinsam mit dem Hund war. Je nach Akzeptanz von Seiten des Hundes können die Zeiten dieser räumlichen Trennung von nur wenigen Sekunden über mehrere Minuten bis hin zu einer halben Stunde ausgedehnt werden. In der Anfangsphase gilt, immer schon wieder hereinzukommen, bevor beim Hund eine negative Regung bemerkbar wird. Im Laufe der Zeit können und sollten die Zeitintervalle langsam verlängert werden.

Ebenfalls hilfreich ist es, innerhalb eines Zimmers eine größere Distanz zum Hund aufzubauen. Es ist empfehlenswert, dies zunächst mit einer Übung zu koppeln, so dass der Hund gleichzeitig auch auf seine Kosten kommt, indem er jedesmal ein Lob dafür erhält, dass er sich gemäß der Übung brav verhalten hat.

Legen Sie eine Decke auf den Boden und lassen Sie den Hund mit einem Befehl darauf abliegen, stehen oder sitzen. Befehlen Sie ihm dann BLEIB und entfernen Sie sich. Achten Sie allerdings streng darauf, dass die Übung zunächst so einfach ist, dass sie ordentlich ausgeführt und mit einem Lob beendet werden kann. Hierzu haben Sie die Zügel in der Hand, denn Sie können sowohl die Entfernung als auch die Zeit der »Trennung« steuern. Versuchen Sie, beide Komponenten langsam Tag für Tag zu steigern und lassen Sie den

Hund, wenn er schon eine kleine Trennung gut verkraftet, mehrmals täglich diese Übung ausführen. Sie erreichen, dass er nach und nach begreift, dass überhaupt nichts Schlimmes dabei ist; er gerät nicht in Stress und wird obendrein auch noch belohnt.

Die hier eingesetzte Decke sollte der Hund außer bei den BLEIB-Übungen nur in völlig entspannten Momenten zur Verfügung haben, wenn er zum Beispiel beim Fernsehen neben Ihnen auf dieser Decke liegen darf. So bekommt sie für den Hund einen positiven Charakter, weil er sie mit Lob und Streicheleinheiten in Verbindung bringt.

Zusätzlich können Sie noch ein optisches Signal einsetzen, etwa eine Flasche, die Sie zunächst in der BLEIB-Übung und später auch beim echten Verlassen der Wohnung auf den Fußboden stellen. Auf diese Weise erhält der Hund ein Signal für die Trennung, das aber im Gegensatz zu den althergebrachten Signalen des Abschieds nicht negativ gefärbt ist, sondern ihn an die entspannte Übungsatmosphäre erinnert. Wenn Sie dieses Signal bei einer echten Trennungssituation einsetzen möchten, sollten Sie es dem Hund frühzeitig geben und nicht erst beim Abschied selbst. Das birgt den Vorteil, dass die negativ geprägte Angsthandlungskette, die abgespult wird, wenn der Hund seinen Besitzer bei den Vorbereitungen für das Verlassen des Hauses beobachtet, so früh wie möglich unterbrochen wird. Der Hund kann sich dann ruhig hinlegen, denn nach erfolgreicher Verknüpfung weiss er, dass eine kurze Trennung bevorsteht, die er im Zusammenhang mit dem neuen Signal und der BLEIB-Übung schon kennen- und akzeptieren gelernt hat.

Die Begrüßung nach der Rückkehr sollten Sie nicht allzu stürmisch ausfallen lassen, um den Unterschied zwischen Abwesenheit und Heimkehr wiederum möglichst klein zu halten. Geben Sie dem Hund lieber die Bestätigung, nach der er trachtet, wenn er sich wieder beruhigt hat. Lassen Sie ihn dann einige einfache Übungen machen und belohnen ihn für eine korrekte Ausführung.

Um die Anzeichen zu verschleiern, die Auslöser für den sich meist täglich wiederholenden Angstzyklus sind, sollten Sie versuchen, das Haus auf möglichst unkonventionelle Weise zu verlassen. Ziehen Sie beispielsweise den Mantel erst draußen an oder gehen Sie über die Kellertreppe statt durch die Haustür hinaus. Sie können auch versuchen, am Wochenende den Hund zu täuschen, indem Sie sich wie gewöhnlich anziehen, um zur Arbeit zu gehen, dann aber schon nach fünf Minuten wiederkommen. Es ist auch hilfreich, wenn die Abschiedssignale dadurch entkoppelt werden, dass Sie sich unabhängig von einem Aufbruch den Mantel anziehen und ihn einfach eine Zeit lang in der Wohnung tragen oder dass Sie nach dem Autoschlüssel greifen und dann doch nicht wegfahren.

Aus demselben Grund sollten Sie auf Verabschiedungszeremonien wie etwa »So, jetzt musst du zu Hause bleiben, ich gehe arbeiten, sei schön brav« (meist noch begleitet von einem mitleidigen Streicheln) völlig verzichten. Oft fällt einem dies leichter, wenn man sich klarmacht, dass Hunde untereinander keine Verabschiedungsrituale haben und sich einfach trennen, gleichgültig wie gut sie miteinander klarkommen.

Sorgen Sie dafür, dass Sie Ihrem Hund genügend Bewegung verschaffen, so dass er möglichst zufrieden und müde ist, wenn er alleine bleiben muss. Aber gehen Sie nicht auf die Schnelle kurz vor Ihrem Aufbruch noch eine Runde mit ihm, denn dann ist der Hund wieder voll darauf eingestellt, mit Ihnen etwas zu unternehmen. Im Idealfall sollten Sie die eigentliche »Trennung« schon eine halbe Stunde vorverlegen, indem Sie, noch zu Hause, den Hund nicht mehr besonders beachten. Nur auf diese Weise wird für ihn der Unterschied zwischen Ihrer An- und Abwesenheit immer geringer.

Zusätzliches Desinteresse des Hundes an Ihrem Aufbruch erreichen Sie durch Trainingseinheiten, in denen Sie ständig hereinkommen und hinausgehen (so, als ob Sie etwas vergessen hätten) und hierbei die Zeit variieren. Dann weiß der Hund nie genau, ob Sie nun wirklich gegangen sind oder gleich wieder hereinkommen. Irgendwann springt auch der abhängigste Hund nicht mehr auf, sondern beobachtet nur noch von seinem Platz aus, was geschieht.

Wenn Sie in Ihrem häuslichen Leben ein bestimmtes Ritual haben, das besondere Ruhe und Gemütlichkeit widerspiegelt, wie Musik hören oder Fernsehen, können Sie dies nutzen, um dem Hund während Ihrer Abwesenheit möglichst ein beruhigendes Gefühl zu verschaffen: Legen Sie vor Ihrem Weggang beispielsweise Ihre Lieblingsplatte auf oder lassen Sie den Fernseher laufen.

Machen Sie bitte nicht den Fehler, Ihren Hund für sein Fehlverhalten zu strafen, denn für einen Hund, der unter Trennungsangst leidet, ist Strafe niemals die geeignete Thereapiemaßnahme. Sie schürt bestenfalls zusätzliche Angst, etwa vor Ihrer Wiederkehr, anstatt dem Tier den Stress während Ihrer Abwesenheit zu nehmen.

Einige Hunde, die unter Trennungsangst leiden, verhalten sich vorbildlich, wenn man sie im Auto warten lässt. Vielleicht könnte dies für kurze Trennungen einen Versuch wert sein. Allerdings scheidet diese Möglichkeit im Sommer wegen der hohen Temperaturen im Inneren des Wagens aus. Der Grund für die erstaunliche Tatsache, dass trennungsängstliche Hunde im Auto oftmals ohne weiteres alleine bleiben, ist, dass sie sich in kleinen Räumen (wie einem Auto oder auch einem Innenzwinger) geborgen fühlen und das Alleinbleiben dort leichter ertragen können.

In weniger schlimmen Fällen kann man versuchen, den Hund über Futter vom Alleinsein abzulenken, zum Beispiel indem man dort, wo sich der Hund aufhalten darf, jeweils besonders schmackhafte kleine Leckerchen unter umgedrehten Blumentöpfen versteckt.

Spezielle Therapiemaßnahmen

Wenn Ihr Hund neben seiner Abhängigkeit von Ihnen auch in alltäglichen Situationen zusätzlich einen ängstlich-zurückhaltenden Charakter zeigt, können Sie durch die im Trainingsprogramm 6 beschriebenen Übungen sein Selbstvertrauen stärken.

Für Hunde, die aus Trennungsangst Möbel zerstören, liegt die Lösung möglicherweise darin, einen kleinen Innenzwinger (in Fachgeschäften erhältlich) für die Wohnung zu besorgen, in dem der Hund die Zeit Ihrer Abwesenheit verbringen kann. Er muss so groß sein, dass sich der Hund bequem der Länge nach hinlegen und auch ohne Bewegungseinschränkung aufstehen kann. Für unsere menschlichen Begriffe scheint diese Möglichkeit zunächst grausam, weil wir davon ausgehen, dass sich der Hund wohler fühlt, wenn er sich frei bewegen kann. Das ist jedoch nicht ohne Einschränkung richtig. Selbstverständlich braucht der Hund ein großes Maß an Bewegung. Diese können wir ihm aber nicht durch ein noch so großes Haus verschaffen, sondern nur durch regelmäßige und lange Spaziergänge. Der Vorteil des Innenzwingers besteht für den Hund, der unter Trennungsangst leidet, darin, dass er einen sicheren Zufluchtsort hat, der ihm vertraut ist und ihm gefällt. Gleichzeitig nehmen wir ihm durch den Zwinger die Möglichkeit, Gegenstände in unserer Abwesenheit zu zerstören und bewahren ihn vor dem Teufelskreis, dass ihm nach unserer Rückkehr nicht überschwängliche Freude, sondern Wut und Verzweiflung über sein Fehlverhalten entgegenschlägt.

Um dem Hund das Gefühl zu geben, dass der Zwinger ein angenehmer Zufluchtsort für ihn ist, gilt es einige wichtige Grundregeln zu befolgen. Zunächst muss man sich darüber im Klaren sein, dass diese Gewöhnung Zeit braucht und dass sie nie durch ein negatives Erlebnis unterbrochen werden darf. Schritt für Schritt sollte das neue Heim eingeführt werden, indem man es mit einem Wassernapf und der Lieblingsdecke sowie Spielzeug ausstattet. Die Zwingertür sollte zu Beginn stets offen sein. Beginnen Sie am besten damit, den Hund im Zwinger zu füttern und gehen Sie dann einige Tage später dazu über, ihn Spielzeug, das Sie hineingeworfen haben, aus dem Zwinger heraus apportieren zu lassen. Geht er ohne Zögern hinein und heraus, können Sie mit der bereits oben angesprochenen BLEIB-Übung beginnen und nach und nach die Tür hierbei zunächst einige Sekunden, später mehrere Minuten schließen. Diese Übung muss immer mit viel Lob verbunden werden, so dass der Hund mit dem Zwinger nur positive Erfahrungen in Verbindung bringt. Sperren Sie den Hund niemals zur Strafe in den Zwinger und achten Sie stets darauf, dass Sie ihn wieder herauslassen, bevor bei ihm Unwohlsein aufgekommen ist. Nach einer genügend langen Eingewöhnungszeit können Sie dann dazu übergehen, ihn wirklich einmal in seinem Zwinger eine kurze Zeit lang alleine zu lassen. Legen Sie ihm hierzu etwas in den Zwinger, das er kaputtmachen darf, zum Beispiel Spielzeug oder auch einen dicken Ast, einen Kauknochen aus Büffelhaut oder einen alten Schuh. Dann kann er an diesen Gegenständen seinen Stress notfalls abbauen.

Wenn Ihr Hund in Ihrer Abwesenheit anhaltend bellt, empfiehlt sich als Training für ruhiges, lautloses Liegen die im Anhang als Trainingsprogramm 5 beschriebene Entspannungsübung. Sie können mit Hilfe eines laufenden Tonbandes versuchen herauszufinden, welches die kritische Zeitspanne ist bis Ihr Hund anfängt, seinem Stress durch Bellen Abhilfe zu verschaffen, und dann gezielt daran arbeiten, diese Zeitspanne auszudehnen.

Es gibt schwere Fälle, in denen es durchaus angezeigt sein kann, parallel zu all den bisher beschriebenen Therapiemaßnahmen medikamentös auf den Hund einzuwirken. Das müssen Sie im Einzelfall mit Ihrem Tierarzt besprechen (vgl. Seite 46 Ausführungen zur medikamentösen Therapie unter der Rubrik »Phobien«).

Insgesamt hängt der Erfolg der Therapie stark davon ab, ob Sie es einrichten können, die Zeitspanne in der Sie nicht zu Hause sind, langsam und unregelmäßig auszudehnen, so dass der Hund sich an kein festes Schema gewöhnt. Außerdem ist es auch entscheidend, ob es gelingt, dem Hund das Alleinbleiben möglichst nur über positive Erlebnisse zu vermitteln. Das heißt, dass Sie immer schon nach Hause kommen, bevor er angefangen hat, Angst und Stress zu entwickeln.

Ungenügende Sozialisation

(Unsicherheit mit Hunden, Menschen, unbekannten Situationen)

Problem

Eine verhältnismäßig große Zahl von Hunden hat Schwierigkeiten mit neuen und unbekannten Situationen. Das kann von leichter Schüchternheit bis hin zu regelrechten Angstattacken reichen. Ebenso variabel können die Auslöser für das ängstliche Verhalten sein. Einige Hunde haben Angst vor fremden Menschen, andere vor Hunden und wieder andere scheuen vor allen neuen Situationen zurück, egal, wer oder was daran beteiligt ist. In diese Gruppe der Verhaltensprobleme fällt ebenfalls die Angst im Straßenverkehr. Die Tiere ziehen scheinbar ziellos an der Leine, um möglichst schnell Abstand zu einem angstauslösenden Reiz zu bekommen.

Ein gläserner Aufzug kann Hunde zunächst irritieren.

Die häufigsten Reaktionen eines Hundes, der in einen Zustand der Angst gerät, sind folgende: Drang zur Flucht, Zittern, gesteigerte Herzschlagrate und Atemfrequenz, unkontrollierter Kot- und Harnabsatz, mangelnde Ansprechbarkeit auf Befehle, erstarrt Stehenbleiben oder auch Aggression (vgl. »Die Körpersprache«).

Ursache

Der Ausdruck »mangelhafte Sozialisation« bedeutet, dass der Hund in seiner frühen Entwicklungsphase, während der er besonders sensibel gegenüber allen neuen Eindrücken und sein Handeln noch unbedarft und wenig angstbestimmt war, zu wenige verschiedenartige Reize verarbeiten musste. Oder er ist in einem Umfeld herangewachsen, das nicht der späteren

Lebenssituation entsprach (vgl. Seite 10ff. »Die Sozialisationsphase« und »Die Bedeutung der Sozialisation«). Auf all das, was er während dieser Zeit nicht kennengelernt hat, wird er später zunächst ängstlich und vorsichtig reagieren. Je reizärmer die Umgebung war, in der der Hund aufgewachsen ist, desto größer sind später die Anpassungsschwierigkeiten.

Viele Angstreaktionen sind durch Lernvorgänge verstärkt worden. Auch die Tendenz zu fliehen und dabei stark an der Leine zu ziehen, ist in der Regel durch Lernvorgänge verstärkt. Das Ziehen stellt in diesem Fall eine selbstbelohnende Verhaltensweise dar: Der Hund muss sich, indem er mehr Abstand zwischen sich selbst und den angstauslösenden Reiz bringt, nicht länger mit der Situation auseinander setzen.

Besonderheiten

Im Prinzip ist es nicht richtig, mangelnde Sozialisation als eigenes Problem darzustellen, handelt es sich doch vielmehr um die Ursache für die verschiedensten Probleme. Trotzdem soll ihr hier ein eigenes Kapitel gewidmet werden. Leichte Formen mangelnder Sozialisation lassen sich nur schwer anders zuordnen und äußern sich darin, dass der Hund mit alltäglichen Situationen ganz gut umgehen kann und nur in ungewohnter Umgebung gestresst reagiert.

Prophylaxe

Man sollte früh genug darauf achten, dass dem Hund während seiner Sozialisationsphase die Dinge nahegebracht werden, die später sein Umfeld bestimmen. Das bedeutet, dass er, wenn er in der Stadt leben soll, auch unbedingt regen Straßenverkehr kennenlernen muss. Wichtig für eine breit gefächerte und gute Sozialisation sind intensive positive Kontakte mit Menschen, anderen Hunden und anderen Tierarten sowie die Möglichkeit, öffentliche Verkehrsmittel, Treppen, Aufzüge, Wasser, Lärm und vieles andere mehr kennen zu lernen.

Therapievorschlag

Mangelnde Sozialisation lässt sich nach Ablauf der ersten vier Lebensmonate nicht mehr nachholen. Trotzdem ist es nicht unmöglich, das Angstproblem eines mangelhaft sozialisierten Hundes in den Griff zu bekommen.

Hierfür stehen verschiedene Erziehungstechniken zur Verfügung, wie Desensibilisierung oder Gegenkonditionierung (vgl. »Methoden der Verhaltensmodifizierung« und die entsprechenden Trainingsprogramme im Anhang). Das Lernen, das durch diese Methoden beim Hund zu erzielen ist, hat im Gegensatz zu den Abläufen während der Sozialisationsphase keinen prägungsähnlichen Charakter. Bevor mit einem speziellen Training begonnen wird, sollte der angstauslösende Reiz möglichst genau identifiziert werden.

> Wie bei allen Verhaltensweisen, die dem Problemkomplex Angst zugeordnet werden, ist auch hier jede Form der Bestrafung nicht dazu geeignet, das Verhalten positiv zu beeinflussen. Ähnlich ungünstige Auswirkungen hat allerdings auch ein Lob zur falschen Zeit, denn dadurch wird der Hund in einem Moment starker Angst belohnt und bezieht das Lob direkt auf seine Angstgefühle.

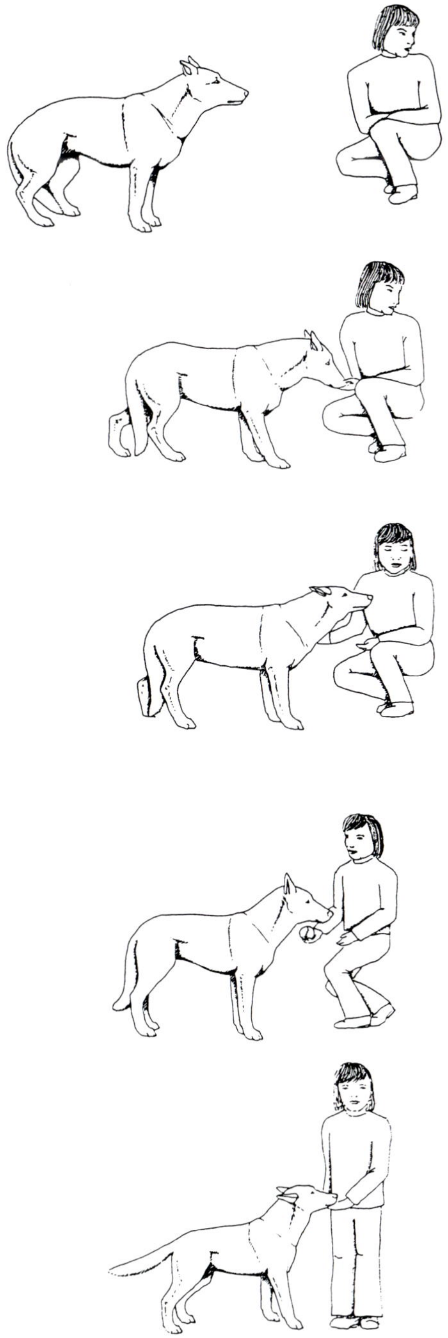

Wenn Sie wie hier gezeigt, Friedfertigkeit signalisieren, traut sich auch ein ängstlicher Hund Kontakt aufzunehmen.

Einige Trainingsbeispiele, mit denen die negative und angstbeladene Erwartungshaltung eines Hundes vor einem bestimmten Reiz in eine positive umgeändert werden kann, sind unter der Rubrik »Aggression gegen Artgenossen« aufgezeigt. Wenn sich die Angst mit einer nachfolgenden, aggressiven Reaktion gegenüber Menschen äußert, ist es wichtig, dass die am Training beteiligten Hilfspersonen auf ihre eigene Körpersprache achten. Sich klein zu machen, den Blick abzuwenden und ruhig zu bleiben, signalisieren dem Hund Friedfertigkeit, wohingegen dominante oder aggressive Gesten – etwa auf den Hund zugehen oder von oben auf ihn zu fassen – den Hund zusätzlich verunsichern.

Bei der Therapie eines mangelhaft sozialisierten Hundes sind Entspannungsübungen sehr zu empfehlen. Außerdem sollten Sie das Selbstvertrauen des Hundes stärken. Trainingsprogramme dazu sind im Anhang beschrieben. Bei Hunden, die aus Angst vor einem bestimmten Reiz kopflos zu fliehen versuchen und stark an der Leine ziehen, ist außerdem der Einsatz eines Hundehalfters besonders hilfreich (vgl. Trainingsprogramm 2).

In schweren Fällen hat sich eine zusätzlich neben der Verhaltenstherapie angesetzte Behandlung mit Arzneimitteln als hilfreich erwiesen. Ansprechpartner ist hier der Tierarzt. Das Wichtigste bei der Anwendung von Medikamenten in diesem Fall ist, dass sie die Lernvorgänge nicht beeinträchtigen, denn das würde der parallel dazu angesetzten Verhaltenstherapie entgegenwirken (vgl. »Die Auswirkungen von Stress« und Ausführungen zur medikamentösen Therapie unter der Rubrik »Phobien«).

Angst aufgrund schlechter Erfahrungen

Problem

Wenn ein nicht besonders ängstlicher Hund plötzlich in verschiedenen Situationen oder aber ganz konkret bei Erscheinen einer bestimmten Person, Personengruppe, einem Hund oder einer bestimmten Hunderasse Angstreaktionen zeigt, ist die Wahrscheinlichkeit groß, dass er mit diesen eine negative und gleichzeitig sehr eindrucksvolle Erfahrung gemacht hat.

Angst löst entweder eine Fluchtreaktion aus, zu der man neben dem Weglaufen auch das Sichverkriechen oder ein anderes weniger stark ausgeprägtes Meideverhalten zählt, oder aber sie führt zu einem Angriff. Hunde zeigen meist erst dann aggressives Verhalten, wenn ein Ausweichen nicht mehr möglich ist und ihr individueller Sicherheitsabstand unterschritten wurde (vgl. »Angstaggression«).

Ursache

In vielen Fällen ist die Verknüpfung zwischen dem angstauslösenden Faktor und der negativen Erfahrung logisch und gerechtfertigt. Manchmal liegt allerdings eine Fehlverknüpfung vor. Ein Fall als Beispiel: Hier fiel ein Mülltonnendeckel, der nur lose auflag, auf einen vorbeigehenden Hund herab. Dieser sah genau in dem Moment auf gleicher Höhe einen Kinderwagen auf dem Gehsteig. Der Hund mied von nun an ängstlich jeden Kinderwagen, der ihm unter die Augen kam.

Wenn man als Besitzer in einer solchen Situation anwesend ist und in der Folgezeit bemerkt, dass der Hund einer Fehl-

Der Blick, die Körperhaltung und die Armbewegung des Mannes stellen Dominanzgesten dar. Darauf und auf die hier von der Frau eingesetzten Beschwichtigungsversuche sollte man bei ängstlichen Tieren verzichten.

einschätzung aufgesessen ist, kann die Therapie ganz gezielt darauf abgestimmt werden. Leider ist es oft schwierig, genau auszumachen, was zu der Fehlverknüpfung geführt hat. Dies liegt daran, dass die Zeitspanne zwischen einer Aktion und der entsprechenden Verknüpfung mit einem Lob oder einer Strafe beim Hund nur wenige Bruchteile einer Sekunde dauert. Es kann aber einige Zeit vergehen, bis der Hund dem mit der negativen Erfahrung verknüpften Reiz wieder begegnet und dann die Angstreaktion zeigt. Der Zusammenhang bleibt dem Besitzer dadurch oft völlig unklar.

Wenn Sie beobachten, dass Ihr Hund plötzlich ängstlich-unterwürfig oder ängstlich-aggressiv reagiert, während er dies früher in vergleichbaren Situationen nicht getan hat und Sie keine Beziehung zu einer negativen Erfahrung herstellen können, sollte der Hund dem Tierarzt vorgestellt werden. Auch Schmerzen, eine hormonelle Imbalanz oder andere Krankheiten können Grund für solch eine Verhaltensänderung sein.

Besonderheiten

Auch während einer normalen Trainingsstunde kann es passieren, dass der Hund zunächst bei einer Übung nicht die richtige Verknüpfung herstellt. Mehrmalige Wiederholung der Übung führt jedoch in der Regel dazu, dass der Hund den Zusammenhang erkennt. Der Grund, dass bei Angstreaktionen gelegentlich ein einziger Zwischenfall ausreicht, um das Verhalten zu etablieren, ist vermutlich folgender: Es ist das Bestreben jeden Tieres, Gefahrensituationen schnell und nachhaltig zu speichern, um ihnen in Zukunft notfalls ausweichen zu können. Ob ein

Auch wenn einer der Hunde zunächst unsicher ist (hier der rechte), kann sich eine Spielsituation ergeben.

Hund einen Reiz als Gefahrensituation einstuft, ist vor allem von der Reizintensität abhängig.

Prophylaxe

Die sicherste Prophylaxe vor Fehleinschätzungen ist wiederum eine gute Sozialisation, denn dann ist der Hund auch durch fremdartige oder gar negative Reize nicht so leicht zu beeindrucken und aus der Bahn zu werfen. Er findet sich schneller wieder zurecht als ein mangelhaft sozialisierter Hund.

Therapievorschlag

Die Therapie zielt darauf ab, dem Hund zu vermitteln, dass der Reiz harmlos ist, bei dem er die Angstreaktion zeigt. Durch Desensibilisierung oder Gegenkonditionierung kann man erreichen, dass der Hund am Schluss der Therapie nicht mehr mit dem gewohnten Angstverhalten reagiert. Entsprechende allgemeine Trainingsprogramme sind im Anhang und weitere Beispiele unter »Angstaggression« aufgeführt.

Phobien

Problem

Es kommt gar nicht selten vor, dass ein Hund eine Phobie entwickelt. Als Phobie bezeichnet man den Zustand einer übertriebenen und für die jeweilige Situation inadäquaten Angstreaktion. Bei Menschen geht die Phobie mit der Einsicht einher, dass die Angst unbegründet ist. Trotzdem können betroffene Personen sie nicht unterdrücken und ihre Reaktionen kontrollieren. Letzteres gilt für Hunde ebenfalls. Auch gut erzogene Hunde sind nicht in der Lage, auf einfache Befehle in gewohnter Weise zu reagieren (vgl. »Auswirkungen von Stress«). Relativ häufig treten bei Hunden Phobien auf bei Schussgeräuschen, Silvesterkrachern, dem Lärm im Straßenverkehr und Gewittern. Es gibt aber auch Hunde, die Phobien vor Autofahrten (vgl. »Probleme rund ums Auto«) oder vor fliegenden Insekten haben. Die Liste der Beispiele könnte noch beliebig verlängert werden.

Unabhängig vom Auslöser reagieren Hunde bei Phobien mit den Anzeichen eines starken Erregungszustandes, der sich durch Hecheln, Speicheln, erhöhte Herzfrequenz oder auch durch Verkriechen, Fluchtversuche, Winseln oder ähnliche Verhaltensweisen auszeichnet. In einzelnen Fällen kann es auch zum Verlust der Stubenreinheit oder zu Erbrechen kommen. Einige Hunde suchen die Nähe ihrer Bezugspersonen, andere wiederum meiden den Kontakt.

Ursache

Der eigentliche Mechanismus oder Grund, der zur Entstehung einer Phobie führt, ist nicht bekannt. In der Humanmedizin gibt es verschiedene Theorien. Eine besagt, dass Phobien Überbleibsel aus der Urzeit sind. Die vegetativen und deshalb nicht steuerbaren Reaktionen werden nach dieser Theorie durch einen bestimmten Reiz ausgelöst, bevor sie unsere Bewusstseinsebene erreichen und sind aufgrund dieser Tatsache auch nicht durch die Willenskraft zu beeinflussen. Die einzelnen Angstreaktionen stellen grundsätzlich physiologische Vorgänge dar, die während einer Phobie jedoch entgleisen und so zu der panikartigen Angst führen. Eine andere, ältere Lehrmeinung gibt als Auslöser für Phobien den Vorgang der klassischen Konditionierung an, dem vor allem bei der Entstehung einer sogenannten Phobophobie (siehe unten) sicherlich auch eine tragende Rolle zukommt.

Bei Hunden diskutiert man als Auslöser auch eine individuelle Überempfindlichkeit gegenüber Geräuschen oder gibt mangelnde Sozialisation als einen der Hauptgründe an. Einige Hunderassen scheinen wesentlich anfälliger für Geräuschphobien zu sein als andere. Die beschriebenen Angstreaktionen können beim Hund ebenfalls als Folge einer Fehlverknüpfung zustande kommen. Vermutlich ist dies gar nicht so selten.

Besonderheiten

Leider gibt es einige Phobien, die einer Desensibilisierungstherapie kaum zugänglich sind, weil die angstauslösenden Reize nur ungenügend nachgeahmt werden können. Das ist beispielsweise bei Gewitter der Fall, denn nicht die Geräusche des

Donners alleine, sondern unter anderem auch die Veränderungen des Luftdruckes vor und während des Gewitters können bei einem empfindlichen Hund schon Stunden vorher Angst auslösen. Der Hund gerät im Verlauf der Zeit bis zum Ausbruch des Gewitters in einen Teufelskreis. Dies entspricht dem Phänomen der Phobophobie, der »Angst vor der Angst«, welche hier die tragende Rolle zu spielen scheint. Dieses Phänomen kann so stark sein, dass der bloße Gedanke an die angsterfüllende Situation schon eine erhöhte Herzschlagfrequenz hervorruft. Durch das Herzrasen fühlt man sich bereits unbehaglich und verunsichert, was der Auslöser für noch stärkere Angst ist und man möchte der eigentlichen Situation, vor der man sich fürchtet, nun erst recht entgehen.

Prophylaxe

Hier gilt wieder das bereits im vorangegangenen Kapitel Gesagte. Gute Sozialisation hilft weitgehend, Phobien zu verhindern und stellt damit die sicherste Prophylaxe dar.

Therapievorschlag

Allgemeine Therapiegrundsätze

Wie bereits erwähnt ist ein Hund, der unter einer Phobie leidet – genau wie Menschen auch – unfähig sein Handeln zu kontrollieren. Es ist daher weder sinnvoll noch von Erfolg gekrönt, auf einen unter starkem Stress stehenden Hund einzuwirken. Denn Lernen unter Stress ist von der Natur nicht vorgesehen und wird sogar auf hormoneller Basis weitgehend verhindert (vgl. »Die Auswirkungen von Stress«). Es bleibt also nichts anderes übrig, als den Hund in der stressfreien Zeit

Achtung: Der Versuch, einen panischen Hund beruhigen zu wollen, ist sehr kritisch zu betrachten. Meist ist der Schaden größer als der Nutzen, weil der Hund leicht die Verknüpfung herstellt, dass seine Angstreaktion zu einer »Belohnung« geführt hat. Oder aber er fühlt sich durch den mitleidigen Tonfall seines Herrchens oder Frauchens darin bestätigt, dass es sich um eine Situation handelt, vor der er tatsächlich Angst haben muss. Besser ist es deshalb, in diesen Situationen mit dem normalen Leben fortzufahren und dem Hund keine übermäßige Aufmerksamkeit zu schenken (vgl. »Lob und Strafe«).

langsam zu desensibilisieren. Grundsätzlich gilt, dass der Hund, falls es sich einrichten lässt, dem angstauslösenden Reiz während der gesamten Therapiedauer nicht ausgesetzt werden sollte, denn eine erneute starke Angstreaktion kann ein ganzes Stück Arbeit zunichte machen.

Spezielle Therapiemöglichkeiten

Man sollte sich bewusst sein, dass es einige Zeit in Anspruch nehmen kann, Phobien erfolgreich zu behandeln. Die Trainingsziele bei den einzelnen Übungen sollten nicht zu hoch gesteckt und der Zeitplan sollte weit gefasst werden, je nachdem wie stark die Phobie beim Hund ausgeprägt ist. Für jede Form der Phobie sind Gegenkonditionierung oder Desensibilisierung die geeigneten Methoden, um das Problem zu beheben. Entsprechende Trainingsprogramme finden Sie im Anhang.

An dieser Stelle sei noch ein Punkt erwähnt, der bei der Gewitterphobie von großer Bedeutung zu sein scheint: Möglicherweise macht die elektrostatische Aufladung den Tieren mehr zu schaffen als etwa das Donnergeräusch. Aus diesem Grund sollte dem betroffenen Hund während des Gewitters ein Platz angeboten werden, der gut geerdet ist. Diesen speziellen Platz sollte man dem Hund rechtzeitig und unabhängig von der Gewittersituation nahebringen, indem man dort die mit viel Lob gefestigten Gegenkonditionierungsübungen abhält. Zusätzliche Attraktivität erlangt der Platz außerdem, wenn dort sein Lieblingsspiel mit ihm gespielt wird oder andere Annehmlichkeiten stattfinden, die einen hohen Stellenwert für ihn haben, wie Schmusen oder Fellpflege.

In einigen Fällen kann auch eine medikamentöse Unterstützung der Therapie hilfreich oder notwendig sein. Die Medikamente können das Befinden des Hundes auf verschiedene Weise beeinflussen. Der Nachteil vieler Beruhigungsmittel, sogenannter Sedativa, ist, dass sie die Lernvorgänge blockieren und der Hund in einem Zustand mehr oder minder starker Dämpfung gehalten werden muss, wenn man neuen Zwischenfällen aus dem Weg gehen möchte. Empfehlenswerter sind deshalb Produkte aus dem Bereich der Psychopharmaka, die eine gute Unterstützung der konventionellen Verhaltenstherapie darstellen, da sie die Lernvorgänge nicht negativ beeinflussen.

Gelegentlich sind gute Resultate auch durch den Einsatz sogenannter Beta-Blocker zu erzielen. Diese Medikamente wirken am Herzen, indem sie dort über die Blockade der ß-Rezeptoren in Stress-Situationen eine vermehrte Herzschlagrate und damit erhöhte Erregung verhindern. Die Wirkung am Herzen bedingt zusätzlich eine psychologische Reaktion, die hilft, den Teufelskreis der Angst vor der Angst zu durchbrechen. Dadurch dass der Hund, dessen Körper aufgrund seiner bisherigen Erfahrung auf Stress vorprogrammiert ist, die typischen körperlichen Symptome der Angst durch die Medikamentenwirkung nicht mehr hat, können diese nicht mehr Auslöser sein für die Störung des Wohlbefindens. Der Teufelskreis der Phobophobie ist somit unterbrochen und es ist eine gute Grundlage dafür geschaffen, dass sich der Hund mit jedweder Situation auseinander setzen kann.

Leider haben alle Medikamentengruppen eine Reihe von Nebenwirkungen und müssen deshalb vom Tierarzt nach gründlicher Untersuchung des Tieres im Einzelfall ausgesucht werden. Es ist wichtig zu wissen, dass der Einsatz von Medikamenten in der Verhaltenstherapie immer nur begleitenden Charakter haben kann. Trotz der oftmals hilfreichen Unterstützung durch Medikamente liegt der Hauptanteil der Therapie in der Verhaltensmodifizierung, die man nur durch konsequentes und geduldiges Training erreicht.

Einige Hunde sprechen gerade im Zusammenhang mit angstbedingten Zuständen gut auf begleitende alternative Heilmethoden an (wie Akupunktur, Homöopathie, Bachblütentherapie und andere). Es ist durchaus einen Versuch wert, eine solche Therapieform bei angstbedingten Problemen auszuprobieren, vor allem, weil dabei meist weniger oder überhaupt keine Nebenwirkungen beschrieben oder zu erwarten sind.

Aggression

Aggression ist eine normale, genetisch fest verankerte Verhaltenskomponente des Hundes. Es gibt verschiedene Auslöser, die zu unterschiedlichen Formen aggressiven Verhaltens führen können. Die meisten Fälle von Aggression sind als Antwort auf spezifische Umweltreize zu sehen. Sie stellen dann keine Verhaltensabnormität dar – stehen aber einem reibungslosen Zusammenleben von Mensch und Hund entgegen und sind deshalb dringend therapiebedürftig. Angst und Unsicherheit ist der weitaus häufigste Grund, dass der Hund aggressive Reaktionen zeigt. Leider ist dies in vielen Fällen auf den ersten Blick nicht so klar ersichtlich, und so wird diesen Hunden schnell Angriffslust, Bösartigkeit und Unberechenbarkeit unterstellt.

Es gibt auch krankhafte Formen der Aggression, die in einigen Fällen auf medizinischer Basis therapiert werden können. Auf diese pathologischen Aggressionsformen, die durch eine ganze Reihe von Krankheiten bedingt sein können, soll hier aber nicht näher eingegangen werden.

Man kann Aggressionsverhalten von Hunden nach den verschiedensten Gesichtspunkten einteilen. In diesem Buch wurden die Aggressionsprobleme, soweit dies möglich war, danach gegliedert, ob sie sich gegen Menschen oder gegen Hunde richten und ob sie innerhalb eines Familienverbandes gezeigt werden oder gegen Fremde.

Ausschlaggebend für eine erfolgreiche Therapie ist immer die genaue Diagnose des Problems. Um die richtige Zuordnung und Beurteilung der Aggressionsform vornehmen zu können, ist vor allem eine gute Beobachtungsgabe und Kenntnis der hundeeigenen Ausdrucksweisen nötig (vgl. »Die Körpersprache«); denn wie im folgenden Kapitel beschrieben, beißt nicht jeder Hund aus derselben Motivation heraus.

Aggression innerhalb der Familie

Problem

Aggression des Hundes gegen Familienmitglieder ist ein häufiges Problem, mit dem viele Menschen an Hundeausbilder, Tierärzte oder auch Tierpsychologen herantreten. Plötzliches und unerwartetes Anknurren eines Familienmitgliedes, Zwischenfälle, bei denen der Hund nach sei-

Ob Hunde selbstsicher (links) oder unsicher (rechts) drohen, kann man an der Mimik ablesen.

nen Besitzern schnappt bis hin zu schweren Verletzungen, die durch einen Hundebiss hervorgerufen wurden, bereiten den Haltern große Sorgen. Manchmal besteht das Problem schon seit längerer Zeit, gelegentlich wundern sich Besitzer aber auch darüber, dass ihr Hund, mit dem sie bisher gut zurechtgekommen sind, sich ihnen gegenüber scheinbar aus heiterem Himmel aggressiv verhält.

Durch genaue Betrachtung des Einzelfalls gilt zu klären, ob es sich um eine Art der Aggression handelt, die in Verbindung mit der Machtverteilung innerhalb der Familie und der Konkurrenz um bestimmte, für den Hund wertvolle Ressourcen steht wie die Bezugspersonen, Schlafplätze, Futter, Spielzeug, Geschlechtspartner und andere. Zum besseren Verständnis werden kurz einige Handlungen beschrieben, die oft zu Auseinandersetzungen führen (siehe auch Übersicht 1, Seite 54ff.).

- Häufig vereinnahmt ein ranghoher Hund einen Schlafplatz, der an einer strategisch günstigen Stelle in der Wohnung liegt oder der ihm besonders gemütlich erscheint. Dieser wird von ihm gegebenenfalls gegenüber anderen Hunden oder auch Menschen, die in seine Nähe kommen verteidigt. Ein dominantes Tier hat der Hundelogik zufolge das Recht einen solchen Platz einzufordern, sobald es selbst dorthin will.
- Auf die gleiche Weise können Spielzeug und andere Gegenstände wie Futter und Kauknochen von einem solchen Tier verteidigt werden.
- Ein ranghohes Tier genießt das Privileg, Körperkontakt zu jedem beliebigen Zeitpunkt zu fordern, aber auch ihm angebotene Zärtlichkeiten zurückzuweisen. Hier wird deutlich, warum es plötzlich zu Auseinandersetzungen kommen kann, wenn der Hund gebadet, gebürstet oder gestreichelt wird, auch wenn er dies bei anderen Gelegenheiten mehr oder weniger willig geduldet hat.
- Auf dem Spaziergang bestimmt in der Regel der Rudelführer den Weg und die Geschwindigkeit. Ebenso ist es ein Privileg des Ranghöchsten, als Erster durch die Tür zu gehen, als Erster begrüßt zu werden, aber auch als Erster zu begrüßen.

Ein qualitativ hochwertiger Schlafplatz wird gerne belagert und nicht selten auch verteidigt.

Rangordnungsbezogene Probleme treten wesentlich häufiger bei Rüden auf als bei Hündinnen. Es kann sein, dass sich der Hund aggressiv gegenüber allen Familienmitgliedern verhält oder nur einzelnen Personen oder Personengruppen gegenüber.

Ursache

Die Wahrscheinlichkeit, dass es zu Zwischenfällen kommt, ist neben seinem Sozialstatus innerhalb der Familie vor allem von der Souveränität des Hundes abhängig. Der Aggression innerhalb der Familie kann somit ein Konflikt der Rangordnung zugrunde liegen (dies ist aber nicht immer der Fall). Entscheidend ist, dass das Mensch-Hund-Verhältnis nachhaltig gestört ist.

Ein Blick auf die soziale Struktur eines Wolfsrudels hilft, den rangordnungsbezogenen Aspekt dieses Aggressionsproblems zu verstehen: Der hierarchische Aufbau ist im Wolfs- oder auch Hunderudel für das reibungslose Zusammenleben aller Tiere sehr wichtig. Ein Leittier, der sogenannte Rudelführer, übernimmt gewisse Pflichten, genießt aber andererseits auch ganz spezielle Privilegien. Auch zwischen den übrigen Rudelmitgliedern besteht untereinander eine geregelte Rangordnung. Wichtig ist dabei, dass jedes Tier genau weiß, an welcher Stelle in der Hierarchie sein Platz ist. Zu Kämpfen kann es kommen, wenn zwei Tiere einen ähnlichen Sozialstatus haben und um eine bestimmte Sache konkurrieren oder aber auch, wenn ein Tier die Vormachtstellung eines höher gestellten Tieres nicht mehr akzeptiert. Es ist eine normale Regung eines jeden Individuums, den bestmöglichen Platz in der Rangordnung anzustreben und zu versuchen, den Zugang zu den wertvollen Ressourcen zu sichern. Dieses Bestreben ist von Hund zu Hund aber unterschiedlich stark ausgeprägt.

Wenn man dem Hund durch antiautoritäre oder inkonsequente Erziehung viel Spielraum lässt und er jederzeit Handlungen ausführen kann, die eigentlich ranghohen Individuen vorbehalten sind, kann dies zur Entstehung des Problems beitragen. Durch Inkonsequenz verwirrt man den Hund und macht ihn unsicher. Auf diese Weise verliert er leicht das Vertrauen in die Familienmitglieder, denn diese erscheinen ihm unberechenbar und möglicherweise auch aggressiv.

> Für den Hund ist die Familie, in der er lebt, sein Rudel. Damit sich der Hund in der Familie zurechtfindet, braucht er unbedingt einen festen Platz innerhalb einer sozialen Rangordnung – nur dadurch erhält er das nötige Gefühl sozialer Sicherheit in seinem Rudel, und ein reibungsloses Zusammenleben kann funktionieren.

Ein anderer wichtiger Aspekt im Zusammenhang mit dieser Aggressionsform ist die Souveränität und Selbstsicherheit des Hundes. Denn auch wenn es zunächst so aussieht, als sei der aggressiv reagierende Hund sehr selbstsicher, weil er sich durchzusetzen versucht, ist meist doch eher das Gegenteil der Fall. Ein wirklich ranghoher und sehr selbstbewusster Hund ist in der Regel kein Streithammel. Diese Tiere stecken vielmehr kleine Angriffe auf ihre Position mit einem ungeheuren Maß an Souveränität weg und lassen sich nicht so schnell auf eine direkte Konfrontation ein.

Ganz anders aber reagieren Tiere, mit denen es zu dem – unglücklicherweise häufig als Dominanzaggression bezeichneten – Problem kommt. Dieser Ausdruck ist schlecht gewählt, denn diese Tiere sind nicht im eigentlichen Sinne dominant, sondern vielmehr unsicher im sozialen Umgang – und mit der Rolle eines »Rudelführers« mehr als überfordert. Der Stress, der ihnen bei der Kontrolle wichtiger Ressourcen entsteht, senkt ihre Hemmschwelle für aggressive Verteidigungsattacken.

In einigen Fällen spielt bei dieser Form der Aggression eine genetische Komponente mit: Es gibt Rassen oder einzelne Linien innerhalb einer Rasse, die mehr als andere dazu neigen, sich den Besitzern gegenüber aggressiv oder aufmüpfig zu verhalten. Die Größe der Rasse spielt hierbei allerdings eine untergeordnete Rolle, denn für den Hund ist die körperliche Größe weniger entscheidend, als man vielleicht zunächst annehmen möchte. Wahr ist natürlich, dass die Probleme für die Menschen um so ernster sind, je größer und kräftiger der Hund ist. Auch der Hormonstatus des Tieres spielt eine gewisse Rolle, unkastrierte Rüden sind in den Fall-Statistiken zu diesem Problem häufiger vertreten als kastrierte.

Der Grund, warum es selten vor Ende des ersten Lebensjahres zu Problemen kommt, ist, dass der junge Hund von Natur aus noch nicht die nötige Reife besitzt, um eine hohe Rangposition einzunehmen. Von Rasse zu Rasse und auch von Fall zu Fall unterschiedlich hat der Hund aber ab einem gewissen Alter die emotionale Reife und die körperliche Kondition, um theoretisch sein Rudel anzuführen, in diesem Fall also die Familie.

Nur durch genaue Betrachtung des Einzelfalls kann man klären, wo genau das Problem angesiedelt ist: Handelt es sich um eine Rangordnungsfrage, steht die Konkurrenz um bestimmte Ressourcen im Vordergrund oder liegt die Ursache in Kommunikationsfehlern oder einem gestörten Vertrauensverhältnis? Um dies herauszufinden ist es erforderlich, alle Personen des Haushaltes im Umgang mit dem Hund zu sehen und mit ihnen über das Problem sowie die schon früher eingeleiteten Maßnahmen zu sprechen.

Besonderheiten

Hunde betrachten Menschen praktisch als Artgenossen und übertragen die Regeln der Rangordnung auch auf die menschlichen Familienmitglieder. Bemerkenswerterweise ist der Hund das einzige Haustier, das den Menschen direkt in seine soziale Rangordnung mit einbezieht. Probleme entstehen leicht durch unterschiedliche Wertauffassungen. So kommt es dann zu Missverständnissen und Kommunikationsfehlern (s. Seite 17).

Prophylaxe

Die sicherste Vorbeugung gegen Aggression innerhalb der Familie besteht darin, ein intaktes Vertrauensverhältnis zwischen Mensch und Hund aufzubauen. Wichtige Regeln der Kommunikation und Hundelogik sind zu berücksichtigen. Dem Hund sollten gar nicht erst zu viele Privilegien zugestanden werden, die ihm ein falsches Bild von seiner Rangstellung vermitteln könnten. Hierbei ist es allerdings nicht notwendig, immer ganz rigoros alle Privilegien zu verteidigen. Im Hinblick auf die Souveränität kann man sich ruhig an der eleganten Rudelführung eines Wolfes orientieren.

Frühe konsequente und artgerechte Erziehung wirken einem Aggressionsproblem innerhalb der Familie genauso entgegen wie eine geeignete Auswahl der Hunderasse oder eines bestimmten Welpen. Man sollte sich nicht scheuen, vor der Anschaffung eines Hundes den Rat eines Fachmannes einzuholen oder diesen zu bitten, beim Welpenkauf als Berater zu fungieren.

Therapievorschlag

Das Ziel der Therapie ist, dem Hund einen festen Platz in der Familie zuzuweisen, der ihm gleichzeitig Sicherheit im Sozialverband bietet und ihn auch von der Rolle des Leittieres entbindet. So wird dem Hund ein beträchtlicher Anteil an Sozialstress genommen und er kann seinen Charakter auf einer unteren Rangposition voll entfalten. Es ist für die Therapie besonders wichtig, dass alle Familienmitglieder an einem Strang ziehen. Nur so besteht eine reelle Chance, das Problem in den Griff zu bekommen. Entscheidend ist außerdem, wie lange das Problem bereits besteht und wie ernst es im Einzelfall ist.

Entfernen Sie alles was für den Hund ein zu verteidigendes Objekt darstellen könnte. Danach sollten alle Plätze, die der Hund gerne belagert und verteidigt, beispielsweise mit großen Pappkartons verbaut werden, damit sie für ihn an Attraktivität verlieren. Es kann auch sinnvoll sein, dem Hund den Zugang zu bestimmten Räumen innerhalb des Hauses zu versperren, wenn diese für ihn eine besondere Bedeutung haben. Auch wenn ich kein Verfechter der Meinung bin, ein Hund gehöre nicht ins Schlafzimmer, so kann es in diesem Fall doch von großer Bedeutung sein, den Hund aus dem Schlafzimmer zu verbannen. Schließlich geht es darum, ihm jegliche Grundlage zu entziehen, sich selbst eine hohe Rangstellung zuzumessen.

> Es ist ein Irrglaube, dass ein Hund unglücklich ist, wenn er auf der sozialen Leiter zurückgestuft wurde, nachdem aus der Anzahl der aggressiven Zwischenfälle ersichtlich geworden ist, dass er mit der Position des »Rudelführers« nicht klargekommen ist.

> Während der Therapie muss die Sicherheit sämtlicher Familienmitglieder immer im Vordergrund stehen! Hierzu kann es nötig sein, dem Tier für die erste Zeit einen Maulkorb anzulegen. Dies sollte demjenigen in der Familie vorbehalten bleiben, von dem sich der Hund diese Maßnahme am besten gefallen lässt (vgl. Trainingsprogramm 1). Niemals sollten Sie versuchen, sich einer aggressiven Auseinandersetzung zu stellen. Zum einen aus Gründen der Gefahrenprophylaxe, zum anderen aber auch, weil es ein souveräner Rudelführer im Prinzip nicht nötig hat, auf diese Streitigkeiten einzugehen. Wer der Rudelführer ist, können Sie dem Hund ohne Anwendung von Aggression beweisen und ihm durch souveränes Handeln gleichzeitig ein neues Gefühl sozialer Sicherheit geben.

Die Therapie basiert weiterhin darauf, dem Hund zunächst Aufmerksamkeit zu entziehen, also nicht mehr mit ihm zu reden, ihn nicht anzufassen und ihn zu ignorieren, wenn er kommt, um gestreichelt zu werden oder um zu spielen. Sollte Ihnen dies schwer fallen, hilft es vielleicht, wenn Sie einfach selbst den Raum verlassen. Achten Sie darauf, dass Sie selbst alle sozialen Kontakte beginnen und deren Verlauf bestimmen. Ertappen Sie den Hund bei einer unerwünschten Handlung (etwa auf dem Sofa liegend), können Sie ihn zum Beispiel durch Schellen an der Tür weglocken, um dann seinen Platz einzunehmen. Wenn Sie sicher sind, dass der Hund Sie nicht damit in Verbindung

Manchmal ist ein Maulkorb nötig.

bringt, können Sie auch eine indirekte Strafe anwenden wie ihn mit einer Wasserpistole anspritzen.

Direkte Konfrontationen mit dem Hund sollten Sie stets vermeiden!

Setzen Sie in kritischen Situationen Beschwichtigungsgesten ein. Wenden Sie den Blick ab und ziehen Sie sich – falls möglich – zurück. Die beste Lösung ist, den Hund bei einer unerwünschten Handlung einfach zu ignorieren.

Lässt er sich nicht anfassen, ohne zu knurren oder gar zu beißen, empfiehlt es sich, ihn auch im Haus mittels einer Schleppleine angeleint zu lassen. Die Leine muss so lang sein, dass man sie aufnehmen kann, ohne den Hund zu berühren. Man lässt sie am Boden schleifen, so dass man den Hund notfalls daran von bestimmten Plätzen wegziehen kann. Bessere Kontrolle als eine herkömmliche Halsband-Leinen-Kombination bietet der Einsatz eines Hundehalfters (vgl. Trainingsprogramm 2).

Nach und nach gilt es, alle aus der Übersicht 1, Seite 54ff. ersichtlichen Handlungen für sich selbst zu beanspruchen und gleichzeitig durch gezieltes Gehorsamstraining dem Hund zu vermitteln, dass er ab sofort nur noch durch braves oder untergeordnetes Verhalten Aufmerksamkeit erlangen kann. Das Gehorsamstraining kann jeden x-beliebigen Befehl beinhalten, sollte aber vor allem auf im Alltag nützlichen Befehlen basieren. Dazu gehören SITZ, PLATZ, HIER, DOWN (der Hund muss aus der PLATZ-Position heraus zusätzlich noch den Kopf flach auf den Boden legen), PENG (der Hund soll sich »wie tot« auf die Seite oder auf den Rücken legen), PFOTE GEBEN, APPORT, BLEIB und dergleichen.

Alle Stellungen und Handlungen, in denen der Hund ein unterwürfiges oder un-

Wichtig: Viele Hunde reagieren zunächst verwirrt, wenn sie völlig ignoriert werden, denn sie verstehen die Welt nicht mehr. Das kann für den Besitzer nervenaufreibend sein. Manche Hunde werden für einige Tage regelrecht zur Plage, sind aufgewühlt und versuchen krampfhaft, sich wieder ins Geschehen zu bringen. Dennoch ist es besonders wichtig, gerade in dieser ersten Phase konsequent zu sein und nicht nachzugeben; umso besser sind die Chancen, das inakzeptable Verhalten zu ändern. Gibt man hingegen nach, bestätigt man dem Hund nur, dass in Wirklichkeit er das Sagen hat.

tergeordnetes Verhalten zeigt, sollten Sie ruhig spontan belohnen, auch wenn der Hund diese nur zufällig einnimmt. Dazu gehört zum Beispiel, wenn er sich beim entspannten Schlafen auf den Rücken rollt. Sprechen Sie hierbei gleichzeitig mit der Belohnung immer das gleiche Wort aus. So wird dieses Wort, wenn der Hund es mit der Position verknüpft, zum Befehl und sie können diesen nach genügend häufigen Wiederholungen in Zukunft auch in anderen Situationen abrufen. Solch eine indirekte Form der Konditionierung ist oft bei denjenigen Hunden die Methode der Wahl, die besonders leicht aggressiv reagieren.

Abgesehen von diesen eher allgemeinen Therapiemaßnahmen empfiehlt sich auch ein spezielles Desensibilisierungstraining in spezifischen Problemsituationen, wenn etwa der Hund das Bürsten nicht toleriert oder sein Futter aggressiv verteidigt. Auch hier gilt, den Hund für ruhiges, nicht aggressives Verhalten zu belohnen und ihn im anderen Fall zu ignorieren, indem man die Handlung schlicht abbricht und ihn wortlos stehen lässt (Trainingsprogramm 3, vgl. »Verteidigung von Futter«). Beim Spaziergang ist strikt darauf zu achten, dass Sie es sind, der den Weg bestimmt und sich nicht vom Hund in der Gegend herumschleppen lässt (vgl. »Ziehen an der Leine«). Ein weiterer Punkt betrifft die Spiele. Alle Rauf- und Ziehspiele sind tabu. Ungeeignet sind ebenso solche, bei denen der Hund eine starke Position einnehmen kann wie bei Nachlaufspielen. Empfehlenswert dagegen sind Apport- oder Suchspiele, die gleichzeitig eine Gehorsamskomponente beinhalten.

Auch die Ernährung hat gelegentlich einen gewissen Einfluss auf die Reizbarkeit der Tiere. Von daher kann es sinnvoll sein, den Hund für einen bestimmten Zeitraum (mindestens drei Wochen lang) proteinarm und kohlenhydratreich zu ernähren, um festzustellen ob möglicherweise ein Zusammenhang zwischen dem Verhalten des Hundes und der Ernährung besteht. In manchen Fällen konnte eine wesentliche Besserung beobachtet werden. Ihr Tierarzt wird Ihnen eine geeignete Diät empfehlen können. Um dem Hund seine niedrige Rangposition zusätzlich zu verdeutlichen, sollte er immer erst gefüttert werden, nachdem die Familie bereits ihre Mahlzeiten eingenommen hat.

Selbst wenn es in vielen Fällen nicht die Lösung des Problems ist, schadet es nicht, einen Rüden zu kastrieren. Wie bereits erwähnt, spielen auch Hormone in der Rangordnung von Hunden eine gewisse Rolle. Hündinnen zu kastrieren ist in diesem Zusammenhang allerdings unangebracht. Falls Sie sich zunächst vor einer Kastration scheuen, können Sie einen ähnlichen Effekt vorübergehend mit Medikamenten erzielen, quasi eine chemische Kastration auf Zeit. Allerdings sind diese Medikamente mit einer Reihe von Nebenwirkungen behaftet. Sie werden die beste Möglichkeit zusammen mit Ihrem Tierarzt herausfinden.

Wichtig: Niemals sollte ein Hund, der Aggression gegenüber Familienmitgliedern zeigt, das Spielzeug als Trophäe behalten dürfen. Sie müssen strikt darauf achten, dass es direkt nach dem Spiel wieder so verstaut wird, dass der Hund nicht drankommen kann. So werten Sie Ihre eigene Stellung auf und die des Hundes ab.

Übersicht 1: Bedeutung und Einteilung von sozialen Verhaltensweisen

Situationen	Was ist zu tun?	Unterwürfige Handlungen, Mimiken und Gesten des Hundes
Zu Hause in Bezug auf: bestimmte Plätze	Reagiert der Hund nicht aggressiv, wenn man sich seinem Schlafplatz nähert oder ihn z. B. vom Sofa vertreibt, kann er für sein braves Verhalten gelobt werden.	Der Hund nimmt einen unbedeutenden oder ihm zugewiesenen Schlafplatz ein. Er macht sofort Platz, wenn sich ein Familienmitglied nähert.
Objekte	Man sollte den Hund loben, wenn er sich die Gegenstände brav z. B. auf den Befehl AUS hin abnehmen lässt.	Er bewacht die nebenan aufgeführten Gegenstände nicht oder lässt sie sich problemlos abnehmen.
Futter	Man kann den Hund loben, wenn er sich Futter z.B. auf den Befehl AUS hin brav wegnehmen lässt.	Er lässt sich Futter problemlos abnehmen.

Dominante Handlungen, Mimiken und Gesten des Hundes	Was ist zu tun?
	Direkte Konfrontationen mit dem Hund sind stets zu meiden!
Der Hund wählt einen besonderen Schlafplatz (im Regelfall erhöht und gemütlich, z.B. den Sessel oder das Bett). Er legt sich an strategisch günstigen Plätzen hin (z.B. im Flur, Türrahmen etc.).	Man sollte den Zutritt zu diesen Plätzen versperren und diese selbst beanspruchen, indem man sich täglich mehrmals dorthin begibt, nachdem man den Hund, notfalls an der Leine, dazu bewegt hat, einem diese Plätze zu überlassen.
Er versprerrt jemandem drohend den Weg oder steht nicht auf, wenn jemand den Weg kreuzt.	Man kann den Hund z. B. durch Klingeln an der Tür weglocken und ihn danach einige Unterordnungsübungen machen lassen.
Er bewacht bestimmte Räume und lässt einzelne Familienmitglieder weder hinein noch heraus.	Man sollte den Zutritt zu den entsprechenden Räumen versperren.
Er bewacht und verteidigt Spielzeug, Kleidung, Schuhe (evtl. auch Möbelstücke) etc. – notfalls mit Knurren und/oder Beißen.	Nach Möglichkeit sollten keine der aufgeführten Gegenstände herumliegen gelassen werden. Spielzeug sollte nur in kontrollierten Momenten und unter Aufsicht zur Verfügung stehen. Indirekte Strafmethoden können angewendet werden (z.B. den Hund in diesem Moment unauffällig mit einer Wasserpistole bespritzen). Dem Hund sollte nie eine Spieltrophäe überlassen werden.
Er bewacht und verteidigt sein Futter.	Im Rahmen eines speziellen Trainings sollte der Hund von Hand gefüttert und die Fütterung sofort unterbrochen werden, wenn der Hund zu gierig ist oder sich Befehlen widersetzt (s. Kapitel »Verteidigung von Futter«).

Übersicht 1: Bedeutung und Einteilung von sozialen Verhaltensweisen

Situationen	Was ist zu tun?	Unterwürfige Handlungen, Mimiken und Gesten des Hundes
Körperkontakt	Der Hund sollte in diesen Situationen belohnt werden, besonders wenn er sich ohne Aggressionsäußerungen eine für ihn unangenehme Behandlung gefallen lässt.	Er lässt sich die nebenan aufgeführten Handlungen gefallen.
Aufmerksamkeiten		Der Hund nimmt Aufmerksamkeit an, lässt sich gerne streicheln, stellt sich auf die Absichten der Personen ein.
Draußen: Beim Verlassen des Hauses		Er geht als Letzter durch die Tür.

(Fortsetzung)

Dominante Handlungen, Mimiken und Gesten des Hundes	Was ist zu tun?
Er lässt sich nicht baden, bürsten, hochheben oder medizinisch behandeln.	Durch ein spezielles Training sollte die Toleranz seitens des Hundes verbessert werden (vgl. Trainingsprogramm 3).
Er lässt sich nicht anfassen (besonders nicht im Gesicht und auf dem Rücken).	Zeigt der Hund aggressives Verhalten, sollte man ihn einfach stehen lassen, sich abwenden und ihn für kurze Zeit völlig ignorieren.
Er lehnt Aufmerksamkeit durch Knurren/Beißen ab, z.B. wenn man sich nähert, um ihn zu streicheln.	Man sollte sich sofort abwenden, den Hund einige Minuten lang ignorieren.
Er reagiert aggressiv, wenn er im Schlaf gestört wird.	Es empfiehlt sich, den Hund zu ignorieren und ihn später einige Unterordnungsübungen machen zu lassen, für die er belohnt werden kann.
Er fordert Aufmerksamkeiten und Körperkontakt.	Es sollte ihm in diesem Moment keine Aufmerksamkeit zukommen. Er sollte ignoriert werden und später als Ausgleich eine Unterordnungsübung machen, für die er belohnt werden kann. Man kann sich selbst später dem Hund nähern, um ihn zu streicheln.
Er zeigt besondere Handlungsweisen, die zu mehr Aufmerksamkeit führen, wie z.B. Bellen.	Diese Handlungsweisen sollten strikt ignoriert werden, bis er damit aufhört. Falls nötig, kann man den Hund in einem Zimmer alleine zurücklassen.
Er geht als Erster durch die Tür.	Es empfiehlt sich, die Tür direkt vor dem Hund wieder zu schließen, bis er akzeptiert, dass es für ihn angenehmer ist, nach den Menschen durch die »gefährliche« Tür zu gehen. Je nach bestehender Kontrolle, die man über den Hund hat, kann man ihn auch über Befehle oder mittels der Leine daran hindern als Erster durch die Tür zu gehen.

Übersicht 1: Bedeutung und Einteilung von sozialen Verhaltensweisen

Situationen	Was ist zu tun?	Unterwürfige Handlungen, Mimiken und Gesten des Hundes
Auf dem Spaziergang	Man sollte den Hund für ein ordentliches Gehen an der Leine belohnen.	Er zieht nicht an der Leine oder gehorcht gut auf den Befehl FUSS.
	Braves Verhalten in Übungen und zufälligen Situationen ist stets zu belohnen.	Er ist folgsam und orientiert sich nach dem, was sein Meister gerade macht.
Ortsungebunden: in Bezug auf Strafe	Wut über eine Missetat des Hundes, die zur Strafe führt, muss verdrängt werden. Der Hund sollte eine einfache Übung machen müssen und für braves Verhalten belohnt werden.	Er zeigt unterwürfige Gesten, wenn man ihn straft.
Körperstellungen		Der Hund lässt sich die nebenstehenden Handlungen gefallen.
bestimmte Tiere/Personen		
Gestik	Bei übermäßiger Unterwürfigkeit eignet sich das Trainingsprogramm 6.	Er trägt den Kopf in normaler bis tiefer Position, die Ohrenstellung ist entspannt oder die Ohren sind nach hinten angelegt.

(Fortsetzung)

Dominante Handlungen, Mimiken und Gesten des Hundes	Was ist zu tun?
Er zieht an der Leine und will die Richtung bestimmen.	Man sollte den Hund nicht ziehen lassen und den Befehl BEI FUSS trainieren (s. Ziehen an der Leine); gegebenenfalls ist ein Hundehalfter zu verwenden. Man kann die Richtung wechseln, sobald der Hund die Führung übernimmt.
Er gehorcht nicht.	Dem Hund sollten gezielt die Befehle HIER, SITZ, PLATZ, FUSS und BLEIB beigebracht werden.
Er reagiert aggressiv, wenn man ihn ausschimpft, anschreit oder schlägt.	Wie bereits erwähnt, sollte direkte Konfrontation gemieden werden. Man muss sich über eine sinnvolle, art- und tierschutzgerechte Form von Strafe klar werden. Meist sind indirekte Strafen besser geeignet als direkte.
Er duldet es nicht, dass sich jemand über ihn beugt oder stellt.	Man sollte aggressives Verhalten mit Nichtbeachten strafen und Unterordnungsübungen trainieren, für die er belohnt wird.
Er reagiert aggressiv, wenn man ihn passiv in eine untergeordnete Stellung bringt (ihn z.B. auf den Rücken rollt).	Nimmt der Hund zufällig z.B. beim Schlafen eine untergeordnete Stellung ein (etwa indem er auf dem Rücken schläft), kann die Stellung in diesem Moment belohnt werden.
Er lässt niemanden an seine Lieblingsperson (oder auch ein Lieblingstier) heran.	Man kann eine indirekte Strafmethode einsetzen oder ihn für dieses Verhalten ignorieren. Außerdem sind Unterordnungsübungen zu trainieren, für die er dann belohnt wird.
Er trägt den Kopf aufrecht. Die Ohren sind aufgestellt und nach vorne gerichtet.	Man sollte den Hund einfach stehen lassen, weggehen, ihn ignorieren. Spontan gezeigtes unterwürfiges Verhalten (oftmals zufällig oder auch in Übungssequenz verlangt) sollte man belohnen.

Übersicht 1: Bedeutung und Einteilung von sozialen Verhaltensweisen

Situationen	Was ist zu tun?	Unterwürfige Handlungen, Mimiken und Gesten des Hundes
Gestik	Einzelne Gesten kann man auch an einen Befehl koppeln und dem Hund so zusätzliche Belohnungen verschaffen.	Er hat horizontal zurückgezogene Lefzen, winselt.
	Man sollte die Mensch-Hund-Beziehung überdenken und dem Hund über Lob und Spiel positive Aufmerksamkeit zukommen lassen.	Er hat eine niedrige allgemeine Körperspannung, die Rute wird niedrig getragen.
	Man sollte darauf achten, keine drohenden Körperhaltungen einzunehmen und unbedacht zu strafen.	Er zieht den Schwanz ein, duckt sich.
		Er hebt eine Pfote an und rollt sich auf den Rücken.
	vgl. Kapitel »Unterwürfiger oder erregungsbedingter Harnabsatz«	Er uriniert aus Unterwürfigkeit.
Mimik	Mimische Zeichen der Unterwürfigkeit, zum Beispiel nach Strafmaßnahmen, sollten sofort respektiert werden!	Er meidet Blickkontakt, wendet den Kopf ab.

(Fortsetzung)

Dominante Handlungen, Mimiken und Gesten des Hundes	Was ist zu tun?
Er hat die Lefzen zurückgezogen und knurrt. Der Mundwinkel ist rund.	Akute Gefahrensituationen sollten gemieden werden.
Er hat einen hohen Grad an Körperspannung. Er trägt die Rute oberhalb der Horizontalen.	Es empfiehlt sich über Belohnungen die Unterordnung zu trainieren. Man sollte das Verhältnis Mensch-Hund überdenken und, falls nötig, das Vertrauensverhältnis verbessern.
Er zeigt einen steifen Gang mit aufgestellten Haaren im Bereich der Schulterpartie.	
Er drängelt.	s. Seite 63
Er beißt in Hände und zieht an Kleidung.	s. Seite 145
Er hält Blickkontakten stand. Er fixiert sein Gegenüber. Er bleckt die Zähne.	Man sollte den Hund einfach stehen lassen, sich abwenden und ihn einige Zeit völlig ignorieren. Die Unterordnung ist zu trainieren. Man sollte das Verhältnis Mensch-Hund überdenken und, falls nötig, das Vertrauensverhältnis bessern. Es empfiehlt sich über Belohnungen die Unterordnung zu trainieren.

Aggression gegen eine bestimmte Person der Familie

Problem

Es kommt gelegentlich vor, dass sich der Hund nur gegenüber einer bestimmten Person der Familie aggressiv verhält, während die übrigen Familienmitglieder mit ihm keine Schwierigkeiten haben. Auch in kinderlosen Familien ist dieses Problem zu beobachten: Der Hund akzeptiert einen der Ehepartner, den anderen hingegen lehnt er ab. Türschwellen, Treppenaufgänge oder ähnliche Wirkungsplätze werden vom Hund ausgewählt, um bestimmten Familienmitgliedern durch Knurren, Drohen, Schnappen oder Beißen deutlich zu machen, dass an ein Durchkommen ohne sein Einverständnis nicht zu denken ist.

Ursache

Dieses Verhalten ist oftmals Ausdruck eines bestehenden Rangordnungsproblems oder aber es ist territorial motiviert. Diese Form der Aggression kann in engem Zusammenhang mit einer wertvollen Ressource stehen. Der Hund bewacht dann zum Beispiel gezielt eine bestimmte Person.

Im Einzelfall können auch schlechte Erfahrungen mit der von der Aggression betroffenen Person Grund für aggressives Verhalten sein. Diese Erfahrungen müssen aber nicht unmittelbar mit der Person in Zusammenhang stehen, mit der es zu den Problemen kommt. Eine assoziative Verbindung reicht gelegentlich schon aus. So kann man öfter beobachten, dass Hunde aus dem Tierheim, die zum Beispiel in der Vergangenheit von Männern misshandelt worden sind, sich der Ehefrau anschließen, den Ehemann aber meiden, obwohl dieser selbst niemals negativ auf den Hund eingewirkt hat.

Besonderheiten

Für die betroffenen Familien ist die Situation besonders belastend, weil der Hund mit seinem selektiv gegen ein bestimmtes Familienmitglied gezeigten aggressiven Verhalten das harmonische Zusammenleben stark stört. Die angegriffene Person fühlt sich oft von den übrigen Familienmitgliedern übergangen und vernachlässigt, weil diese nicht bereit sind, schnell zuverlässigen Rat einzuholen, um die nötigen Schritte zur Therapie einzuleiten. Das liegt vermutlich daran, dass es ihnen nicht so sehr als ernsthaftes Problem erscheint, weil sie selbst sehr gut mit dem Hund auskommen.

Prophylaxe

Eine gute Sozialisation sowie ein sicheres Sozialgefüge sind wieder einmal die wichtigsten Grundlagen, dass das Problem gar nicht erst aufkommen kann. Aber auch frühes artgerechtes Gehorsamstraining wirkt der Entstehung entgegen. Wichtig dabei ist, dass alle Familienmitglieder gleichermaßen mit einbezogen werden.

Therapievorschlag

Man kann die Therapie damit beginnen, dass die Person, die Schwierigkeiten mit dem Hund hat, Schritt für Schritt in möglichst viele Interaktionen mit ihm tritt. Die anderen Personen hingegen sollten sich von dem Hund zunächst deutlich distanzieren und ihn weitgehend ignorieren. Gut geeignet sind für dieses Training auch einfache Übungen wie SITZ, PLATZ, PFÖTCHENGEBEN, die von nun an täglich von der betroffenen Person mit dem

Hund geübt werden sollten. Falls es für sie zu gefährlich oder unmöglich wäre, den Hund beispielsweise zu füttern, mit ihm zu spielen oder mit ihm spazieren zu gehen, muss man sich für die ersten Tage darauf beschränken, die Grundeinstellung des Hundes dieser Person gegenüber zu ändern. Die restlichen Familienmitglieder können den Hund in diesem Fall dahingehend positiv beeinflussen, indem sie ihm immer nur dann Beachtung schenken, wenn die besagte Person auch gerade anwesend ist. So stellt der Hund die Assoziation her, dass die Anwesenheit dieser Person immer mit einer Belohnung verknüpft ist.

Gleichzeitig muss überdacht werden, ob nicht wirklich ein Rangordnungsproblem oder territoriale Aggression vorliegt. Auch mangelndes Vertrauen des Hundes seinen Besitzern gegenüber kann ein Grund sein. In diesem Fall liegen die Wurzeln in der Regel in Kommunikationsfehlern (vgl. »Aggression innerhalb der Familie«, »Territoriale Aggression«). Wenn die Missstände in diesem Bereich geklärt sind, steht einer erfolgreichen Therapie nichts im Wege. Bei einem in der Vergangenheit misshandelten Tier empfiehlt es sich, Therapiemaßnahmen zur Stärkung des Selbstbewusstseins und ein spezielles Desensibilisierungsprogramm durchzuführen. Dabei wird der Hund bei körperlichen Manipulationen (wie Streicheln oder Bürsten) für ruhiges und nicht aggressives Verhalten mit Lob, Leckerchen oder einem kurzen Spiel belohnt. Diese Übungen sollte vor allem die Person durchführen, die Probleme mit dem Hund hat. Trainieren Sie nach den Programmen 6 zur Stärkung des Selbstvertrauens und 3 zur Desensibilisierung.

Drängeligkeit

Problem

Es gibt eine ganze Reihe von Hunden, die sich ihrer Familie gegenüber durch ein bemerkenswertes Verhalten auszeichnen: Man kann sie als frech, dreist, fordernd, draufgängerisch, anmaßend, aufmüpfig, penetrant oder drängelig bezeichnen.

Die Hunde haben die Eigenart, sich in nahezu jeder Lebenslage in den Vordergrund zu drängen und ihren Kopf durchzusetzen. Die meisten von ihnen ziehen an der Leine, besetzen zum Schlafen einen Platz von hoher Qualität (etwa Sessel oder Bett), fordern mit Nachdruck Streicheleinheiten oder Spiele und zeigen oft noch eine Reihe von anderen Verhaltensweisen, um mehr Aufmerksamkeit von ihrem Besitzer zu bekommen. Nicht selten gehorchen diese Hunde nur, wenn sie Lust dazu haben. Andere öfter beobachtete Verhaltensweisen sind das Aufreiten an Personen, das Im-Weg-Stehen oder Sich-in-den-Weg-Drängen. Wenn Besuch da ist, wird dieser nicht selten in auffällig penetranter Weise in Beschlag genommen. Diese Hunde wollen meist als Erste durch die Tür gehen und haben das Bedürfnis, alles kontrollieren und immer dabei sein zu müssen.

Ursache

Dieses Verhalten, auch wenn man es zunächst nicht mit Aggression in Verbin-

> Viele Besitzer drängeliger Hunde neigen dazu, den Forderungen des Tieres nur allzu gerne nachzugeben und lassen sich so von ihren Tieren manipulieren.

dung bringen möchte, ist nichts anderes als eine passive Form der Aggression. Die Zuordnung ist auch dann zutreffend, wenn sie wie es bei drängeligen Hunden oft der Fall ist, noch nie gebissen oder ihre Besitzer auch nur angeknurrt haben.

Haushalte mit drängeligen Hunden haben oftmals ein unterschwelliges Problem mit der Rangordnung, selbst wenn es nicht zu ernsthaften Zwischenfällen kommt. Besonders wenn die Besitzer das Verhalten dulden, tendieren diese Tiere mit der Zeit mehr und mehr zu einem regelrechten »Kontrollkoller«. Sei es, dass sie auf dem Spaziergang den Weg bestimmen, Privilegien in der Wohnung für sich in Anspruch nehmen oder Futter und Spiele durch manipulative und penetrante Verhaltensweisen einklagen.

Besonderheiten

Nur selten beklagen sich die Besitzer eines drängeligen Hundes über dessen Verhalten. Ganz im Gegenteil, gewisse Aspekte seines fordernden Charakters werden von den Besitzern sogar als Zeichen besonderer Intelligenz herausgestellt oder einfach nur als gottgegeben akzeptiert.

Wenn der Hund es schafft, seine Familie nach seinen Wünschen zu manipulieren, kann die Drängeligkeit ein ganzes Leben lang bestehen, ohne eine besondere Gefahr für die Besitzer darzustellen. Nur in Ausnahmefällen kommt es dazu, dass diese Hunde in bestimmten Situationen ihren Forderungen durch Knurren oder Schnappen mehr Nachdruck verleihen.

Prophylaxe

Für die Prophylaxe gilt das auf Seite 50 Genannte, schließlich handelt es sich bei der Drängeligkeit im Prinzip um die nicht offensiv-aggressive Variante des Problemkomplexes »Aggression innerhalb der Familie«.

Therapievorschlag

Um selbst wieder die volle Kontrolle zu gewinnen und um sich nicht von Ihrem Hund manipulieren zu lassen, sollten Sie versuchen, die unter »Aggression innerhalb der Familie« beschriebenen Therapiemaßnahmen anzuwenden. Dabei wird das Verhältnis zwischen Mensch und Hund geändert. Dem Hund wird einerseits mit einem klar definierten Platz in der Rangordnung mehr Sicherheit gegeben und andererseits durch kontrollierte Übungen, Spiele und Aufgaben sein Gehorsam geschult und ein sinnvoller Ausgleich in seinem Alltag geschaffen.

Aggression im Spiel

Problem

Einige Hunde neigen im Spiel dazu, fester zuzupacken, als man es dulden kann. Dies ist vor allem für den menschlichen Spielpartner sehr unangenehm und kann gelegentlich zu Blutergüssen oder sogar zu Wunden führen.

Ursache

Die Ursache für dieses sehr ruppige Spielverhalten ist in früheren Lernvorgängen zu suchen. Gleichzeitig kann auch eine mangelhafte Beißhemmung bestehen. Diese kommt dadurch zustande, dass in den ersten achtzehn Lebenswochen, in denen Hunde durch das Spiel mit Wurfgeschwistern, anderen Hunden oder auch Menschen ihre Kräfte einzuschätzen lernen, nicht genügend Widerstand gegen die rauhe Umgangsform geboten wurde.

Gelegentlich ist auch zu beobachten, dass die Besitzer den Hund zunächst bei seinem mehr oder minder stark aggressiv gefärbten Spiel gewähren lassen und dann plötzlich selbst aggressiv werden, wenn der Hund ihre persönliche Schmerz- oder Geduldsgrenze überschritten hat. Auf diese Weise drängen sie den Hund mitunter in eine ebenfalls mit Aggression einhergehende Verteidigungssituation (vgl. »Schmerzinduzierte Aggression«).

Prophylaxe und
Therapievorschlag

Die beste Möglichkeit, dem Hund dieses nicht akzeptable Verhalten abzugewöhnen, ist im Kapitel »Entwicklungsphasen eines Hundes« unter »Die Beißhemmung« beschrieben. Dieses Training kann man bei Welpen und erwachsenen Hunden gleichermaßen anwenden.

Aggression gegen einen anderen Hund desselben Haushaltes

Problem

Wenn mehrere Hunde in einem Haushalt leben, kann es gelegentlich Probleme geben. Obwohl Hunde soziale Rudeltiere sind, verstehen sie sich untereinander nicht gleichermaßen gut. In den meisten Fällen verlaufen die Zwischenfälle ohne ernsthafte Verletzungen. Wenn es allerdings öfter zu Raufereien und Beißereien kommt, stört das die Harmonie in der Familie nachhaltig. In Ausnahmefällen kommt es vor, dass schwere Bissverletzungen die Folge eines Streites unter den Hunden sind oder dass ein Kampf gar tödlich endet. Bei diesem Problem spielt es keine Rolle, ob die Hunde Wurfgeschwister oder nicht miteinander verwandt sind, wer zuerst da war oder wer älter ist. Meist gibt es aber nur bei gleichgeschlechtlichen Hunden Probleme. Sie können plötzlich auftreten, auch wenn die Hunde vorher friedlich miteinander gelebt haben. In Haushalten, in denen mehr als zwei Hunde gehalten werden, kann sich die Aggression mehrerer Hunde auch gegen ein einziges Tier richten.

Ursache

Wenn es zunächst auch etwas verwirrend klingt, das Problem entsteht hauptsächlich durch das Verhalten der Besitzer ihren Hunden gegenüber. Wieder einmal decken sich hier die Hunde- und Menschenmentalität nicht. Während Menschen zum einen das Bestreben haben, Gerechtigkeit walten zu lassen, zum anderen aber auch den Schwächeren zu schützen, basiert ein Sozialverband bei Hunden auf einer strikten Rangordnung, in der der Schwächere auch die sozial niedrigere Stellung und damit nicht die Privilegien eines ranghohen Tieres hat.

In seltenen Fällen kann aber auch das – durch mangelnde Sozialisation eines der Tiere entstandene – Unvermögen, normale soziale Bindungen einzugehen, Grund für Kämpfe und Spannungen sein.

Leider neigt man meist instinktiv dazu, in spannungsgeladenen Momenten genau das Falsche zu tun: etwa den Ranghöheren zu schelten, wenn dieser sich gegen Dreistigkeiten des anderen Hundes wehrt. Oder man beschwichtigt die Tiere verbal, was diese aber in ihrem Tun nur bestätigt, weil sie den Tonfall als Lob interpretieren.

Besonderheiten

Wenn Sie von einem solchen Konflikt im eigenen Haushalt betroffen sind, müssen Sie sich klar vor Augen führen, dass besondere Fürsorge gegenüber dem sozial niedriger stehenden Tier den Konflikt nur weiter anstachelt. Die Situation zwischen den beiden Hunden wird sich schnell und deutlich bessern, wenn der eine konsequent als sozial höher und der andere als sozial schwächer behandelt wird. Längerfristig tut man besonders dem schwächeren Tier auf diese Weise einen großen Gefallen.

Auffallend ist, dass es oft nur dann zu Streitigkeiten kommt, wenn die Besitzer anwesend sind, während die Hunde in der übrigen Zeit friedlich zusammenleben, denn sie haben untereinander längst geklärt, wie die Dinge liegen. Betritt der Mensch die Szene, fühlt sich der rangniedrige, oft mehr verhätschelte Hund aber sofort wieder aufgewertet und das kann in eine Auseinandersetzung münden. Der Angriff kann entweder vom Schwächeren provoziert werden, der sich in Anwesenheit der Besitzer bestätigt fühlt und sich dadurch zuviel herausnimmt, oder aber vom sozial höher gestellten Hund, wenn dieser die Drängeleien und Dreistigkeiten des anderen nicht länger ertragen kann und ihn in seine Schranken weist.

Mitunter ist es für die Besitzer selbst schwierig herauszufinden, wie die Ränge der Tiere einzuschätzen sind. Um die Therapie richtig anzusetzen ist es aber entscheidend, dass diese Frage zunächst geklärt wird. Gegebenenfalls sollte hierfür professionelle Hilfe in Anspruch genommen werden.

Diese Hunde zeigen die sogenannte T-Stellung. Der Aggressor ist in diesem Fall der selbstsichere Hund.

Prophylaxe

Vor allem eine der Hundelogik entsprechende Behandlung der Tiere hilft, das Problem zu verhindern. Durch gut trainierten Gehorsam wird auch hier die Kontrolle der Tiere leichter und das Zusammenleben entspannter.

Therapievorschlag

Wenn Sie sich dafür entschieden haben, beide Tiere zu behalten, dann ist die einzig mögliche und richtige Therapie, das rangniedrigere Tier in seiner Rangposition weiter abzustufen und den anderen Hund gleichzeitig in seinem Rang zu bestätigen. Dies tun Sie am besten, indem Sie dem Ranghöheren einräumen, alle für Hunde wichtigen Handlungen zuerst oder auch ausschließlich auszuführen (vgl. Übersicht 2, Seite 68). Das bedeutet: Er wird zuerst gefüttert, als Erster angeleint und auch als Erster abgeleint, er darf nach dem Menschen als Erster durch die Tür gehen und hat Anrecht auf den besseren Schlafplatz. Besonders wichtig ist auch, dass dieser Hund in Anwesenheit der Menschen mehr Beachtung bekommt als der andere. Er wird also als Erster gestreichelt, gebürstet und angesprochen. Den anderen Hund brauchen Sie trotzdem nicht völlig links liegen zu lassen. Sie sollten aber strikt darauf achten, ihn möglichst wenig zu beachten, solange der Ranghöhere anwesend ist.

Um Streitigkeiten unter den Hunden zu vermeiden, sollten Sie die Tiere mit ausreichendem Abstand zueinander füttern. Außerdem empfiehlt es sich, sie beim Schellen an der Tür nicht zusammen hinstürmen zu lassen. Auch die Begrüßung beim Nachhausekommen sollten Sie streichen, denn all dies sind sehr spannungsgeladene Momente.

Hilfreich im Rahmen dieser Therapie ist

Präventive Maßnahmen bei der Einführung eines neuen Hundes in den Haushalt

- Wenn man bei der Einführung eines neuen Hundes von vornherein einige Regeln beachtet, kommt es selten zu Problemen. Besonders leicht gewöhnt man zwei Tiere aneinander, die nicht das gleiche Geschlecht haben.
- Es ist immer günstig, wenn sich die Tiere draußen auf neutralem Terrain kennen lernen können.
- Um gar nicht erst ein Problem entstehen zu lassen, helfen – neben den in der Übersicht 2 zu beachtenden möglichen Streitpunkten – die als Therapiemaßnahmen aufgeführten Regeln im Umgang mit mehreren Hunden innerhalb desselben Haushaltes. Falls einer der Hunde schon älter ist und Sie einen neuen jungen Hund anschaffen, sollten Sie daran denken, dass dem älteren seine wohlverdienten Ruhepausen gegönnt und die Tiere zeitweise getrennt werden, wenn der junge Hund zu wild spielt oder dem älteren Tier durch Zudringlichkeiten auf die Nerven geht.
- Um ein reibungsloses Zusammenleben zu gewährleisten, ist immer auch ein artgerechtes und konsequentes, auf Belohnungen basierendes Training zu empfehlen, an dem beide Hunde – unabhängig von ihrem Alter – teilnehmen sollten.

Übersicht 2: Eingewöhnung eines neuen Hundes

Streitpunkte:	Maßnahmen:
Der Schlafplatz Besonders höher gelegene, sehr gemütliche sowie an Durchgangspunkten gelegene Plätze stehen hoch im Kurs und sind Zeichen eines hohen Rangstatus desjenigen Tieres, das diese Plätze beansprucht.	Jeder Hund sollte einen eigenen Schlafplatz haben. Günstig ist es, die Decken oder Körbe dort zu plazieren, wo die Hunde sich von selbst hinlegen. Von sich aus wird ein rangniedriges Tier nicht die aus Hundesicht begehrtesten Plätze wählen.
Der Fressplatz Futter und auch der Fressnapf selbst haben für Hunde oft einen hohen Stellenwert und können deswegen vom ranghöheren kontrolliert werden.	Jeder Hund sollte einen eigenen Fressnapf haben. Außerdem müssen auch genügend Wassernäpfe zur Verfügung gestellt werden. Günstig ist es, die Hunde so zu füttern, dass sie sich gegenseitig nicht sehen. Dies gilt besonders für die Hunde, die schon eine Vorgeschichte in Bezug auf Futterneid haben.
Spielzeug Nach der Hundelogik hat der Ranghöhere das Recht, über das Spielzeug zu bestimmen.	Solange das Spielzeug von keinem der Hunde bewacht wird, kann es frei zur Verfügung gestellt werden. Andernfalls ist es unter Verschluss zu halten und nur in Übungen, während derer man die Tiere getrennt hält, hervorzuholen.
Aufmerksamkeit durch den Besitzer Anfassen, Ansprechen, Schmusen, Spielen, Bürsten, Baden, aber auch Übungen zu verlangen, den Hund an- bzw. abzuleinen sind Dinge, die bei Hunden hoch im Kurs stehen und auch mit der Rangstellung korreliert sind.	Man sollte von Anfang an darauf achten, die Tiere gemäß der Rangstellung zu behandeln, die sie von sich aus angenommen haben, d.h. man widmet sich immer zuerst dem ranghöheren Tier. Da die Rangposition eines Hundes nicht direkt vom Alter, der Größe oder dem Geschlecht abhängt, sondern mehr eine Frage des Charakters ist, gibt es kein Patentrezept, nach dem man immer verfahren kann. Im Zweifelsfall sollte ein Fachmann zu Rate gezogen werden.

die Durchführung eines speziellen Gehorsamstrainings. Beide Hunde werden auf diese Weise leichter kontrollierbar und die Vormachtstellung des Menschen wird bekräftigt. Wenn es sich um Rüden handelt, sollten Sie das rangniedrige Tier kastrieren lassen. Ist es bereits zu ernsthaften Verletzungen gekommen oder sind diese zu befürchten, kann es vor allem bei mehr als zwei Hunden in einigen Fällen ratsam sein, die Tiere nicht zusammen alleine zu lassen. Um Bissverletzungen vorzubeugen, kann man die Tiere auch an das Tragen eines Maulkorbes gewöhnen (Trainingsprogramm 1).

Zeigen alle diese Therapiemaßnahmen keine Wirkung, sollten Sie, je nachdem wie groß die Probleme der Tiere untereinander sind, in Erwägung ziehen, eines der Tiere abzugeben. Leider ist es nicht möglich, die Beziehung der Hunde zueinander auf andere Weise als die oben beschriebene zu beeinflussen.

Die Übersicht auf Seite 68 gibt Aufschluss über die häufigsten Streitpunkte und entsprechende Maßnahmen, die dabei helfen, die Wogen wieder zu glätten.

Aggression gegen eine andere Tierart desselben Haushaltes

Problem

Nicht immer leben Hunde mit anderen Tierarten im gleichen Haushalt friedlich zusammen. Während es mit Vögeln sehr selten zu Auseinandersetzungen kommt, kann die Situation bei Katzen und kleinen Käfigtieren ganz anders aussehen.

Das Ausmaß des Problems ist je nach Charakter und Veranlagung des Hundes recht unterschiedlich und kann sich beispielsweise darauf beschränken, dass der Hund das andere Tier nur anbellt. Es kommt aber auch vor, dass er versucht, es durch die Wohnung zu jagen. Gelegentlich können Beißereien mit Verletzungen oder gar der Tod des anderen Haustieres die Folge sein.

Ursache

Die Ursache dieses Problems liegt darin, dass Hunde Jagdtiere sind und die meisten anderen Haustierarten in der Natur durchaus auf ihrem Speiseplan stehen könnten. Das gilt nicht unbedingt für Katzen, aber auch sie passen in das Beuteschema des Hundes (vgl. »Raubtierhafte Aggression«).

Im Zusammenleben mit Katzen gibt es noch einen anderen Grund, der den Hund zu aggressiven Handlungen veranlassen kann. So kommt es gelegentlich vor, dass ein Hund die Katze desselben Haushaltes für bestimmte Dinge maßregelt, die ihm selbst nicht zustehen, wie beispielsweise auf das Bett zu gehen. In diesem Fall besteht ein Rangordnungskonflikt, ähnlich wie bei der Aggression gegen einen anderen Hund desselben Haushaltes.

Außerdem kann man manchmal eine sogenannte umgerichtete Aggression beobachten, die sich ebenfalls gegen ein schwächeres Mitglied des Rudels richtet. Das heißt, die Hunde reagieren Spannungen an einem Ersatzobjekt wie der Katze ab, wenn sie selbst zum Beispiel gescholten worden sind.

Besonderheiten und *Prophylaxe*

Alle Tierarten, mit denen Hunde während ihrer frühen Entwicklungsphase friedlich nebeneinander her gelebt haben, werden von ihnen für den Rest des Lebens als

Wenn der Hund mit einer anderen Tierart zusammen aufgewachsen ist, kommt es zwischen ihnen nicht zu Problemen.

»normal« oder gar als ihresgleichen eingestuft. Die Phase der Sozialisation mit einer fremden Tierart beginnt schon in der vierten Lebenswoche des Hundes und ist nicht beliebig lang. Oft ist sie schon längst beendet, bevor der Hund als neues Familienmitglied in das Heim einzieht. Das bedeutet keineswegs, dass man einen Hund – selbst wenn er vorher ohne Kontakt zu Katzen oder Hauskaninchen aufgewachsen ist – nicht doch noch an diese Tiere gewöhnen könnte. Er wird sie aber grundsätzlich als andersartige Wesen, wenn nicht gar als interessante Jagdbeute einstufen (vgl. »Die Sozialisationsphase«).

Hatte der Hund bis zum Einzug in das neue Heim niemals vorher die Möglichkeit, ein Individuum der Tierart zu jagen, mit der er zusammenleben soll, ist eine Gewöhnung wesentlich einfacher. Dies gilt auch für den Zeitpunkt der ersten Begegnung mit dem anderem Tier. Während ein Welpe wesentlich leichter an andere Tierarten zu gewöhnen ist, kann dies bei älteren Tieren durchaus Schwierigkeiten bereiten.

Es sei an dieser Stelle ganz ausdrücklich davor gewarnt, die Tatsache und die damit verbundene Problematik zu sehr auf die leichte Schulter zu nehmen, dass Hunde Jäger und andere Haustiere ihre potentielle Beute sind! Nicht selten hat ein bis dato als völlig harmlos angesehener Hund, beispielsweise ein als Schoßhund gehaltener Yorkshire-Terrier das Kaninchen oder den Hamster der Familie in einem unbeobachteten Moment totgebissen. Das ist eine für die Familienmitglieder unverständliche und traurige Tat, die man dem Hund dennoch nicht ankreiden kann.

Therapievorschlag

Grundsätzlich kann man mit einem entsprechenden Erziehungstraining erreichen, dass der Hund nicht unkontrolliert anderen Haustieren nachjagt. Trotzdem sollten sie niemals zusammen unbeaufsichtigt in einem Zimmer alleine gelassen werden. Zwei Therapiemaßnahmen, die gleichzeitig durchgeführt werden können, sind vielversprechend: Zum einen kann man das andere Tier in den Augen des Hundes aufwerten, indem man dem Hund immer dann ein Leckerchen zusteckt, wenn er das Tier erblickt hat, und ihn sonst den ganzen Tag hindurch so wenig wie möglich beachtet. Auf diese Weise stellt er die positive Verknüpfung her, dass er nur dann Beachtung findet, wenn das andere Tier anwesend ist. Hat man im Laufe mehrerer Tage den Hund soweit gebracht, dass er schon kommt und sein Leckerchen einfordert, sobald er das Tier irgendwo erspäht hat, kann man mit der zweiten Therapiemaßnahme beginnen. Diese basiert auf dem Prinzip der Gegenkonditionierung und ist im Trainingsprogramm 4 beschrieben.

Setzen Sie auch hier ein Hundehalfter ein, denn dadurch gewinnen Sie eine wesentlich bessere Kontrolle über den Hund (Trainingsprogramm 2). Sie können den Hund das Halfter während des gesamten Trainingsprogramms auch im Haus tragen lassen. Sollte das Leben des anderen Haustieres durch den Hund ernsthaft in Gefahr sein, empfiehlt es sich, Letzterem vorsichtshalber einen leichten Plastikmaulkorb aufzusetzen (Trainingsprogramm 1).

Für den Fall, dass ein Rangordnungsproblem der Grund für das Verhalten ist, gelten die Ausführungen und Trainingsvorschläge unter »Aggression gegen einen anderen Hund desselben Haushaltes«, die man auch hier anwenden kann. In den Fällen von umgerichteter Aggression sollte man sich bemühen, die genaue Ursache zu ergründen, um die Frustration und die dadurch entstandene aggressive Grundstimmung zu beheben. Kennt man den Grund, kann man entweder darauf bauen, solche Situationen in Zukunft zu vermeiden oder den Hund in Bezug auf diesen Auslöser zu desensibilisieren bzw. gegenzukonditionieren.

Schenken Sie Ihrem Hund am Anfang nur in Anwesenheit des anderen Tieres Beachtung.

Aggression zur Verteidigung des Rudels

Einige Formen der Aggression stehen zwar in direktem Zusammenhang mit dem Rudel bzw. der Familie und dem Territorium, dienen aber nicht primär dazu, die eigene Rangstellung zu behaupten. Sie sind Ausdruck der Verteidigung des Rudels vor Fremden und vor Angriffen.

Im Prinzip sind diese Formen der Aggression durchaus positive Eigenschaften des Hundes. Und in den meisten Fällen ist es auch genau dieses Verhalten, also seine Loyalität der Familie gegenüber, die viele Menschen dazu bewegt, sich für den Hund als Haustier zu entscheiden. Gelegentlich wird das Verhalten allerdings zum Problem, wenn nämlich das Ausmaß der Aggression des Hundes in der jeweiligen Situation von den Besitzern als übertrieben betrachtet wird. Dann ist ein normales, spannungsfreies Leben mit den Mitmenschen nicht mehr möglich.

Einführung eines neuen Tieres in den Haushalt

- Der Hund ist und bleibt ein Jagdraubtier. Sollte Ihr Hund schon früher Gelegenheit gehabt haben, die jeweilige Tierart zu jagen, mit der er zusammenleben soll, ist eine Gewöhnung schwierig. Sie sollten bestmöglich aufpassen und rechtzeitig Vorsichtsmaßnahmen ergreifen, damit es nicht zu einem ungewollten Zwischenfall kommen kann!
- Bei Katzen hat man auch bei erwachsenen Tieren oftmals noch recht gute Chancen für eine Gewöhnung. Dieses Vorhaben steht und fällt allerdings sowohl mit dem Verhalten der jeweiligen Katze als auch mit dem Gehorsam des Hundes und seiner Jagderfahrung in Bezug auf Katzen.
- Speziell geschulter Gehorsam des Hundes, vor allem bei den Befehlen SITZ, PLATZ, STEH, BLEIB und HIER, ist eine gute Basis, um die Tiere miteinander bekannt zu machen. Die Katze sollte sich bei dieser Begegnung gut in dem entsprechenden Gebiet oder Zimmer auskennen und wissen, wohin sie sich schnell zurückziehen kann, wenn es ihr zu brenzlig wird.
- Wenn Sie sich große Sorge machen und kein Risiko eingehen wollen, können Sie den Hund im Vorfeld an einen Maulkorb gewöhnen und ihm diesen beim ersten Zusammentreffen (oder auch mehrere Tage lang) anlegen, so dass er dem neuen Tier nicht gefährlich werden kann.
- Die ersten Begegnungen sollten selbstverständlich unter Aufsicht stattfinden, wobei der Hund mit den oben angesprochenen Befehlen unter Kontrolle gehalten wird. Braves Verhalten sollte besonders überschwänglich belohnt werden.
- Um die Grundeinstellung des Hundes dem neuen Tier gegenüber zu verbessern, hilft es, ihm jegliche Aufmerksamkeit bis zu dem Moment zu entziehen, in dem das neue Tier auf der Bildfläche erscheint, und ihn dann mit Aufmerksamkeiten zu überhäufen. Auf diese Weise erscheint für ihn nach kurzer Zeit die Anwesenheit des neuen Tieres in einem ganz anderen Licht.
- Einige Hunde verteidigen für sie besonders wichtige Dinge – beispielsweise ihren Schlafplatz oder ihr Futter – auch gegenüber anderen Tieren. Darauf sollte man unbedingt Rücksicht nehmen und die Tiere an diesen Plätzen nicht ohne Aufsicht aufeinandertreffen lassen.

Aggression zur Verteidigung eines Familien- oder Rudelmitgliedes

Problem

Auch sonst völlig friedfertige Hunde können zu plötzlicher Aggression neigen, wenn sie ein Familien- oder Rudelmitglied in Gefahr wähnen. Diese Form der Aggression oder der Angriff selbst ist gegen den Angreifer gerichtet und geht mit Drohgebärden wie Bellen, Knurren, Lefzenblecken oder Beißen einher.

Liegt eine echte Notsituation vor, wertet man das Verhalten als Charakterstärke des Hundes und freut sich darüber, dass er einen verteidigt hat. Manche Hunde neigen aber dazu, auch relativ harmlose Situationen des täglichen Lebens als Angriff zu werten und somit nach unserem Verständnis überzureagieren. Dies kann passieren, wenn man von einer dem Hund fremden Person angefasst wird, wenn diese die Stimme erhebt, andere »Drohgesten« macht oder aber zu nahe herankommt.

Ursache

Da der Hund ein soziales Rudeltier ist, sind in seinem Verhalten auch Komponenten enthalten, die dazu dienen, das gesamte Rudel gegen Angriffe zu verteidigen. Wie stark die Tendenz des Hundes im Einzelnen ist, auf eine bedrohliche Situation mit Aggression und Gegenwehr zu reagieren, ist unterschiedlich. Bei der Ausprägung spielen sowohl genetische Einflüsse als auch Erziehung, Sozialisation, Rangstellung und Territorialverhalten des Individuums eine Rolle.

Zu Missverständnissen seitens des Hundes kann es deshalb kommen, weil die Bewertungskriterien, die für bestimmte Ge-

Ungewöhnliche Körperbewegungen einer fremden Person können vom Hund als Bedrohung interpretiert werden.

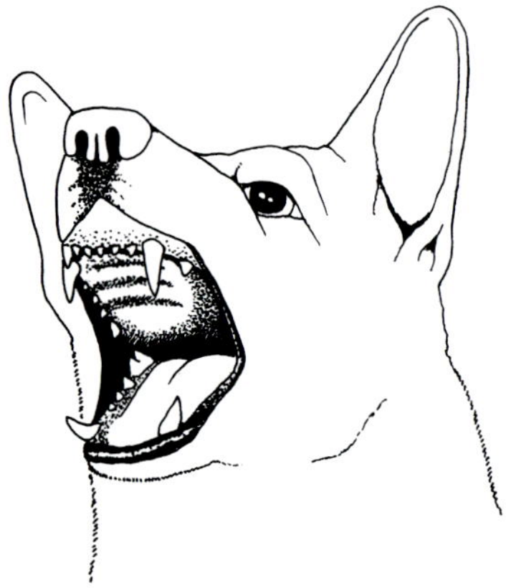

Die Beißdrohgeste ist ein letztes Signal vor einem Angriff.

sten und Handlungen angewandt werden, bei Hunden und Menschen verschieden sind. Viele unserer eigenen alltäglichen Gesten entstammen selbst ursprünglich einem anderen Kontext und werden in ritualisierter Form, beispielsweise bei der Begrüßung, als sogenannte Beschwichtigungsgesten (etwa das Händeheben oder -schütteln, das Auf-die-Schulter-Klopfen und anderes) gezeigt. Mit den Augen des Hundes gesehen und nach seinem Werteverständnis sind dies allerdings meist dominante Gesten, die bedrohlich wirken. Außerdem spielt für den Hund bei der Einschätzung der jeweiligen Situation auch unsere Ausstrahlung eine große Rolle. So kann es zum Beispiel sein, dass es uns unangenehm ist, wenn uns jemand die Hand auf die Schulter legt, selbst wenn die Geste in dieser Situation keine bedrohliche Komponente hat. Der Hund merkt unser unterschwelliges Unmutsgefühl und wird möglicherweise entsprechend darauf reagieren.

Besonderheiten

Diese Form der Aggression wird in der Regel von uns gewünscht, solange sie unserem Gefühl nach in der richtigen Situation und der richtigen Dosierung gezeigt wird. Im Normalfall muss man den Hund nicht speziell abrichten, damit er uns in bedrohlichen Situationen zur Seite steht. Ein ungetrübtes Verhältnis zum Hund und ein selbstsicherer Charakter des Tieres genügen in der Regel, um sich in Notsituationen auf ihn verlassen zu können.

In einigen Fällen ist diese Form der Aggression nicht zweifelsfrei von der territorialen Aggression zu unterscheiden oder aufgrund von Überschneidungen nicht klar von dieser oder beispielsweise von Angstaggression zu trennen. Es kann also notwendig sein, andere Formen der Aggression mit zu berücksichtigen und in die Therapie mit einzubeziehen.

Prophylaxe

Je sicherer ein Hund in den verschiedenen Situationen des täglichen Lebens auftritt, desto eher wird er auf einen harmlosen Händedruck gelassen reagieren. Zur Prophylaxe ist also eine breit angelegte Sozialisation im Welpenalter zu empfehlen.

Therapievorschlag

Sollte Ihr Hund dazu neigen, Sie auch in harmlosen, alltäglichen Situationen verteidigen zu wollen und fremde Menschen anzugreifen, dann ist ein spezielles Training angebracht. Hierzu ist die Mitarbeit von möglichst vielen verschiedenen Menschen hilfreich.

Vermeiden Sie zu Beginn der Therapie kritische Situationen, um eine weitere Verstärkung des unerwünschten Verhaltens zu verhindern. Gleichzeitig sollte mit dem speziellen Training begonnen werden, das darauf ausgerichtet ist, dem Hund das Gefühl zu geben, dass fremde Menschen nicht grundsätzlich als Bedrohung betrachtet werden müssen. Dies kann man erreichen, wenn man dem Hund zunächst in großem Abstand zu einer fremden Person immer dann ein Leckerchen zusteckt, sobald diese Person für den Hund sichtbar wird. Peu à peu kann man dann den Abstand zu der betreffenden Person verringern und den Hund für sein entspanntes Verhalten belohnen. Auch die fremde Person kann dem Hund später ruhig ein Leckerchen geben. Mit der im Anhang in den Trainingsprogrammen 3 und 4 beschriebenen Methode der Desensibilisierung bzw. Gegenkonditionierung kann eine größere Toleranz des Hundes gezielt eingeübt werden.

Um den Hund besser an fremde Menschen zu gewöhnen, hilft es, sich mit Freunden zu verabreden, die bereit sind, mit dem Hund ein paar leichte Übungen zu machen. Eine Belohnung hierfür sollte ihm dann jedesmal sicher sein. Vielleicht holen die Freunde ihn sogar zu einem kurzen Spaziergang ab. Durch die angenehmen Erlebnisse entwickelt sich eine positive Grundeinstellung des Hundes Fremden gegenüber.

Gleichzeitig gewinnen Sie durch intensives Gehorsamstraining mit dem Hund bessere Kontrolle über ihn. Dabei sollten auch andere Befehle als die für die Gegenkonditionierung eingesetzten geübt werden. Der Einsatz eines Hundehalfters ist hier ebenfalls sehr zu empfehlen. Im Einzelfall ist die Verwendung eines Maulkorbes anzuraten, bis der Hund sicher unter der Befehlsgewalt des Besitzers steht (Trainingsprogramme 1 und 2).

Territoriale Aggression

Problem

Als territoriale, also revierbezogene Aggression bezeichnet man sämtliche aggressiv gefärbten Verhaltensweisen, die in direktem Bezug zum Haus, dem Grundstück, dem Auto oder anderen wertgeschätzten Ressourcen (Spielzeug, Futter, Personen etc.) stehen. In einigen Fällen ist die Tendenz zur Verteidigung des Territoriums so groß, dass schon ein kurzer Aufenthalt in einer fremden Umgebung ausreicht, dieses Gebiet als Revier einzustufen und fortan als solches zu verteidigen. Im Haus kann sich das Verhalten auch auf nur einzelne Bereiche, etwa ein Zimmer oder die enge Umgebung des Schlafplatzes, beziehen. Viele Hunde reagieren im Bereich der Haustür mit territorialer Aggression.

Entgegen der Meinung, territoriales Verhalten bestehe ausschließlich darin, Fremde am Eindringen ins Haus zu hindern, ist das Spektrum dieser Aggressionsform weitaus größer. Auch wenn beispielsweise Besuch das Haus verlassen möchte, kann dieses Vorhaben von einem territorial veranlagten Hund durch Drohen oder sogar einen Angriff leicht vereitelt werden. Im übrigen wird das Verhalten nicht zwangsläufig nur gegen Fremde gezeigt, es kann auch gekoppelt mit einem Rangordnungsproblem auftreten und sich auf Familienmitglieder beziehen. Das Repertoire des Hundes besteht hier wiederum aus Verhaltensweisen wie Bellen, Knurren, Drohen, Stellen von Personen, Schnappen und Beißen. Territoriale Aggression ist an die soziale Reife des Hundes gebunden und tritt deshalb kaum jemals bei Hunden unter 1 1/2 Jahren auf.

Ursache

Das Revier gegen Fremde zu verteidigen, liegt in der Natur der Caniden. Dies war sicherlich ein Grund für die so frühe Domestikation der Hunde. Solange das Verhalten in Situationen gezeigt wird, die einem angemessen erscheinen, ist man dieser Veranlagung gegenüber positiv eingestellt. Unangenehm wird es für uns schließlich erst dann, wenn der Hund das Haus auch gegen Besucher und Freunde verteidigt.

Obwohl die Tendenz zu territorialem Verhalten auch eine genetische Komponente enthält, spielen in vielen Fällen ebenfalls Lernvorgänge eine wichtige Rolle bei der Entstehung des Problems. Absichtliche, aber vor allem auch unbewusste Belohnungen verstärken das Verhalten gleichermaßen. Die Tatsache, dass man als Mensch gleichzeitig – oft noch laut – »Ich komme schon!« oder »Hasso, sei endlich still!« ruft, wenn man an die Haustür stürmt, bestätigt den Hund darin, dass er sich völlig richtig verhält und dass jeder Besucher laut bellend, wenn nicht gar knurrend empfangen werden muss, da in seinen Augen der Chef schließlich genauso handelt.

Verstärkt wird das Verhalten des Hundes aber sowohl durch das beschwichtigende Auf-ihn-Einreden, das er als Lob interpretiert, als auch durch ein vermeintlich erfolgreiches In-die-Flucht-Schlagen eines Störenfriedes. Dies ist dann der Fall, wenn beispielsweise der Postbote kommt, am Briefkasten klappert und dann wieder geht, ohne eingetreten zu sein. Dem laut kläffend hinter der Tür stehenden Hund erscheint diese Situation wie ein Sieg.

Der Zaun ist hier die Territorialgrenze.

Besonderheiten

Hunde verteidigen bemerkenswerterweise meist die menschlichen Territorialgrenzen (zum Beispiel den Gartenzaun, das Auto), und zwar sowohl gegen andere Hunde als auch gegen fremde Menschen. Diese Verhaltensweise ist in dieser Form bei keiner anderen Tierart zu finden.

Prophylaxe

Die Möglichkeit zu häufigem, frühem und positiv gestimmtem Umgang mit verschiedenen Menschen wirkt der Entstehung des Problems in gewissem Maße entgegen. Durch jahrelange Zuchtwahl neigen einige Rassen mehr zu territorialer Aggression als andere. Herdenschutzhunde beispielsweise sind auf dieses Verhaltensmerkmal selektiert worden und bringen deshalb ein großes Potential für territoriale Probleme im häuslichen Bereich mit. Genaue Überlegungen, die man anstellen sollte, bevor man sich für eine Hunderasse entscheidet, können somit dazu beitragen, das Problem zu umgehen. Eine gute Kontrolle des Besitzers über das

Tier und entsprechendes Gehorsamstraining spielen ebenfalls eine Rolle.

Therapievorschlag

Es empfiehlt sich, das Trainingsprogramm 4 zur Gegenkonditionierung durchzuführen: Man bringt dem Hund bei, sich auf die Befehle SITZ und PLATZ sofort zu setzen oder hinzulegen und dort zu verharren anstatt territorial-aggressiv zu reagieren. Für braves Verhalten sollte er hier selbstverständlich stets belohnt werden. Gleichzeitig sollten Sie versuchen, das Bellen zu kontrollieren. Hierzu sind zwei Wege möglich: entweder Sie gewöhnen ihm das Bellen ab oder Sie bringen ihm bei, auf Befehl mit dem Bellen aufzuhören. Ein erfolgversprechender Trainingsvorschlag ist unter »Bellen« detailliert dargestellt.

Bis zu dem Zeitpunkt, an dem der Hund SITZ, PLATZ und BLEIB hundertprozentig beherrscht, empfiehlt es sich, ihn bei Kontakten an der Tür zunächst wegzusperren. Ein gutes Hilfsmittel ist auch hier wieder das Hundehalfter. Dieses oder eine leichte Schleppleine kann der territorial-aggressive Hund ruhig auch im Haus tragen – vor allem wenn er die Gehorsamsübungen noch nicht sicher beherrscht. Dann kann er jederzeit, besonders aber an der Tür leicht unter Kontrolle gebracht werden.

Der Hund sollte mittels der Gegenkonditionierungsübung lernen, beim Eintreten eines Fremden oder während an der Tür verhandelt wird, mit einem Abstand von zwei bis drei Metern zur Tür liegen zu bleiben und dort zu verharren. Nach dem Eintreten von Besuchern soll der Hund nur dann Kontakt mit ihnen haben, wenn er auf ausdrücklichen Befehl hin aufstehen durfte und sich ordentlich benimmt. Mögen die Besucher Hunde, kann man sie bitten, dem Hund einen einfachen Befehl zu geben und ihn dann mit einem Leckerchen zu entlohnen. So verbessert sich sein Verhältnis Fremden gegenüber. Es sollte viel Wert darauf gelegt werden, das oben beschriebene Gehorsamstraining so gut einzuüben, dass der Hund jederzeit durch eine einfache Anweisung auf seinen Platz zu schicken ist und jeder Besucher das Zimmer auch gefahrlos wieder verlassen kann. Je mehr Menschen der Hund während der intensiven Trainingsphase in positiver Weise kennenlernt, desto weniger wird er sich über einen Besucher aufregen oder diesen als Eindringling betrachten. Versäumen Sie nicht, alle Besucher anzuhalten, sich ruhig zu verhalten und keine schnellen Bewegungen zu machen, damit der Hund nicht das Gefühl bekommt, die Situation könne in irgendeiner Weise bedrohlich sein.

Vorausgesetzt, Sie finden genug Personen, die Ihnen bei diesem Training helfen, können Sie Ihre Helfer bitten, nach einer kurzen Begrüßung im Haus, die auf der Basis des oben beschriebenen Therapie-

Nicht zu unterschätzen sind hier wieder die Aspekte einer unbeabsichtigten Belohnung oder Strafe. Wird der Hund mit Worten beschwichtigt wie: »Ist gut, Hasso, ganz ruhig, das ist doch nur Frau Maier«, wird er dies vom Tonfall her zwangsläufig als Lob deuten und es wird ihn in seinem Tun bestärken. In negativer Weise durch Schreien oder mit Schlägen auf ihn einzuwirken, stachelt ihn noch mehr an und führt ebensowenig zur Lösung des Problems.

vorschlags ablaufen sollte, auf einen kleinen Hundespaziergang mitzugehen. So wird sich die Einstellung des Hundes gegenüber Fremden nachhaltig ändern.

Scheint das Klingeln des Postboten eine Rolle zu spielen, fragen Sie Ihren Briefträger, ob er sich an einem Tag einmal ein wenig Zeit nehmen kann und auf einen Kaffee vorbeikommt, damit der Hund mit ihm Bekanntschaft machen kann. Wenn der Postbote einen pünktlichen Austragerhythmus hat, können Sie versuchen, die Erwartungshaltung des Hundes, gemäß dem Beispiel der Pawlowschen Hunde, mittels der klassischen Konditionierung zu ändern. Dies erreichen Sie zum Beispiel, indem Sie ihn genau dann füttern, wenn der Postbote kommt. Sollte der Hund das angebotene Futter zunächst

Durch ein spezielles Training erreicht man, dass sich der Hund auf den Postboten freut.

Stark territorial veranlagte Hunde sollten niemals mit Kindern alleine gelassen werden, um böse Zwischenfälle von vornherein auszuschließen.

nicht anrühren, weil er so mit der Revierverteidigung und Bellen beschäftigt ist, muss man es natürlich sofort wieder wegnehmen und ihn darben lassen, bis der Postbote am nächsten Tag wiederkommt. Zwischendurch sollten Sie dem Hund in diesem Fall nichts geben. Nach ein paar Tagen wird er den Postboten schon sehnsüchtig erwarten, denn er hat inzwischen einen riesigen Hunger und wird sich sehr schnell an die neue Fressenszeit gewöhnen.

In einigen Fällen lohnt es sich, das Trainingsprogramm 3 (Desensibilisierung) gegen bestimmte Geräusche, zum Beispiel Klingeln durchzuführen. Wenn das Bellen als Problem im Vordergrund steht, sei auf das entsprechende Kapitel verwiesen.

Aggression ohne direkten Bezug zum Rudel

Abweichend von anderen Aggressionsformen steht bei der erworbenen Aggression der vorangegangene Lernprozess im Vordergrund. Hierbei kann es sich entweder um ein gezieltes Training handeln oder aber um eine »Fehl«-Verknüpfung seitens des Hundes in einer bestimmten Situation. Mitunter spielt gerade dies auch bei einigen der bisher beschriebenen Probleme eine Rolle, wenn der Hund nämlich gelernt hat, dass er durch aggressives Verhalten eine bestimmte Situation für sich entscheiden kann.

Trainierte Aggression

Problem

Unter trainierter Aggression versteht man die Aggression, die bei abgerichteten Hunden zum Beispiel während ihrer Schutzarbeit zum Tragen kommt, aber auch die trainierte Schärfe auf andere Hunde oder Personengruppen unabhängig von einer Schutzdienstausbildung. Leider kann man beobachten, dass in der heutigen Zeit immer mehr Menschen ihren Hund zum persönlichen Schutz scharf machen möchten. Gelegentlich kommt es mit solchen Hunden zu unbeabsichtigten Zwischenfällen, bei denen nicht selten andere Hunde oder auch andere Menschen schwer verletzt werden.

Ursache

Hunde scharf abzurichten hat seit jeher dazu gedient, das eigene Hab und Gut oder die eigene Familie vor Übergriffen zu schützen. Aber auch Hundekämpfe sind – obgleich in Deutschland und in vielen anderen Ländern verboten – in bestimmten Bevölkerungskreisen ein beliebtes Hobby. Die Ursache, weshalb es zu vermeidbaren Angriffen gegen oft nur zufällig in eine bestimmte Situation geratene Menschen und Tiere kommen kann, ist vor allem in der unüberlegten Auswahl der abgerichteten Hunde und in der nicht hundegerechten Ausbildung zu sehen.

Abgesehen von der ausdrücklichen Abrichtung auf andere Tiere oder Menschen kann ein Hund aber auch unbeabsichtigt auf Aggression hin trainiert werden. Dies kann sowohl durch beruhigend gemeinte Worte geschehen, die einen ängstlich-aggressiven Hund in seinem Tun bestätigen, als auch durch die Maßregelung eines aggressiven Hundes mittels schmerzhafter Strafen. Der Hund sieht dann eine Verstärkung der Aggression als einzigen Ausweg aus der Situation (vgl. »Angstaggression«).

Besonderheiten

Je schwächer der Charakter, je niedriger die Reizschwelle und je geringer die Selbstsicherheit des Hundes ist, desto eher wird es zu – vom Besitzer ungewollten – Angriffen kommen. Hinzu kommt, dass es leider auf vielen Hundeplätzen noch gang und gäbe ist, die Hunde über den Wehrtrieb abzurichten und nicht über den Spieltrieb – eine Tatsache, die in krassem Gegensatz zu artgerechter Hundeerziehung und zum Tierschutz steht.

Erste Ansätze von Seiten des Gesetzgebers, das Problem »Aggressive Hunde«

Der Gesetzgeber verbietet mittels des Tierschutzgesetzes (TSG) explizit: »... ein Tier an einem anderen lebenden Tier auf Schärfe abzurichten oder zu prüfen« (§ 3, Satz 7 TSG) und »... ein Tier auf ein anderes Tier zu hetzen, soweit dies nicht die Grundsätze weidgerechter Jagdausübung erfordern« (§ 3, Satz 8 TSG). Weiterhin ist es verboten, »ein Tier zu einem derartig aggressiven Verhalten auszubilden oder abzurichten, dass dieses Verhalten bei ihm selbst zu Schmerzen, Leiden oder Schäden führt oder in Rahmen jeglichen artgemäßen Kontaktes mit Artgenossen bei ihm selbst oder einem Artgenossen zu Schmerzen oder vermeidbaren Schäden führt« (§ 3, Satz 8a.a) und Satz 8a.b) TSG).

anzugehen, sind zwar begrüßenswerterweise vorhanden, gehen aber leider durch die unsinnige Auflistung von sogenannten Kampfhunderassen in die falsche Richtung. Sinnvoller wäre es meiner Meinung nach, stärker auf eine Kontrolle der Hundehalter und Ausbilder zu setzen.

Therapievorschlag

Rein theoretisch betrachtet sind die Chancen gut, einen scharf abgerichteten Hund durch die entsprechende Gegenkonditionierung (Trainingsprogramm 4) zum verträglichen Hausgenossen zu machen.

Im Training und Spiel sollte man bewusst auf jeden Befehl und jede Handlung verzichten, die in das Angriffsschema passt, so dass die aggressiven Handlungen weder herausgefordert noch belohnt und damit verstärkt werden. Wichtig ist es, dem Hund bei Gehorsamsübungen und Spielen einen Ausgleich zu bieten und sein nicht-aggressives Verhalten mit viel Lob, Anerkennung und Leckerchen zu belohnen und dadurch zu festigen.

Sollte der Hund – wie oben beschrieben – unbeabsichtigt auf aggressives Verhalten trainiert worden sein, indem er durch positive oder negative Verstärkung in seinem Tun bestätigt wurde, ist vor allem die Aufklärung des Besitzers und seine Kenntnis der Lernprinzipien ausschlaggebend für die erfolgreiche Therapie (vgl. »Angstaggression« und »Grundlagen der Ausbildung«). Man muss sich vor Augen halten, dass diese Tiere, auch wenn sie natürlich schuldlos in diese Lage geraten sind, aufgrund ihrer Haltungsform, ihrer Ausbildung, ihrer genetischen Anlagen und ihres individuellen Charakters potentiell tödliche Waffen sind. Im Gegensatz zu herkömmlichen Waffen haben sie ein Eigenleben und sind deshalb besonders für einen Laien, der sich mit dem Hundeverhalten nicht so gut auskennt, schlechter kontrollierbar.

Trotz der relativ guten Aussichten auf Erfolg möchte ich hier ausdrücklich davor warnen, aus Mitleid oder Hilfsbereitschaft einen durch frühere grausame und nicht artgerechte Erziehungsmaßnahmen verdorbenen oder auf aggressives Verhalten hin trainierten Hund zu übernehmen und sich selbst daran zu versuchen. Wer dies vorhat, sollte über genügend Erfahrung in der Hundehaltung und -ausbildung verfügen und sich zusätzlich von einem kompetenten Trainer beraten lassen. Ohne eine besondere Panikmache unterstützen zu wollen, muss hier angemerkt werden, dass diese Hunde aus Gründen der Gefahrenvermeidung weder in unerfahrene Hände noch in Familien mit Kindern gehören!

Angstaggression

Problem

Ängstlich-aggressive Hunde bezeichnet man gemeinhin als Angstbeißer. Die Tiere zeigen sich in Situationen, die ihnen bedrohlich erscheinen, unsicher und ängstlich. Besonders wenn ihnen keine Fluchtmöglichkeit offensteht, neigen sie dazu, zu schnappen oder je nach Beißhemmung auch ernsthaft zu beißen.

Ursache

Die Reaktion des Hundes, sich durch Beißen zu verteidigen, ist völlig normal.

Wenn man Hunden normale Kontakte zu Artgenossen verwehrt, werden sie leicht zu »Angstbeißern«.

Diese Verhaltensweise findet man bei fast allen Tierarten. Sie hat sich in der Natur durchgesetzt, um das eigene Leben zu verteidigen und dient somit indirekt der Arterhaltung. In der heutigen Zeit ist sein Leben zwar meist nicht akut bedroht, wenn ein Hund dieses Verhalten zeigt, dennoch ist diese Verteidigungsstrategie im Hund tief verwurzelt.

Der Hauptgrund, weshalb einige Hunde mehr zu Angstaggression neigen und andere in einer entsprechenden Situation gelassen bleiben, liegt vor allem an der mangelnden Sozialisation der betroffenen Tiere. Ihnen erscheinen mehr Situationen ungewohnt und fremd und dies veranlasst sie dazu, ängstlich oder ängstlich-aggressiv zu reagieren. Neben der reinen defensiven Angst- und Verteidigungsreaktion spielt meist aber auch eine starke erlernte Komponente mit in das Verhalten hinein, die als Strategie entwickelt wurde, um mit einer bedrohlichen Situation besser zurechtzukommen. Das bedeutet, dass der Hund, der einmal erfolgreich mit einem Angriff das ihn ängstigende Übel abwenden konnte, diese Verhaltensweise schnell in sein Verhaltensrepertoire übernimmt, um in ähnlichen Situationen entsprechend zu reagieren. Auch schlechte Erfahrungen können dazu beitragen, dass ein Hund zum »Angstbeißer« wird.

Besonderheiten

Selbst wenn es auf den ersten Blick nicht so scheint, gehört eine große Zahl von Hunden, die angeleint auf dem Spaziergang andere Hunde »anpöbeln«, in die Sparte der sogenannten Angstbeißer. Denn entgegen der landläufigen Meinung, dass angeleinte Hunde vermehrt zu Aggressionen neigen, weil sie ihren Besitzer als Mitstreiter in sicherer Nähe wähnen, reagieren die Hunde an der Leine in Wirklichkeit aggressiv, weil durch die Leine ihr Fluchtradius stark eingeschränkt wurde. Auf diese Weise kommt es dazu, dass Hunde, die unangeleint ohne Probleme und ohne Streitereien an anderen Hunden vorbeigehen können, angeleint ein furchtbares Gezeter veranstalten. Ohne Leine hingegen wären diese Hunde gerne bereit, schnell einen Bogen zu schlagen, wenn es ihnen notwendig erscheint. Durch die Leine aber verstärkt sich das Unsicherheitsgefühl, weil für sie eine Konfrontation unausweichlich scheint. Aus dieser Situation heraus entwickelt sich die oben erwähnte Verhaltensstrategie: Irgendwann versuchen diese Hunde, dem Problem mangels

Die Unsicherheit des Hundes links kann man an den spitzen Mundwinkeln, der Ohrstellung und an den über der gesamten Rückenlinie gesträubten Haaren erkennen.

Fluchtmöglichkeit mit Aggression zu begegnen. Hat dies beispielsweise dadurch Erfolg, dass der andere Hund ebenfalls angeleint war oder sich hat beeindrucken lassen, lernt der Hund schnell, dass seine übertrieben aggressive Haltung für ihn die Situation entschärft. Dass er damit leider keinesfalls gleichzeitig auch die Sorgen des Halters entschärft, ist dem Hund nicht bewusst. Oftmals wirkt das Verhalten des Besitzers dem Hund gegenüber zusätzlich verstärkend, wenn dieser in dem Moment, in dem der Hund ängstlich-aggressiv reagiert, entweder positiv (durch tröstende Worte) oder negativ (durch Strafe) auf ihn einwirkt.

Steht die Entwicklung eines ängstlich-aggressiven Verhaltens noch am Anfang, sind die äußeren Anzeichen der Angst, wie geduckte Haltung, angelegte Ohren, vorsichtiges Drohknurren, noch deutlich sichtbar. Dies kann sich im Laufe der Zeit ändern, so dass für das ungeübte Auge die aggressive Komponente im Vordergrund steht und das Verhalten zunächst nicht unbedingt mit Angst in Verbindung gebracht wird.

Prophylaxe

Wieder ist eine gute Sozialisation ausschlaggebend dafür, dass das Problem gar nicht erst entsteht. Je sicherer der Hund mit den verschiedensten Situationen umgehen kann, desto seltener wird er überhaupt ängstlich reagieren. Hierfür ist frühzeitiger und möglichst positiv gestimmter Umgang mit vielen verschiedenen Menschen, Hunden, anderen Tieren und die

Konfrontation mit vielen verschiedenartigen Situationen notwendig.

Therapievorschlag

Bei der Behandlung eines ängstlichen Hundes ist es notwendig, ihm wann immer möglich in einem entspannten Umfeld Gelegenheit zu geben, eine neue Situation aus eigenem Antrieb heraus zu erkunden. Gleichzeitig empfiehlt es sich, sein Selbstvertrauen zu stärken und die Kontrolle über den Hund durch Gehorsams- und Entspannungsübungen zu verbessern, die auf Belohnung basieren. Die entsprechenden Trainingsprogramme sind im Anhang aufgeführt.

Stets sollten Sie darauf achten, dem Hund nicht das Gefühl zu geben, dass er in die Enge getrieben wird. Dann könnte ein ängstlicher Hund dazu tendieren zu beißen. Für den Spaziergang sind Hundehalfter in diesem Fall besser geeignet als normale Halsband-Leinen-Kombinationen, weil die Hunde leichter zu kontrollieren

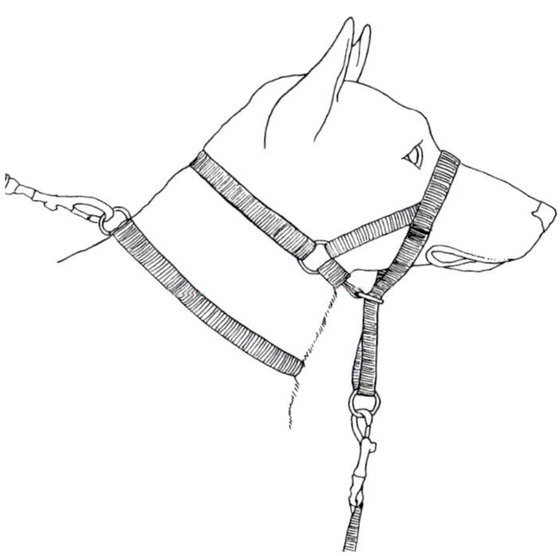

Befestigen Sie das eine Leinenende am Halfter und das andere am Halsband, damit der Hund, auch wenn er rückwärts zieht, nicht ungesichert ist.

In Situationen, die den Hund mit Angst erfüllen, ist jede Form der Bestrafung grundsätzlich abzulehnen. Durch Strafen kann man einen Hund nicht dazu bringen, seine Angst zu überwinden – ganz im Gegenteil – man verstärkt sie eher. Ebenso wichtig ist allerdings auch, den Hund nicht durch eine zum falschen Zeitpunkt eingesetzte Belohnung oder durch Beruhigungsversuche in seinem ängstlich-aggressiven Verhalten zu bestätigen.

sind und sie unter Umständen auch von einem angstauslösenden Reiz weggelenkt werden können. Außerdem schnüren Hundehalfter dem aufgeschreckt und panisch an der Leine ziehenden Hund nicht die Luftzufuhr ab. Das ist bei Halsbändern der Fall und die Panik wird dadurch beim Hund noch größer.

In einigen Fällen, vor allem dann, wenn der Hund über keine ausreichende Beißhemmung verfügt und es schon früher zu Verletzungen gekommen ist, sollte der Hund an einen Maulkorb gewöhnt werden. Zum einen kann der Hund dann keinen Schaden mehr anrichten, zum anderen gewinnt durch diese Tatsache auch der Besitzer eine neue Sicherheit und Entspanntheit, die während des gleichzeitig durchgeführten Trainings von großem Nutzen ist. Sie färbt auf den Hund ab und einem stressfreien Training steht nichts mehr im Wege. Ein sinnvoller Therapievorschlag zur Änderung der Erwartungshaltung des Hundes, der unter der Rubrik »Aggression gegen Artgenossen« beschrieben ist, kann auch bei Angstaggression gegenüber Menschen Anwendung finden.

Halten Sie den Hund zunächst von allen bekannten angstauslösenden Reizen fern. Wenn man den angstauslösenden Reiz genau eingrenzen kann, sollten – in Anlehnung an das Trainingsprogramm 3 zur schrittweisen Desensibilisierung – zusammen mit einem Fachmann spezielle Übungen erarbeitet werden. Dabei kann es notwendig sein, bestimmte Medikamente einzusetzen, um dem Hund ein Lernen überhaupt erst zu ermöglichen (vgl. »Die Auswirkungen von Stress«). Auch Übungen nach dem Prinzip der Gegenkonditionierung (Trainingsprogramm 4) können auf den ängstlich-aggressiven Hund zugeschnitten werden.

Veranlagungsbedingte Aggression

Darunter sind die Formen der Aggression zusammengefasst, die dem Hund vor allem aufgrund seiner genetischen Ausstattung bereits mit auf den Weg gegeben wurden. Sie können hormonell bedingt sein oder aber – gelegentlich auch als defensive Aggressionsformen bezeichnet – der Selbstverteidigung oder dem Schutz der Nachkommen dienen.

Aggression gegen Artgenossen

Problem

In den meisten Fällen bezieht sich die Unverträglichkeit mit Artgenossen auf das gleiche Geschlecht. Streitigkeiten von Hündinnen untereinander können auf die Läufigkeit beschränkt sein oder ohne Verbindung zum Hormonstatus auftreten. Kämpfe zwischen Rüden sind häufig dann besonders erbittert, wenn eine läufige Hündin anwesend ist, treten aber auch ohne eine solche Situation auf. Eine vergleichsweise kleine Anzahl von Hunden verträgt sich weder mit Rüden noch mit Hündinnen.

Ursache

Die Ursache dafür, dass sich ein Hund generell mit anderen Hunden nicht verträgt, liegt in aller Regel an mangelnder Sozialisation, wobei das Verhalten oft zusätzlich durch erlernte Handlungsweisen mitbestimmt wird.

Der Grund, weshalb sich einige Hunde schlecht mit gleichgeschlechtlichen Tieren vertragen, ist, dass diese für sie eine potentielle Konkurrenz um mögliche Paarungspartner darstellen. In vielen Fällen führt aber auch die gutgemeinte Absicht des Besitzers zu einer Verschlimmerung des Zustandes, indem er den Hund – oft nachdem es schon einmal zu einem Zwischenfall gekommen ist – von erneuten Kontakten fernhält oder ihn durch Strafmaßnahmen oder beschwichtigende Worte in seinem Tun unabsichtlich bestätigt.

Ein weiterer Grund für Streitigkeiten auf Spaziergängen ist, dass es wegen der Kürze der Zeit bei einem zufälligen Treffen nicht zur Ausbildung einer stabilen Rangordnung kommen kann. Auch wenn die Tiere sich häufiger treffen, müssen sie jedesmal ihren Status neu unter Beweis stellen. Dies kann entweder in Form von Drohgebärden oder – seltener – auch durch einen echten Kampf geschehen.

Besonderheiten

Inwieweit die Streitigkeiten als sogenannte Kommentkämpfe, also in stark ritualisierter Form vor allem durch Demonstration von Drohgebärden oder aber als echter Kampf entschieden werden, bei dem es zu ernsthaften Verletzungen kommen kann, ist direkt proportional zum Grad der Sozialisation und Sicherheit der Hunde. Gut sozialisierte und souveräne Hunde lassen sich selten auf einen echten Kampf ein. Die Schwere der Verletzungen bei echten Kämpfen hängt davon ab, wie gut die Beißhemmung ausgebildet ist. Diese ist um so besser, je mehr Gelegenheiten die Tiere in der frühen Entwicklungsphase hatten, ein differenziertes, arttypisches Verhalten zu erlernen.

Die Aussage, dass Hündinnen untereinander erbitterter kämpfen, Rüden hingegen häufiger, stimmt so nicht ganz. Hündinnen spulen allerdings meist nicht so eine breite Palette an Drohgebärden ab wie Rüden. Von daher geraten sie in echten Streitfällen schneller in eine Kampfsituation. Nicht selten ist die Aggression gegen Artgenossen gleichzeitig mit anderen Formen wie territorialer oder Angstaggression vergesellschaftet und kann zusätzlich durch mangelnde Autorität von Seiten des Besitzers verstärkt werden.

Solche Kämpfe sehen zwar gefährlich aus, schlimme Verletzungen sind aber dennoch selten.

Prophylaxe

Das Problem kann weitgehend verhindert werden, wenn man dem Welpen und Junghund die Möglichkeit bietet, mit möglichst vielen verschiedenen Hunden zu spielen. Auf diese Weise entwickelt er eine gute Beißhemmung und ein normales Sozialverhalten. Gute Kontrolle über den Hund durch den Besitzer ist ebenfalls hilfreich und kann über konsequent und artgerecht durchgeführtes Gehorsamstraining erreicht werden. Rüden, die vor der sozialen Reife oder sogar noch vor der Pubertät kastriert wurden, neigen seltener zur Aggression gegen andere Rüden. Bei Hündinnen ist man sich im Hinblick auf das Entstehen eines Aggressionsproblems mit anderen Hunden über den Nutzen einer Kastration vor der ersten Läufigkeit noch nicht ganz im Klaren. Sie scheint aber vor allem dann keinen nachteiligen Effekt zu haben, wenn die Hündin vor der Kastration keinerlei aggressive Tendenzen gezeigt hat.

Therapievorschlag

Bei Rüden kann in vielen Fällen das Verhalten durch eine Kastration wesentlich verbessert werden. Der Erfolg ist um so größer, je weniger eine erlernte Komponente mit hineingespielt hat, das Verhalten also rein hormonell gesteuert war.

Als sogenannte temporäre oder auch chemische Kastration bezeichnet man die Unterdrückung der Bildung von Geschlechtshormonen auf medikamentösem Weg. Scheut sich der Besitzer, den Hund kastrieren zu lassen, kann er, bevor er sich endgültig entscheidet, mit Hilfe dieser Medikamente zunächst einmal ausprobieren, ob eine Besserung des Verhaltens eintritt. Die Medikamente sind allerdings mit Nebenwirkungen behaftet, die eine echte Kastration nicht mit sich bringt.

Durch die Kastration wird nicht etwa der Charakter des Hundes verändert, sondern nur die Antriebsbereitschaft, mit der er reagiert. Einer möglichen Fettleibigkeit nach einer Kastration kann und sollte man dadurch entgegenwirken, dass man das Futter reduziert. Die oft beschriebene Trägheit ist auf die Gewichtszunahme nach der Kastration zurückzuführen, zu der es kommen kann, weil kastrierte Tiere die Nährstoffe anders verwerten.

Bei Hündinnen liegen die Dinge etwas anders. Neigt die Hündin unabhängig von ihrer Läufigkeit zu aggressivem Verhalten, ist von einer Kastration abzuraten, denn die weiblichen Hormone haben im Allgemeinen eine eher sanftmachende Wirkung auf das Gemüt. Sollte die Hündin allerdings nur während der Läufigkeit vermehrt zu Aggressionen neigen oder handelt es sich um eine ängstliche Hündin, die mit ihrer plötzlichen Attraktivität für andere Hunde während der Läufigkeit nicht zurechtkommt, kann eine Kastration angeraten werden.

Abgesehen von der Kastration basiert die Therapie für Rüden und Hündinnen gleichermaßen auf der Methode, die Erwartungshaltung des Tieres im Hinblick auf andere Hunde zu ändern: Jedesmal wenn Sie aus der Ferne einen Hund sehen, sollten Sie Ihrem Hund wortlos ein Leckerchen zustecken. Auch wenn er am Anfang des Trainings noch nicht begriffen hat, warum er plötzlich einen Happen erhält, wird er schnell merken, dass dies immer mit dem Auftreten eines anderen Hundes verbunden ist. Er wird schon nach kurzer Zeit zu Ihnen aufschauen, um sein Leckerchen zu erhalten, wenn er einen Hund sieht. Die Konzentration des Hundes auf Sie oder das Leckerchen können Sie nun dazu nutzen, ihn durch verzögerte Leckerchengabe oder auch durch ein Spiel solange abzulenken, bis der andere Hund vorbeigegangen ist. Parallel zu diesem Training sind konsequent durchgeführte Gehorsamsübungen anzuraten, bei denen besonderer Wert auf die Befehle SITZ, PLATZ, BLEIB und HIER gelegt werden sollte.

Nach und nach können Sie versuchen, bewusst erste Kontakte mit anderen Hunden herzustellen. Hierzu sollten Sie sich verschiedene möglichst friedfertige und im Sozialverhalten souveräne Hunde auswählen, und diese täglich ein Stück näher an Ihren Hund herangehen lassen. Der eigene Hund sollte hierbei für ruhiges und nicht-aggressives Verhalten und für die ordentliche Ausführung der oben genannten Befehle belohnt werden. Zusätzliche Kontrolle über ein Hundehalfter ist stets vorteilhaft. Reagiert der Hund dennoch aggressiv oder unruhig, ignorieren Sie dieses Verhalten und brechen die Übung ab. Am folgenden Tag sollten Sie noch einmal mit einer größeren Distanz beginnen. Versuchen Sie auf keinen Fall, den Hund, wenn er bereits aggressiv reagiert, über ein Leckerchen abzulenken. Dies wird erstens selten gelingen und außerdem könnte er die Aktion als Bestätigung für sein unerwünschtes Verhalten werten.

Hat Ihr Hund anderen schon einmal er-

In einen bereits entfachten Kampf zwischen zwei oder mehreren Hunden sollten Sie auf keinen Fall eingreifen. Vor allem, um nicht selbst verletzt zu werden, denn damit wäre letztlich niemandem geholfen. Ein weiterer Grund, sich nicht einzumischen ist, dass meistens die Verletzungen, die sich die Tiere zufügen, schlimmer sind, wenn man versucht hat, einen Hund wegzuziehen, während er sich im Fell des anderen verbissen hat. Auch wenn es schwer fällt: Die Besitzer sollten sich in entgegengesetzte Richtungen entfernen, ihre Hunde von da aus zu sich rufen und dann anleinen, um einen erneuten Kampf zu verhindern.

hebliche Verletzungen zugefügt, ist es ratsam, ihn an einen Maulkorb zu gewöhnen (siehe Trainingsprogramm 1) und ihn diesen während des Trainings und zunächst auch auf Spaziergängen tragen zu lassen, bis sich sein Verhalten nachhaltig gebessert und Sie eine gute Kontrolle über ihn gewonnen haben.

Für den Fall, dass mangelnde Sozialisation dem unverträglichen Verhalten des Hundes zugrunde liegt, wird man es wohl nicht schaffen, aus dem ehemaligen Raufer einen souveränen Hund zu machen, der über den Dingen steht und sich nicht provozieren lässt. Mit der beschriebenen Methode kann man aber in aller Regel ein Zusammenleben und Spazierengehen ohne Zwischenfälle erreichen, bei dem der Hund die anderen Hunde weitgehend ignoriert statt mit ihnen zu streiten, und bei dem er außerdem durch das Gehorsamstraining besser auf die Befehle des Besitzers reagiert.

Raubtierhafte Aggression

Problem

Raubtierhafte Aggression kann vor allem bei Jagdhunden ein Problem darstellen. Man versteht darunter die Bereitschaft, im Rahmen der Jagdhandlungskette etwas zu erstöbern, zu jagen, zu fangen, zu beißen, zu töten und zu fressen. Es können alle aufgezählten Komponenten des Verhaltens oder nur einzelne gezeigt werden.

Meist richtet der Hund seine Jagdlust auf Beutetiere wie Kaninchen, Hasen, Mäuse, Rehe, Vögel und andere Tiere. Gelegentlich erstreckt sich sein Eifer aber auch auf Autos, Jogger, Skateboardfahrer oder Radfahrer. In zum Glück recht seltenen Fällen projiziert der Hund sein Beuteschema auf kleine Hunde oder Kleinkinder, was dann besonders dramatisch ist. Diese auf inakzeptable Objekte gerichtete Jagdlust oder auch, wenn der Hund auf dem Spaziergang wegläuft, wildert und

Einige Hunde jagen Ersatzbeuteobjekte – wie hier ein Auto.

nicht mehr zu kontrollieren ist, kann zu verheerenden Zwischenfällen führen. Um Schlimmes zu verhindern, sollten Sie sich hier nicht scheuen, professionelle Hilfe in Anspruch zu nehmen.

Ursache

Hunde sind Jagdraubtiere. Nicht jeder Hund allerdings hat die gleiche Jagdpassion. Leider wird diese Tatsache bei der Rassewahl oft nicht genügend berücksichtigt. Meist tragen äußerliche Schönheitskriterien mehr zur Entscheidung bei.

Jagen ist ein Urinstinkt und in den Jagdhunderassen wesentlich stärker ausgeprägt als in anderen. Aber auch frühe und geschickte Anleitung – sei es durch andere Hunde oder Menschen – führt durch die starke Triebbefriedigung zu einer Verstärkung des genetisch fixierten Verhaltens. Oft löst ein visueller Reiz, etwa die plötzliche und schnelle Bewegung des Beutetiers, die Jagdhandlungskette aus. Das Jagen selbst wird dann oft vom Besitzer durch eine unabsichtliche Belohnung oder vom Hund missverstandene Strafe bestätigt und somit gefestigt.

In den Fällen, in denen der Hund seine Jagdlust auf Babys richtet, spielt neben der Veranlagung zum Jagen auch eine mangelnde Sozialisation in Bezug auf sein ungewöhnliches Beuteobjekt eine Rolle. Leider identifizieren Hunde Babys und Kleinkinder nicht zwangsläufig als »kleine Menschen«, sondern ordnen die zappelnden, in schrillen Tönen krakeelenden Kinder gelegentlich als mögliche Jagdobjekte ein. Dies liegt daran, dass sie sich für den Hund nicht wesentlich von einem verletzten Beute- oder einem übermütigen Jungtier unterscheiden und so als leichte Beute erscheinen.

Besonderheiten

Die raubtierhafte Aggression ist nicht im eigentlichen Sinn eine Form der Aggression. Sie dient dem Nahrungserwerb und nicht der Verteidigung. Im Gegensatz zu allen anderen Aggressionsformen kann bei einem raubtierhaften Angriff deshalb nicht die sonst einen Angriff einleitende oder begleitende Mimik und Gestik beobachtet werden – schließlich richtet sich der Angriff gegen Beutetiere und diese sollen keinesfalls gewarnt werden.

Die Therapie der raubtierhaften Aggression gestaltet sich außerordentlich schwierig, denn es handelt sich um eine tief verwurzelte Charaktereigenschaft des Hundes. Zusätzlich kann diese durch Lernen noch verstärkt worden sein.

Prophylaxe

Bei kaum einem anderen Problem ist die Prävention so wichtig wie bei diesem. Am besten ist es, sich von vornherein einen Hund einer Rasse auszusuchen, die nicht mehr Jagdleidenschaft hat, als der Hund im zukünftigen Umfeld ausleben kann und darf. Das bedeutet, dass der Hundehalter vom Kauf eines Jagdhundes ganz absehen sollte, wenn er seinen Hund nicht jagdlich führen will. Zumindest aber sollte er darauf achten, dass die ausgewählte Zuchtlinie nicht zu einer Jagdleistungszucht gehört und die Elterntiere keine besondere Jagdleidenschaft aufweisen. Glücklicherweise gibt es genügend Rassen, die seit vielen Jahren für andere Zwecke gezüchtet worden sind und dementsprechend weniger Jagdpassion mitbringen.

Der zweite wichtige Punkt ist, dass der Hund in der Sozialisationsphase schon beim Züchter bereits mit den Tieren engen Kontakt haben soll, die er später nicht jagen darf. Dasselbe gilt für den Kontakt mit Kindern, Joggern, Radfahrern. Wenn man selbst kleine Kinder, eine Katze oder ein Kaninchen hat, ist es eine große Hilfe, den Züchter danach auszusuchen, dass er seine Welpen unter möglichst ähnlichen Bedingungen aufzieht. Dann ist das Risiko minimal, dass später Zwischenfälle passieren.

Weiterhin ist es wichtig zu wissen, dass das Verlangen des Hundes zu jagen um so stärker sein wird, je früher der Hund sein erstes Jagderlebnis hatte. Kann man verhindern, dass der junge Hund vor allem während der ersten sechs Lebensmonate mit anderen jagderfahrenen Hunden zusammenkommt und auch alleine nicht die Chance hat, seine Triebe auszuleben, wird er im Vergleich zu jagdlich geförderten Hunden weniger Interesse daran verspüren. Ganz erlöschen wird die Jagdlust aber kaum jemals.

Therapievorschlag

Eine aussichtsreiche Möglichkeit, Herr des Problems zu werden, ist, die Jagdlust des Hundes auf vorgegebene Objekte zu richten. Zwei Ansätze sind hier vielversprechend: Zum einen kann man den Hund auf ein mit Lob, Spiel und Anerkennung in Verbindung gebrachtes SUPERWORT trainieren, indem man seine Aufmerksamkeit über ein Spiel oder ein Leckerchen fesselt und dies an einen Befehl knüpft. So ist er auch in kritischen Situationen kontrollierbar. Zum anderen kann man ihm ein Ersatzobjekt zum Jagen anbieten, das er hetzen darf und bei dem er obendrein für das Verhalten noch belohnt wird. Unter »Jagen« ist ein spezielles Training detailliert beschrieben.

Wichtig: Raubtierhafte Aggression des Hundes gegenüber Kleinkindern und Babys ist ein außerordentlich ernsthaftes Problem, denn in diesem Fall gerät das Leben des Kindes in Gefahr. Hier hilft nur, den Hund immer unter voller Kontrolle zu haben, wenn er mit einem Kind in Kontakt tritt. Niemals dürfen die beiden auch nur für einen Augenblick unbeaufsichtigt gelassen werden.

Gegen die Jagdleidenschaft, die auf Jogger, Rollbrett- oder Radfahrer und Autos gerichtet ist, stellen Gegenkonditionierung oder auch die Desensibilisierung geeignete Therapieprinzipien dar (siehe Trainingsprogramme).

Spezielle Übungen zur besseren Kontrolle sollten Sie unter Anleitung eines Fachmannes durchführen. Um einen ernsthaften Zwischenfall von vornherein zu verhindern, können Sie den Hund auch an das Tragen eines Maulkorbes gewöhnen. Meist nimmt die Gefahr ab, sobald

Wenn Hunde schon in diesem Alter Babys kennenlernen, entstehen später keine Probleme.

das Kind dem Beuteschema des Hundes entwachsen ist.

Wenn das Leben des Kindes dennoch ernsthaft gefährdet ist, sollte man sich nicht scheuen, den Hund in eine kinderlose Familie weiterzuvermitteln. Abgesehen von der Jagdleidenschaft handelt es sich bei diesen Tieren schließlich oft um liebe und gut verträgliche Begleithunde. Deshalb kann und sollte in der Regel vom letzten Ausweg – den Hund einschläfern zu lassen – abgesehen werden.

Schmerzinduzierte Aggression

Problem

Hier ist der Auslöser für das aggressive Verhalten ein Schmerzzustand, der entweder akut oder chronisch sein kann. Die aggressiven Übergriffe erfolgen oft plötzlich und völlig unerwartet und treten auch bei Hunden auf, die sich vorher immer verträglich und gutmütig gezeigt haben.

Ursache

Sich in einer Notlage zu verteidigen ist ein von der Natur eingerichteter Selbstschutz. Dieser ist im Verhaltensrepertoire fast aller Tierarten (und auch des Menschen) fest verankert. Der Verteidigungsmechanismus als solcher läuft völlig unabhängig davon ab, ob das Tier oder die Tierart auch sonst eine große Aggressionsbereitschaft zeigt oder nicht.

Präventive Maßnahmen beim Einzug eines Babys in den Haushalt

1 Trainieren Sie mit dem Hund vor Einzug des Babys gründlich die Übungen aus dem Bereich der Unterordnung, so dass er jederzeit leicht unter Kontrolle zu bringen ist.

2 Günstig ist es, schon Wochen vor der Ankunft des Säuglings den Tagesablauf so umzustellen, wie er später sein wird. Das bedeutet meist auch, dem Hund weniger Zeit zukommen zu lassen.

3 Wichtig ist es, den Hund schon vor Einzug des Babys an die neuen Gerüche und Geräusche zu gewöhnen und ihn das Kinderzimmer sorgfältig begutachten zu lassen.

4 Bei der Ankunft sollte die Mutter das Baby zunächst von jemand anderem halten lassen, um den Hund in Ruhe begrüßen zu können.

5 Das Baby und der Hund werden dann in einem ruhigen Moment miteinander bekannt gemacht – der Hund kann dabei vorsichtshalber an der Leine gehalten werden.

6 Niemals dürfen Baby und Hund unbeaufsichtigt gelassen werden.

7 Um den Hund dem Kind gegenüber positiv zu stimmen, sollten Sie ihm immer dann besondere Aufmerksamkeit zukommen lassen, wenn das Baby anwesend ist.

8 Der Hund sollte immer belohnt werden, wenn er sich ruhig verhält und notfalls einen Maulkorb tragen, wenn er beim ersten Kontakt sehr aufgeregt war. (Idealerweise gewöhnt man den Hund schon vorher an den Maulkorb, siehe Trainingsprogramm 1).

9 Gehen Sie auf keinen Fall Kompromisse ein. Die Sicherheit des Kindes muss zu jeder Zeit gewährleistet sein!

Schmerzen, ob absichtlich oder unabsichtlich zugefügt, können bei Hunden jederzeit Auslöser für eine aggressive Handlung sein. Schmerzbedingte Aggression ist oft nach einem Unfall zu beobachten. Ein verletzter Hund, wenn er vor Schmerzen um sich beißt, achtet oft nicht darauf, ob er seinen Besitzer oder eine fremde Person vor sich hat.

Ganz unerwartet kann einen aggressives Verhalten aber auch treffen, wenn der Hund unter einer chronischen Krankheit wie einem Bandscheibenvorfall, einer Hüftgelenkdysplasie oder auch Arthrose leidet, ohne dass man es als Besitzer bemerkt hat. Gelegentlich wird ein chronischer Schmerzzustand schon frühzeitig durch eine Verhaltensänderung erkennbar. Die Hunde lassen sich dann zum Beispiel nicht mehr so gerne anfassen und meiden besonders den Kontakt mit Kindern und jüngeren Tieren desselben Haushaltes, denn diese sind ungestümer und fügen ihnen schneller unbeabsichtigt Schmerzen zu. Vor einem Übergriff warnen diese Hunde oft schon durch Knurren, bevor sie überhaupt berührt werden. Im Gegensatz dazu kann ein Hund, dem plötzlich Schmerzen zugefügt werden, im Moment des Schrecks herumfahren und ohne jegliche Vorwarnung schnappen oder beißen. Gelegentlich sind auch unangemessene, nicht artgerechte, brutale Strafen oder Misshandlungen Auslöser für die schmerzinduzierte Aggression.

Schmerzinduzierte Aggression kann auch eine erlernte Komponente beinhalten. Sie kann in Angstaggression münden oder durch eine frühere Erfahrung bereits damit in Verbindung stehen. Dies trifft zu, wenn zum Beispiel ein Hund von einem anderen im Kampf verletzt wurde und fortan ähnliche Hunde meidet, um möglichst neuen schmerzhaften Angriffen aus dem Weg zu gehen. Ähnlich liegen die Dinge, wenn der Hund eine medizinisch notwendige schmerzhafte Manipulation durch seinen Besitzer dank seiner Aggression erfolgreich abwenden konnte und dies nun in anderen ihm unangenehmen Situationen ebenfalls versucht.

Besonderheiten

Durch Schmerzen ausgelöste Aggression wird etwas unglücklich als »defensive« Aggression bezeichnet. Es ist eine instinktiv ablaufende Handlung. Sie ist weder abnorm noch durch Erziehung wesentlich zu beeinflussen. Seit Tausenden von Jahren dient diese Reflexhandlung bei Tieren dazu, das eigene Leben zu schützen.

Der entscheidende Punkt bei der schmerzinduzierten Aggression ist nicht, ob der Hund aggressiv reagiert, sondern ob er eine intakte Beißhemmung hat. Ist dies der Fall, fügt er auch bei einem Angriff zum Beispiel seinem Besitzer keine Wunden zu.

Therapievorschlag

Die einzig sinnvolle Therapie besteht darin, die Ursache zu finden und abzustellen. In Übersicht 3 sind die möglichen Ursachen, das jeweils häufigste Verhalten des Hundes und Maßnahmen zur Änderung der Situation einander zugeordnet.

Wenn der Hund unerwartet aggressiv reagiert, ohne dass jemals vorher aggressive Tendenzen bei ihm beobachtet wurden, aber keine Wunde entdeckt werden konnte und auch kein chronischer Schmerzzustand bekannt ist, sollte man sich mit diesem Problem trotzdem unbedingt an

Übersicht 3: Schmerzinduzierte Aggression

Auslöser	Verhalten	Therapie
Akuter Schmerz Unabsichtlich zugefügt ■ Auf den Fuß oder Schwanz getreten ■ Durch einen Unfall ■ Berühren einer unentdeckten Wunde	■ Plötzliches Herumfahren im Schreckmoment ■ Ggf. keine drohende Vorwarnung ■ Schnappen oder Beißen ■ Der Hund muß vorher keine aggressiven Tendenzen gezeigt haben	■ Auffinden, Vermeiden bzw. Abstellen der Ursache
Absichtlich zugefügt ■ Brutale Strafmaßnahmen (z.B. Endloswürger, Stachelhalsbänder etc.) ■ Tritte ■ Schläge	■ Ängstlich-aggressives Verhalten ■ Schnappen oder Beißen	■ Abstellen der Ursache
Chronischer Schmerz Krankheiten, z.B. ■ Bandscheibenvorfall ■ Wunden ■ Arthrose ■ Arthritis ■ Hüftgelenksdysplasie etc.	■ Wenn schon früher schmerzhafte Erfahrungen gemacht worden sind, zeigen die Hunde beim Anfassen oder bei bloßer Annäherung vorher Drohgebärden ■ Die Tiere versuchen sich zurückzuziehen, um den aus Kontakten entstehenden Schmerzen zu entgehen ■ Ggf. deutliche Verhaltensänderung ■ Schnappen oder Beißen	■ Auffinden und wenn möglich Abstellen der Ursache ■ Direkte oder indirekte Therapie der Krankheit bzw. der Schmerzen
Frühere schmerzhafte Erfahrungen Vermuteter Schmerz in bestimmten Situationen	■ Drohendes Knurren ■ Schnappen oder Beißen ■ Meiden der Situation	■ Spezielles Desensibilisierungsprogramm ■ Belohnen bei geduldigem Verhalten ■ Entzug von Aufmerksamkeit bei aggressivem Verhalten

den Tierarzt wenden. Durch eine genaue Untersuchung des Hundes kann er feststellen, ob eine Krankheit die Ursache ist oder nicht. Sollte eine Krankheit vorliegen, gilt es, diese falls möglich direkt oder aber indirekt, das heißt mit Schmerzmitteln zu therapieren. So erreicht man, dass sich der Hund nicht länger in der Notlage befindet, sich – schmerzbedingt – verteidigen zu müssen.

Ist beispielsweise eine regelmäßige und längere schmerzhafte Behandlung notwendig, um eine Verletzung zu versorgen, kann man durch ein gezieltes Desensibilisierungs- oder Gegenkonditionierungstraining eine größere Toleranz erreichen. Lenken Sie den Hund während der Behandlung mit Futter ab und geben Sie ihm immer einen Extrahappen, wenn er sich trotz Manipulation brav verhalten hat. Die Fütterung sollte aber sofort unterbrochen oder eingestellt werden, wenn er aggressiv wird. Das detaillierte Trainingsprogramm zur Desensibilisierung finden Sie im Anhang. Auch hier kann der Einsatz eines Maulkorbes notwendig und hilf-reich sein – besonders wenn der Hund sich durch Futter oder Spielzeug nicht genügend ablenken lässt (Trainingsprogramm 1).

Wenn Sie wissen, dass Ihr Hund eine relativ niedrige Reizschwelle gegenüber Schmerzen hat oder leicht ängstlich reagiert, sollten Sie sich nicht scheuen, dies dem Tierarzt vor einer Behandlung zu sagen. Dann kann er sich rechtzeitig schützen und dem Tier, wenn nötig, einen Maulkorb anlegen. Falsche Scham wegen einer völlig natürlichen Reaktion des Hundes ist hier nicht angebracht, und der Tierarzt wird Ihnen für die rechtzeitige Warnung dankbar sein.

Mütterliche Aggression

Problem

Aggressive Handlungen einer Hündin, die Welpen hat, werden unter dem Oberbegriff mütterliche Aggression zusammengefasst. Die Aggression kann sich gegen die Besitzer, gegen fremde Menschen oder andere Tiere richten, die dem Wurflager zu nahe kommen. Dieselbe Verhaltensweise ist auch bei scheinträchtigen Hündinnen zu beobachten, die dann anstelle von Welpen ihr Spielzeug oder einfach nur die auserkorene Nestregion bewachen und verteidigen. Sowohl bei der echten mütterlichen Aggression als auch während einer Scheinträchtigkeit kann die Hündin ihr Lager und ihre Nachkommen über relativ weite Distanzen bewachen. Mitunter warnt sie aus einer entlegenen Zimmerecke durch bedrohliches Knurren – ständig bereit anzugreifen. Bei einem echten Angriff auf ihre Nachkommen verteidigt eine Hündin die Welpen meist mit erstaunlicher Verbissenheit.

Abzugrenzen ist diese Form der Aggression – als natürliche Einrichtung zum Schutz des Wurfes – von aggressiven Handlungen gegen die Welpen. Darauf wird im Kapitel »Probleme bei der Aufzucht« noch eingegangen.

Ursache

Die meisten Hündinnen haben eine stärkere Tendenz, ihren Nachwuchs gegen unbekannte Menschen zu verteidigen als gegen ihre eigene menschliche Familie. Verteidigt eine Hündin ihren Wurf gegen fremde Menschen, macht man sich in der Regel auch weniger Gedanken darüber als wenn der Angriff einem Familienmitglied gilt. Die Ursache ist allerdings in beiden

Fällen die gleiche: Die kritische Distanz ist von der betroffenen Person unterschritten worden. Wie weit sich die einzelnen Personen dem Wurflager nähern dürfen, bestimmt jede Hündin selbst und ahndet ein Überschreiten dieser Toleranzgrenze mit einem Angriff.

Die unterschiedlich ausgeprägte Toleranz der Hündin kommt sowohl durch die genetische Veranlagung, also durch die allgemeine Aggressionsneigung, als auch durch den Sozialisationsgrad und durch frühere Erfahrungen zustande. Außerdem scheinen die Hormone eine wichtige Rolle zu spielen, was erklärt, weshalb auch scheinträchtige Hündinnen mütterliche Aggression zeigen können.

Mit dem Heranwachsen der Welpen erlischt das Bestreben der Hündin, ihre Sprösslinge gegen »Eindringlinge« verteidigen zu müssen. Sie sieht dann ihre Mutterrolle im wahrsten Sinne des Wortes nicht mehr ganz so verbissen.

Besonderheiten

Genau wie die schmerzinduzierte Aggression gibt es auch bei dieser Aggressionsform keinen Grund zur Besorgnis, wenn man akzeptiert, dass sie eine von der Natur eingerichtete Strategie ist, die das Überleben der Nachkommen sichern soll.

Therapievorschlag

Selbst wenn das Verhalten der Hündin Ihnen als Besitzer insgesamt wenig angemessen erscheint, sollten Sie es in der Phase der Aufzucht respektieren und ihr mehr Distanz gönnen. Generell hilfreich ist aber auch frühes Gehorsamstraining und intensiver und liebevoller Umgang mit der Hündin, denn es scheint, dass man auf diese Weise ihr Verhalten positiv beeinflussen kann. Von der züchterischen Seite her sollte man sich allerdings fragen, ob es sinnvoll ist, mit Hündinnen zu züchten, die offensichtlich mehr aggressive Tendenzen in ihrem Verhaltensmuster haben als andere. Auch hierauf wird im Kapitel »Probleme bei der Aufzucht« noch einmal näher eingegangen.

Unabhängig vom Wissen um das spezielle Verhalten der Hündin in ihrer Mutterrolle ist es besonders wichtig, dass man den Welpen genug Kontakte mit Menschen ermöglicht. Hierzu sollte man die Mutter öfter, stets aber nur kurze Zeit von den Welpen trennen. Bereits ab der dritten oder vierten Lebenswoche der Welpen sollte dies geschehen, dann stehen den jungen Hunden alle Tore zu einem ungestörten Verhältnis mit Menschen offen.

Wenn die Hündin im Rahmen einer Scheinträchtigkeit aggressives Verhalten an den Tag legt, sollte man sich ernsthaft über eine Kastration Gedanken machen. In aller Regel wiederholen sich die Scheinträchtigkeiten und somit die Phasen der ungewohnten Aggression auch in den nachfolgenden Läufigkeiten. Durch die Kastration werden lebenslang sowohl Läufigkeit, Trächtigkeit als auch Scheinträchtigkeit verhindert (vgl. »Scheinträchtigkeit«).

Probleme mit der Stubenreinheit

Die Stubenreinheit des Hundes ist ein wichtiger Faktor für das reibungslose Zusammenleben im Familienverband. Häufige Zwischenfälle in diesem Bereich belasten das Verhältnis stark. Im Folgenden werden die häufigsten Probleme dieses Bereiches dargestellt.

Mangelnde Stubenreinheit

Problem

Bei Hunden, die nicht stubenrein sind, kann man häufig beobachten, dass sie sich einen oder mehrere Plätze in der Wohnung oder im Haus ausgeguckt haben, die sie als ihre Toilette benutzen oder dass sie eine bestimmte Unterlage bevorzugen, auf der sie ihr Geschäft verrichten. Andere Hunde beschmutzen die Wohnung völlig willkürlich. Manche haben statt einer verlässlichen Stubenreinheit schnell gelernt, sich nur dann nicht zu lösen, solange der Besitzer anwesend ist. Statt dessen suchen sie im Notfall lieber ein verborgenes Eckchen auf. Die unangenehme Folge für den Besitzer ist dabei, dass er auch noch hinter oder unter die Möbel kriechen muss, um die »Missgeschicke« zu entfernen. Bei manchen Hunden ist das Problem entweder auf den Kot- oder den Harnabsatz beschränkt, andere differenzieren da nicht. Eine weitere Unterscheidung muss zwischen Hunden getroffen werden, die sich ausschließlich im Haus lösen und solchen, die es sowohl auf dem Spaziergang als auch drinnen tun.

Ursache

Für fehlende Stubenreinheit kommen mehrere Ursachen in Betracht: In den meisten Fällen hat der Hund es einfach nie gelernt, zuverlässig stubenrein zu werden. Dies kommt besonders häufig bei Hunden vor, die früher im Zwinger gelebt haben, wo keine Notwendigkeit bestand, ihnen mehr Sauberkeit anzuerziehen. Aber auch Inkonsequenz und Nachlässigkeit des Besitzers oder einfach ein ungeeigneter Erziehungsansatz kommen als Ursache für mangelnde Stubenreinheit in Betracht.

Besonderheiten

Wenn es darum geht, ein Unsauberkeitsproblem aus der Welt zu schaffen, bieten sich uns mehrere Anlagen des Hundes als Grundlage. Einerseits achten Hunde von sich aus darauf, ihr Lager nicht zu beschmutzen, andererseits bevorzugen sie für die Verrichtung ihrer Notdurft eine bestimmte Unterlage. Wenn Sie diese bei-

Kaum eine andere Erziehungsmaßnahme hält sich so hartnäckig in den Köpfen der Menschen, wie der weder artgerechte noch sinnvolle Ratschlag, die Nase des Hundes in seine Hinterlassenschaften zu stoßen, um ihm die Stubenreinheit anzutrainieren. Abgesehen davon, dass es grausam und unüberlegt ist, einen Hund auf diese Weise zu erziehen, ist es auch eine denkbar ungeeignete Methode, dem Hund eine dauerhafte Stubenreinheit beizubringen. Dasselbe gilt auch für andere Formen der Bestrafung, wenn sie nicht in direktem zeitlichen Zusammenhang zur Tat stehen. Meist lernen Hunde durch diese Methoden nur folgendes: zum einen, ihre Hinterlassenschaften besser zu verbergen, zum anderen, dass ihre Menschen unberechenbare Monster sind, die sie urplötzlich greifen, um sie in einen Kothaufen oder eine Urinpfütze zu stoßen, sie zu beuteln, anzubrüllen oder zu schlagen.

den Eigenarten bei Ihrem Hund nicht feststellen können, liegt das daran, dass durch – oftmals ungewollte – Erziehung oder Gewöhnung das Versäuberungsverhalten des Hundes bereits in eine falsche Richtung gelenkt wurde.

Der Eindruck, man würde das Problem verstärken, wenn man dem Hund nicht durch Strafen klarmacht, dass eine Versäuberung im Haus unerwünscht ist, ist nicht richtig. Grundsätzlich besteht beim Hund die Bereitschaft, das eigene Heim sauberzuhalten. In verschiedenen Situationen gelingt es ihm bloß nicht, gegen die Natur anzukommen, oft auch deshalb, weil wir ihm nicht die Gelegenheit dazu geben. Bestrafung des Hundes kann zu folgenden drei – nicht beabsichtigten – Verknüpfungen führen: Angst vor dem Ort, an dem er sich versäubert hat; Angst, sich vor dem Besitzer zu versäubern und Angst vor dem Besitzer.

Therapievorschlag

Statt die Vergehen des Hundes mit Strafen zu bedenken, sollte man als Therapieansatz genau das Gegenteil wählen, nämlich das erwünschte Verhalten zu verstärken. Dies kann man leicht bei den Hunden erreichen, die sowohl drinnen als auch draußen Kot absetzen und urinieren.

Selbstverständlich muss man dem Hund oft genug Gelegenheit geben, sich draußen zu lösen. Besonders wichtig ist es, ihn dort nach jedem Versäubern verbal und ruhig auch mit Leckerchen für sein richtiges Verhalten zu belohnen. Ein erwachsener Hund muss mindestens dreimal täglich die Gelegenheit haben sich zu lösen, ein Welpe hingegen wesentlich öfter und vor allem immer sofort nach dem Schlafen und Fressen. An diese grobe Richtlinie sollten Sie sich bei der Erziehung zur Stubenreinheit halten. Um die Anzahl der Missgeschicke im Haus möglichst klein zu halten, sollten Sie jede Regung und jedes Anzeichen ernst nehmen, mit dem der Hund andeutet, dass er nach draußen möchte. Außerdem kann eine Ernährungsumstellung dazu beitragen, die Intervalle zwischen zwei Versäuberungen zu verlängern.

Wenn Sie nicht die Möglichkeit haben, den ganzen Tag über regelmäßig und oft mit dem Hund nach draußen zu gehen, gibt es für die Zeit der Abwesenheit eine Kompromisslösung: Richten Sie dem Hund ein Kistchen mit einer weichen Einlage wie Laub, Erde oder Sand in der Nähe der Tür her, in dem er sich versäubern kann. Zusätzliche Attraktivität erlangt solch eine Kiste für den Hund dadurch, dass man als geruchlichen Anreiz ein Tuch mit Urin oder auch ein kleines Hundehäufchen hineinlegt.

Bei Missgeschicken in der Wohnung sollten Sie von Strafen weitgehend Abstand nehmen. Es empfiehlt sich statt dessen, die Hinterlassenschaften einfach wegzuputzen. In einem Fall allerdings –

Auch eine Zeitung kann zum Übergang als Ersatzhundetoilette dienen.

nämlich dann, wenn Sie den Hund auf frischer Tat ertappen – können Sie als milde Korrekturmaßnahme laut in die Hände klatschen oder ihn anders unterbrechen und auf der Stelle nach draußen bringen. Loben Sie ihn, wenn er dort sein Geschäft vollends erledigt.

Das Sauberkeitstraining kann gleichzeitig dazu genutzt werden, dem Hund einen bestimmten Befehl beizubringen, auf den hin er nach erfolgreicher Therapie später ebenfalls zum Versäubern angehalten werden kann.

Neben den oben beschriebenen Trainingsgrundregeln ist es empfehlenswert, den Bewegungsradius im Haus stark einzuschränken. Hunde haben – wie gesagt – im Allgemeinen die Tendenz, ihr Schlaflager und ihre Futterstelle nicht zu beschmutzen. Von sich aus erkennen Hunde aber ein ganzes Haus nicht gleich als ihr Lager an, sondern halten beispielsweise das Wohn- oder Schlafzimmer der Familie – da weit genug von ihrem eigenen Lager entfernt – für einen geeigneten Platz, ihre Notdurft zu verrichten. Sinnvoll ist es also, die Bewegungsfreiheit zunächst so einzuschränken, dass sich der Hund nur dort aufhalten kann, wo er von sich aus sowieso sein Geschäft nicht hinterlassen würde. Nach und nach wird der Radius dann wieder vergrößert. Zunächst erlaubt man ihm, in einem bestimmten Zimmer frei herumzulaufen, später in mehreren, bis er schließlich wieder volle Bewegungsfreiheit hat (vgl. »Verlust der Stubenreinheit«).

Bei den Hunden, die sich ausschließlich im Haus versäubern, sollten Sie sich der Einfachheit halber mit dem Tierarzt beraten. Er kann durch entsprechende Medikamente erreichen, dass der Hund starken Drang nach Harn- oder Kotabsatz verspürt. Diese Abführ- oder harntreibenden Mittel sind so zu verabreichen, dass man genau abschätzen kann, wann die Wirkung einsetzt. Das gibt Ihnen die Möglichkeit, den Hund dann genau zu dieser Zeit auszuführen. Prinzipiell lässt sich das Problem auch ohne Einsatz von Medikamenten lösen. Das kann aber, besonders zu Beginn der Therapie, sehr lange Spaziergänge bedeuten, wenn der Hund sich draußen nicht traut, sein Geschäft zu verrichten. Einige Hunde halten stundenlang ein, um sich dann sofort zu erleichtern, sobald sie die Wohnung betreten. Um das Training zu vereinfachen, sollten Sie ihn in einer ruhigen Gegend ohne störende Einflüsse ausführen und ihn dann überschwänglich belohnen, wenn er schließlich der Natur nachgekommen ist. Auch hier ist es als weitere Hilfe möglich, an der Stelle wo er sich versäubern soll, einen im Haus eingesammelten Kothaufen des Hundes oder ein uringetränktes Papier auszulegen, um ihm damit einen zusätzlichen Anreiz zu geben.

> Sorgsame Entfernung des Geruchs nach einem Missgeschick in der Wohnung ist sehr wichtig, denn dieser ist oft Anlass für den Hund, dieselbe Stelle wieder zu benutzen. Chlor- und ammoniakhaltige Reinigungsmittel sollten Sie allerdings nicht verwenden, denn ihr Geruch erscheint der sensiblen Hundenase harnähnlich. Auch dies könnte den Hund dazu verleiten, dieselbe Stelle wieder für sein Geschäft aufzusuchen.

Verlust der Stubenreinheit

Problem

Auch wenn ein Hund schon stubenrein war, kann es vorkommen, dass er plötzlich oder allmählich wieder anfängt, Urin oder Kot im Haus abzusetzen. Es kann sein, dass er seine eigene Schlafdecke beschmutzt oder – besonders wenn er für sein Verhalten bestraft wurde – seine Hinterlassenschaften heimlich absetzt.

Ursache

Auf der Suche nach der Ursache des Problems sollte auf jeden Fall zunächst an eine Erkrankung gedacht werden. Lassen Sie dies vom Tierarzt überprüfen, bevor Sie eine Verhaltenstherapie anstreben. Eine Durchfallerkrankung kann ebenso wie beispielsweise eine Blasenentzündung der Grund für die plötzliche Unsauberkeit sein. Bei alten Hunden kann es vorkommen, dass sie die Kontrolle über die Schließmuskeln verlieren. Leider ist dies einer Therapie oft schlecht zugänglich. Außerdem tritt nach der Kastration bei Hündinnen gelegentlich Harnträufeln auf, wobei die Hündinnen während des Schlafs oder zumindest im Liegen unsauber werden und somit häufig ihren eigenen Liegeplatz beschmutzen.

Eine andere Ursache kann sein, dass dem Hund bei der Verrichtung seiner Geschäfte draußen einmal etwas eindrucksvoll Negatives passiert ist (ein Angriff durch einen anderen Hund oder ein Stromschlag beim Pinkeln gegen einen elektrischen Weidezaun). Diese Erfahrung kann er als Strafe für sein Handeln werten und sich nun nicht mehr trauen, sich draußen zu lösen. Oft beschränkt sich die Unsauberkeit dann entweder auf den Kot- oder den Harnabsatz. Plötzliche Unsauberkeit kann auch durch eine Änderung im Tagesablauf bedingt sein. In recht seltenen Fällen nutzen die Hunde die Versäuberung im Haus dafür, mehr Aufmerksamkeit von ihren Besitzern zu bekommen oder aber sie zeigen dieses Verhalten als Ausdruck eines Angst-oder Trennungsangstproblems.

Besonderheiten

Es ist außerordentlich wichtig, die Ursache der Unsauberkeit aufzuspüren, damit das Problem richtig eingeordnet werden kann. Nur auf dieser Basis ist es sinnvoll, eine entsprechende medizinische oder verhaltensmodifizierende Therapie zu beginnen.

Therapievorschlag:

Wenn eine Krankheit die Ursache der Unsauberkeit ist, sollte der Hund auf jeden Fall tierärztlich behandelt werden. In einigen Fällen wird man jedoch allein durch die medikamentöse Behandlung keine hundertprozentige Lösung des Problems erreichen können, da bereits ein Lerneffekt eingetreten ist.

Einem Hund, der seine Stubenreinheit aus welchem Grund auch immer verloren hat, ist es meist unangenehm, sein Geschäft in die Wohnung zu machen. Dies sollte bei der Therapie und im Zusammenleben unbedingt berücksichtigt werden. Sie sollten ihn für sein Verhalten nicht bestrafen, ganz besonders dann nicht, wenn ein medizinischer Grund vorliegt. Mit Rücksicht auf die vorhandene Bereitschaft des Hundes, das Haus sauberzuhalten, sollten Sie ihm öfter als bisher die Möglichkeit geben, sich draußen zu lösen. Dort sollte er jedesmal überschwänglich gelobt werden, denn dies führt zur Verstärkung seines Willens sich zu melden, wenn es pressiert.

Wenn der Hund immer dieselbe Stelle im Haus benutzt, um sich zu versäubern, und ganz sicher keine organische Ursache in Betracht kommt, besteht die Therapie darin, dem Hund zu vermitteln, dass genau diese Stelle zum Kerngebiet seines Territoriums gehört. Dies erreichen Sie am besten dadurch, dass Sie die Bewegungsfreiheit des Hundes im Haus entweder durch Absperrungen oder durch Anleinen stark einschränken und die beliebte Versäuberungsstelle zum Zentrum des neuen kleinen Lagers machen. Futter und Wasser sollten leicht zugänglich bleiben und müssen deshalb meist mit umziehen. Wenn der Hund in seinem neuen Reich verlässlich sauber ist, kann der Bereich nach und nach wieder ausgedehnt werden (vgl. »Mangelnde Stubenreinheit«).

Für den Fall, dass der Hund nachts nicht durchhält und nicht sauber bleibt – entweder weil er schon ein älteres Semester ist oder krankheitsbedingt auf einen anderen Rhythmus in der Fütterung oder im allgemeinen Tagesablauf umgestellt worden war, kann man ein spezielles Training anwenden. Dies ist zwar aufwendig, aber erfolgversprechend. Zunächst gehen Sie mehrmals in der Nacht mit dem Hund nach draußen, damit er sich möglichst nicht mehr im Haus versäubert. Dehnen Sie dann die Zeitspanne zwischen zwei Spaziergängen nach und nach (im Viertel- oder Halbstundenrhythmus) aus, bis er es wieder schafft, die ganze Nacht durchzuhalten.

Bei den Hunden, bei denen der Unsauberkeit ein Angst- oder Trennungsangstproblem zugrunde liegt, sollte man auf die Therapieprinzipien zurückgreifen, die in dem entsprechenden Kapitel beschrieben sind. Dasselbe gilt für das Aufmerksamkeit erheischende Verhalten (s. Seite 150ff.). Hier ist speziell darauf zu achten, dass der Hund tagsüber genügend Gelegenheit zum Spielen und zu Sozialkontakten hat, damit eine unerwünschte Versäuberung im Haus für ihn nicht die einzige Möglichkeit darstellt, überhaupt Beachtung von seinem Besitzer zu bekommen – und sei es in negativer Form.

Markieren in der Wohnung

Problem

Wenn man mit dem eigenen Hund eine fremde Wohnung betritt, kann es vorkommen, dass er, obwohl sonst stubenrein, plötzlich das Bein an der Wand oder an irgendeinem Möbelstück hebt. In seltenen Fällen markieren Hunde auch innerhalb der eigenen Wohnung. Dieses Problem tritt praktisch nur bei Rüden auf.

Ursache

Markieren des Reviers geschieht vor allem anhand von Urinmarken, die gerne an vertikalen Objekten wie Bäumen, Laternen oder Mauern abgesetzt werden. Je höher eine solche Marke angebracht ist, desto beeindruckender ist sie für die anderen Hunde. Die im Urin enthaltenen Duftstoffe, sogenannte Pheromone, teilen dem »Leser« ziemlich detaillierte Angaben über den Urheber der Marke mit. Je selbstsicherer und ranghöher der Hund ist, desto eher kann es passieren, dass er in einer fremden Umgebung seine Visitenkarte hinterlässt. Die Unterscheidung zwischen drinnen und draußen ist dabei für den Hund nicht maßgebend, weil auch eine Wohnung mit einer Vielzahl spezifischer Gerüche – wenn auch nicht mit Urinmarken – imprägniert ist.

Markieren in fremden Wohnungen kann man besonders häufig beobachten, wenn dort ebenfalls ein Hund oder eine Hündin gehalten wird. Im Prinzip ist es ein natürliches Verhalten, das nur für uns Menschen zum Problem wird, weil wir natürlich nicht akzeptieren können, dass der Hund innerhalb des Hauses uriniert. Wenn der Hund häufig in der fremden Wohnung zu Gast ist und er diese sozusagen als Aussenstelle seines eigenen Reviers betrachtet, verschwindet das Problem von selbst. Er überträgt dann seine Stubenreinheit des Kernreviers auf die fremde Wohnung. Zumindest solange kein fremder Hund Zugang zur Wohnung hat, hält er es dann nicht mehr für nötig, dort zu markieren.

Innerhalb der eigenen Wohnung markieren Hunde nur selten. Es kann aber gelegentlich bei Hunden auftreten, die stark auf visuelle Reize ansprechen und die Möglichkeit haben, vom Fenster oder von der Terrasse aus einen anderen Hund zu sehen. Man vermutet, dass das Setzen einer Urinmarke diesen Hunden ein Gefühl von sozialer Sicherheit gibt. Sie tun es, um sich in ihrer eigenen Rangposition zu bestätigen, auch wenn sie nicht in direkten Kontakt mit dem anderen Hund treten konnten.

Prophylaxe

Haben Sie öfter in einer bestimmten fremden Wohnung zu tun, in der ebenfalls ein Hund wohnt, sollten Sie dafür sorgen, dass sich die Hunde außerhalb der Wohnung kennen lernen und draußen nach ihren eigenen Regeln die Rangordnung klären. Hat der eigene Hund eine höhere soziale Stellung, können Sie versuchen, seine spezifischen Gerüche in Form seiner Decke und ähnlichem in die fremde Wohnung zu bringen, um ihm so das Bedürfnis zu nehmen, seine eigenen Marken setzen zu müssen.

Therapievorschlag

Bei Rüden ist dieses Verhalten oft hormonell bedingt. Die Chancen sind deshalb relativ gut, dass das unerwünschte Markieren mit der Kastration des Hundes beendet oder zumindest vermindert wird.

Mit Strafen auf den Hund einzuwirken, ist nur dann sinnvoll, wenn man ihn auf frischer Tat ertappt. Es eignen sich hier vor allem indirekte Strafmethoden wie Anspritzen mit einer Wasserpistole, Werfen einer Klapperbüchse oder lautes Klatschen. Hundertprozentig erfolgversprechend ist eine Strafe in diesem Fall allerdings nicht, denn für den Hund steht das Markierverhalten im Vordergrund und draußen wird er für das gleiche Verhalten schließlich nicht bestraft. Die Strafe führt also erst dann zum Erfolg, wenn der Hund die Verbindung hergestellt hat, dass sein Verhalten nur innerhalb der Wohnung bestraft wird. Hierzu bedarf es aber etlicher geglückter »Übungssituationen«.

Neigt der Hund in der eigenen Wohnung zum Markieren, sollte ihm jede Gelegenheit genommen werden, fremde Hunde zu beobachten. Einen Hund, von dem Sie wissen, dass er gerne in fremden Wohnungen markiert, sollten Sie dort die ganze Zeit unter Kontrolle halten. Dann können Sie, sobald Sie merken, dass er sich eine geeignete Stelle sucht, indem er interessiert schnüffelt oder sich in Position bringt, durch Heranrufen auf ihn einwirken. Eine andere Möglichkeit der Kontrolle haben Sie, wenn Sie ihn für die gesamte Dauer des Besuchs abliegen lassen. Es kann notwendig sein, zuerst speziell den Gehorsam des Hundes zu trainieren, damit er auf Zuruf auch wirklich von seinem Vorhaben ablässt oder auf Befehl lange genug liegen bleibt.

Markieren von Personen

Problem

Es ist äußerst unangenehm, wenn der eigene Hund plötzlich eine Person anpinkelt, mit der man sich gerade unterhält oder die zufällig anwesend ist. Auch dieses Problem tritt ausschließlich bei Rüden auf. Am häufigsten ist es in Situationen zu beobachten, in denen der eigene Hund einem fremden Artgenossen begegnet und die Tiere im Rahmen der sozialen Spielregeln die eigene Stellung mit Duftmarken demonstrieren. Ist gerade kein Baum oder ein anderes geeignetes Objekt vorhanden, kann es passieren, dass der Hund sich ausgerechnet das Bein des anderen Hundebesitzers oder – in seltenen Fällen – auch das des eigenen Herrchens aussucht.

Ursache

Für den Hund bietet sich der menschliche Körper aufgrund seiner aufrechten Haltung geradezu als ideales Objekt zum Anbringen von Duftmarken an. Das Markieren einer Person beinhaltet allerdings auch die Komponente, dass der Hund diese Person als sozial unter ihm stehend betrachtet. Sie stellt für ihn ein Objekt dar, das er mit seiner Duftmarke in Beschlag genommen und abgestempelt hat.

Besonderheiten

Glücklicherweise sind die Situationen recht selten, in denen ein Hund diese unangenehme Verhaltensweise zeigt. Und für den Fall, dass es bereits einmal passiert ist, bleibt abzuwarten, ob der Hund die Peinlichkeit überhaupt jemals wiederholt.

Therapievorschlag

Meistens wird die Person, die gerade angepinkelt wird, selbst eingreifen und den Hund schelten. Selbstverständlich sollte man als Besitzer auch sofort reagieren, wenn man den Hund in flagranti ertappt. Genau wie beim Markieren in fremden Wohnungen liegt die Schwierigkeit darin, dass das Verhalten so selten vorkommt, dass eine Verknüpfung mit der Strafe nicht unbedingt sicher gelingt. Das einzig Sinnvolle ist, durch Gehorsamstraining hundertprozentige Kontrolle über den Hund zu gewinnen. Sie können dann eingreifen und ihn rechtzeitig abrufen, sobald Sie bemerken, dass er auffällig interessiert an einer fremden Person schnüffelt oder von vornherein verhindern, dass er ihr überhaupt so nahe kommen kann.

Unterwürfiger oder erregungsbedingter Harnabsatz

Problem

Unterwürfiges Urinieren ist besonders häufig bei Welpen und jungen Hündinnen zu beobachten, kann aber grundsätzlich bei beiden Geschlechtern und in jedem Alter auftreten. Die Tiere zeigen in diesen Fällen eine Vielzahl unterwürfiger Gesten (vgl. Übersicht 1 und »Die Körpersprache«), zu denen auch das Urinieren selbst zählt.

Erregungsbedingtes Urinieren tritt ebenfalls vermehrt bei jungen Hunden auf

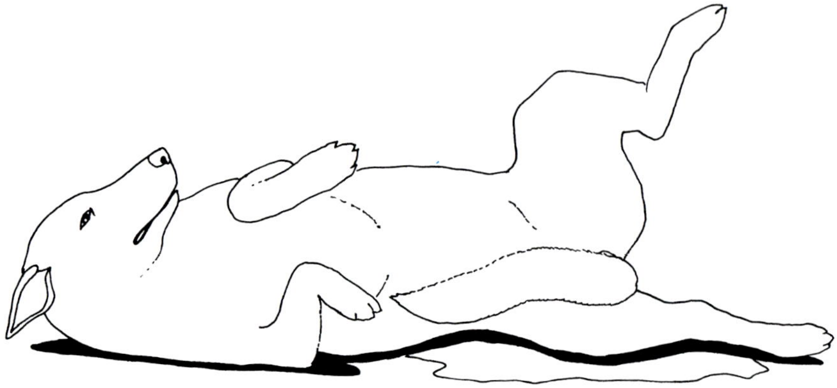

Unterwürfiges Urinieren ist bei Begrüßungen nicht selten.

und ist stark an Situationen gebunden, in denen der Hund unter Stress steht. Beide Verhaltensweisen sind völlig unabhängig von der Stubenreinheit und können somit auch von Hunden gezeigt werden, die schon längst sauber sind.

Ursache

Bei unterwürfigem Harnabsatz steht der Rangstatus des Tieres im Vordergrund. Der Hund selbst misst sich hierbei eine untergeordnete Stellung zu und versucht, dies nach außen durch Unterwürfigkeitsgesten zu verdeutlichen. Besonders häufige Auslöser des Verhaltens sind Begrüßungen, bedrohliche Situationen mit Menschen oder Hunden, Bestrafungen oder auch bloßer Körper- oder direkter Augenkontakt. Verschlimmert wird das Verhalten stets durch sehr dominantes Auftreten des Besitzers oder durch dessen Versuch, das Verhalten mit Strafen in den Griff zu bekommen, denn dann sieht sich der Hund gezwungen, die Zeichen der Unterwürfigkeit deutlicher zu machen. Er wird deshalb in der Folge noch früher urinieren, um seine Unterlegenheit zu demonstrieren und dem »Angriff« durch seinen Besitzer zu entgehen.

Das erregungsbedingte Urinieren wird ebenfalls häufig bei der Begrüßung gezeigt. Es kann aber zum Beispiel auch durch ein Spiel ausgelöst werden, besonders wenn der Hund vorher geschlafen hat und seine Blase gefüllt ist. Junge Hunde haben noch keine sichere Kontrolle über die Schließmuskeln. Starke Erregungs- und Stresszustände – sowohl positive als auch negative – können leicht dazu führen, dass diese Kontrolle gelegentlich versagt.

Besonderheiten

Sowohl das unterwürfige als auch das erregungsbedingte Wasserlassen sind normale Verhaltensweisen, die mit zunehmendem Alter meist von selbst verschwinden. Beim unterwürfigen Urinieren tritt eine Besserung dadurch ein, dass der Hund selbstbewusster wird und eine gefestigte Stellung innerhalb des Familienverbandes einnimmt – vorausgesetzt, man unterlässt Strafmaßnahmen und Dominanzgesten. Beim erregungsbedingten

Urinieren funktioniert mit zunehmendem Alter die Kontrolle über die Schließmuskeln immer sicherer und das Problemverhalten verschwindet.

Prophylaxe

Unterwürfiges Urinieren kann weitgehend umgangen werden, wenn man sich einen nicht übermäßig unterwürfigen und ängstlichen Welpen aus einem Wurf aussucht. In jedem Fall hilft auch eine auf Lob und positiver Bestätigung basierende frühe Erziehung, deren Ziel es ist, dem Hund Selbstvertrauen zu schenken. Dies wird ihn davor bewahren, sich seinem Besitzer gegenüber übermäßig unterwürfig zu verhalten.

Therapievorschlag

Wie bereits angedeutet, ist hier Bestrafung nicht das Mittel der Wahl. Durch sie würde der Hund zusätzlich verunsichert und erregt und sein unerwünschtes Verhalten nur noch verstärkt.

> Ganz wichtig bei der Therapie des unterwürfigen Urinierens ist der bewusste Verzicht auf dominante Gesten. Das bedeutet, Sie sollten zur Begrüßung in die Hocke gehen, direkten Augenkontakt vermeiden, langsam und leise sprechen und besonders sensible Hunde in diesem Moment nicht anfassen. Wenn selbst diese Begrüßungsform für den Hund noch zu bedrohlich ist, können Sie zunächst auf eine großartige Begrüßung ganz verzichten und statt dessen sofort zur Tagesordnung übergehen, bis sich der Hund beruhigt hat.

Streicheln am Bauch stellt eine Dominanzgeste dar. Wenn der Hund zu unterwürfigem Harnabsatz neigt, sollte auch darauf verzichtet werden.

Gute Erfolge kann man bei besonders unterwürfigen oder leicht erregbaren Hunden auch mit folgender Methode erzielen: Lenken Sie den Hund von der für ihn bedrohlich oder sehr aufregend erscheinenden Situation zum Beispiel durch ein Ballspiel ab. Dann führen Sie ihn sofort nach draußen, damit er die Blase entleeren kann. Auch eine Gegenkonditionierung in Form einer SITZ-und-BLEIB- oder PLATZ-und-BLEIB-Übung (Trainingsprogramm 4) ist oft vielversprechend. Setzen Sie bei dieser Methode ruhig Leckerchen oder ein Spielzeug als Belohnung ein, weil Sie damit jeglichen Augenkontakt, der dem Hund bedrohlich erscheinen könnte, vermeiden können. Zeigen Sie dem Hund hierzu frühzeitig die Belohnung, dann kann er sich voll darauf konzentrieren. Gleichzeitig sollten Sie ihm den entsprechenden Befehl geben. Nach korrekter Ausführung der Übung wird er belohnt. Zur Stärkung des Selbstvertrauens eignet sich das Trainingsprogramm 6 und für leicht erregbare Hunde das Trainingsprogramm 5.

Probleme im Bereich der Nahrungsaufnahme

Probleme, die dem Funktionskreis der Nahrungsaufnahme zuzuordnen sind, ergeben sich gelegentlich aus der Sozialstruktur der Hunde. Sie können aber auch anerzogen oder krankheitsbedingt sein. Im folgenden Kapitel werden die Probleme im Einzelnen besprochen und gegeneinander abgegrenzt.

Futterbetteln

Problem

Am Tisch oder bei der Essenszubereitung nach Futter zu betteln, ist für ausgesprochen viele Hunde fester Bestandteil ihres Verhaltensrepertoires. Einige belassen es nicht beim herzzerreißenden Blick, sondern bellen auffordernd, geben Pfötchen, machen Männchen oder spulen irgendein anderes Verhaltensmuster ab, von dem sie wissen, dass es auch schon früher zum Erfolg geführt hat.

Futterbetteln ist eine der häufigsten unerwünschten Verhaltensweisen des Hundes.

Ursache

Beim Betteln handelt es sich um ein anerzogenes Problemverhalten. Ein Hund, der niemals etwas außer der Reihe zu fressen bekommen hat, wird dieses Verhalten nicht an den Tag legen. Um das Betteln beim Hund zu etablieren, reicht es aus, wenn nur eine einzige Person im Haushalt nachgiebig ist und ihm immer wieder ein Häppchen zusteckt. In der Folgezeit wird der Hund sein Glück auch bei den anderen Familienmitgliedern versuchen. Gerade die Unregelmäßigkeit der Futtergaben, die ihrerseits für den Hund eine Belohnung des Verhaltens darstellen, führt dazu, dass dieser bei seinen Bettelversuchen so hartnäckig ist – immer in der Hoffnung, mit genügend Ausdauer doch einen Bissen zu ergattern (vgl. »Lob und Strafe«).

Besonderheiten

In vielen Fällen geht es dem Hund offensichtlich beim aufdringlichen Betteln weniger um den Happen selbst, als vielmehr um die vermehrte Aufmerksamkeit von seinem Besitzer. Sobald sich dieser dem Hund widmet, stellt er sein Verhalten ein, auch wenn dabei überhaupt kein Futter im Spiel war.

Prophylaxe

Die einzige wirkungsvolle Maßnahme, dem Problemverhalten vorzubeugen, ist, dem Hund niemals eine Futterbelohnung zu geben, wenn er darum bettelt. Selbstverständlich kann man ihm hin und wieder ein Häppchen zustecken, allerdings sollte dieses nicht vom Hund eingeklagt worden sein und er sollte eine kleine Übung machen müssen, bevor er den Happen bekommt. Es kann sinnvoll sein, den Hund immer vor den Mahlzeiten der Familie zu füttern, so dass er – satt und zufrieden – gar nicht auf die Idee kommt, am Tisch zu betteln. Möchten Sie ihm doch einmal Reste einer Mahlzeit zukommen lassen, dann servieren Sie ihm diese in seinem eigenen Napf und am besten auch zu seiner üblichen Fressenszeit.

Therapievorschlag

Weil vor allem die Unregelmäßigkeit bei der Leckerchengabe dazu geführt hat, das Betteln als festsitzende Verhaltensweise zu etablieren, ist das Problem auch nur durch absolute Konsequenz zu beheben (vgl. »Lob und Strafe« und »Das Prinzip der Extinktion«). Das Betteln zu bestrafen, nützt leider wenig, denn die Hoffnung auf einen schmackhaften Bissen scheint die stärkere Triebfeder für dieses Verhalten zu sein. Im Prinzip ist eine Strafe auch nicht die logische Konsequenz, das Verhalten zu ändern; schließlich ist dem Hund dieses Verhalten – wenn auch unabsichtlich – antrainiert worden. Falls es überhaupt klappt, ist die Möglichkeit, den Hund auf seinen Platz zu schicken, zwar kurzfristig nützlich, lässt aber das Problem ebensowenig verschwinden.

Das einzig Sinnvolle, wie dieses erlernte Verhalten gelöscht werden kann, – im Fachjargon Extinktion genannt – ist, den Hund fortan nicht mehr zu beachten oder gar mit einem Happen zu belohnen, wenn er nach Futter bettelt. Näheres ist unter »Aufmerksamkeit erheischendes Verhalten« beschrieben.

Fress-Sucht

Problem

Fress-Sucht äußert sich durch abnorm großen Appetit und kann (muss aber nicht) mit Fettleibigkeit einhergehen oder dazu führen. Betroffene Hunde fressen bei frei zur Verfügung stehender Nahrung weitaus mehr als sonst und als für ihre Größe und ihr Gewicht angemessen wäre. Rationiert man das Futter, fangen sie an zu betteln, wirken immer hungrig und suchen sich Essensreste im Haushalt, auf dem Spaziergang oder in Mülltonnen.

Ursache

Fress-Sucht kann durch eine Reihe verschiedener Krankheiten bedingt sein. Aber auch die dauerhafte Gabe von zu gehaltvollem oder schlicht zu viel Futter führt dazu, dass das Regelsystem, das die Zustände »satt« oder »hungrig« bestimmt, nachhaltig durcheinandergebracht wird. Es ist dann sozusagen auf ein zu hohes Niveau eingestellt: Der Hund hat erst verzögert das Gefühl, satt zu sein, und dieser Zustand hält nicht so lange an. In diesem Fall wurde dem Hund die Fress-Sucht regelrecht antrainiert. Gleichzeitiger Bewegungsmangel tut ein Übriges, um den Hund dick und träge werden zu lassen. Während der wildlebende Hund und auch Wolf den Großteil seines Lebens mit Nahrungssuche und -erwerb verbringt, bekommt der moderne Haushund ein- oder zweimal täglich die gefüllte Futterschüssel hingestellt, von Extrahappen zwischendurch ganz zu schweigen. Die Futteraufnahme tritt beim Haushund vor allem auch durch den Mangel an anderweitiger Beschäftigung in den Vordergrund. Beim Wolf dagegen steht der energieaufwendige Nahrungserwerb vor der Nahrungsaufnahme.

Bei manchen Hunderassen vermutet man eine genetische Disposition zur Fettleibigkeit. Außerdem neigen kastrierte Hunde häufiger zur Fettleibigkeit, vor allem wenn man nicht gleichzeitig mit der Kastration die Futterration umstellt, denn die Stoffwechselaktivität kastrierter und nicht kastrierter Tiere ist unterschiedlich hoch.

Besonderheiten

In der heutigen Zeit leiden übermäßig viele Hunde an Übergewicht. In den meisten Fällen geht dies mit vermehrter Fresslust und auch klassischem Futterbetteln einher. Da Fettleibigkeit verschiedene Krankheiten wie etwa Herz- oder Gelenkprobleme nach sich ziehen kann und so die Lebensqualität und -dauer entscheidend einschränkt, ist es unverständlich und bedauerlich, dass viele Hundebesitzer diese Tatsache ignorieren.

Im Gegensatz zu unserem menschlichen Verständnis von Lebensqualität – das, seien wir ehrlich, von Bequemlichkeit geprägt ist – bringen wir den Hund durch Futter im Übermaß um den entscheidenden Lebensinhalt: Da er sich das Futter nicht mehr erarbeiten muss, ist Langeweile und ein spannungsloses Dasein die Folge. Gleichzeitig lassen Bewegungsdrang und Lebhaftigkeit mit zunehmender Körperfülle des Hundes immer mehr nach. Es so weit kommen zu lassen, ist vor allem deshalb schade und unverständlich, wo doch gerade die Aktivität und Lebensfreude, die ein Hund ausstrahlt, in den meisten Fällen Auslöser dafür war, sich für die Hundehaltung zu entscheiden.

Prophylaxe

Die beste Vorbeugung gegen anerzogene Fress-Sucht und Fettleibigkeit ist die bedarfsgerechte Ernährung des Tieres. Ihr Tierarzt wird Ihnen sicher gerne geeignete Futtermittel und die notwendigen Mengen für Ihren Hund nennen.

Therapievorschlag

Um weder dem Hund noch dem Besitzer in dieser Frage Unrecht zu tun, sollte der übergewichtige und verfressene Hund in jedem Fall zunächst dem Tierarzt vorgestellt werden. Wenn nach gründlicher Untersuchung feststeht, dass keine Erkrankung vorliegt, die der Grund für die Fress-Sucht sein könnte, sollte mit dem Tierarzt zusammen ein geeignetes Programm zur Gewichtsabnahme erarbeitet werden. Gleichzeitig mit der Kalorienreduktion der Nahrung sollte mehr Abwechslung in den Hundealltag gebracht werden. Dazu gehört auch, dass die errechnete Menge an Futter auf viele kleine Portionen verteilt wird, die außerdem nicht mehr so leicht zugänglich sein sollten wie früher der Fressnapf. Sie können zum Beispiel im Garten Futterbröckchen unter mehreren umgestülpten Blumentöpfen verstecken und den Hund danach suchen lassen. Eine andere gute Beschäftigung bietet ein mit Futter gefüllter Ball mit Löchern, durch die immer wieder ein paar Futterbrösel herausfallen, wenn der Hund den Ball mit der Pfote oder der Nase anstupst und rollen lässt. Diese Neuerungen werden dem Hund zunächst einige Schwierigkeiten bereiten, ans Fut-

Lassen Sie Ihren Hund sein Futter erarbeiten. Ein alter Fußball eignet sich gut, um in ihm ein paar Futterbrocken zu verstecken.

ter zu gelangen und er wird eine Zeitlang intensiv beschäftigt sein. Neben diesem Programm, in das ruhig auch einige Leckerchen eingeplant sein dürfen, ist es immer angebracht, das Leben des Hundes mit zusätzlichen Übungen und täglichen Spielen zu bereichern.

Man muss dringend von der Vorstellung Abstand nehmen, die Fütterung des Hundes sei eine qualitativ besonders hochwertige Zeit im Tagesablauf des Hundes. Wenn Sie sich intensiv mit dem Hund beschäftigen, mit ihm spielen, neue Übungen trainieren oder ihm mehr Aufmerksamkeit durch vermehrte Fellpflege zukommen lassen, werden Sie schnell merken, dass soziale Interaktionen einen viel höheren Stellenwert für ihn haben. Fressen als Hauptbeschäftigung tritt dann für den Hund schnell in den Hintergrund. Außerdem wird gleichzeitig mit dem Ende der Langeweile durch die Übungen und Spiele auch das Hund-Mensch-Verhältnis neu gestaltet. Alle Beteiligten werden daran großen Spaß haben.

Verweigerung der Nahrungsaufnahme

Problem

Verweigerung der Nahrungsaufnahme bezieht sich nicht zwangsläufig immer auf jegliches Futter, sie kann sich gelegentlich auf nur bestimmte Futtermittel beschränken, während andere problemlos aufgenommen werden. Nicht jeder Hund ist von Natur aus gleich stark an Futter interessiert. Wenn aber ein Hund, der früher gut gefressen hat, plötzlich die Nahrung verweigert, sollte dringend nach dem Grund geforscht werden. Das Problem kann von mehr oder minder starker Appetitlosigkeit bis hin zu vollständiger Futterverweigerung reichen.

Ursache

Es kann viele Ursachen für die Verweigerung von Nahrung geben. Rüden fressen beispielsweise oft schlechter, wenn eine läufige Hündin in der Nähe wohnt und der Hund sozusagen unter Liebeskummer leidet. Eine weitere Ursache kann Trauer um ein Familienmitglied sein. Wenn es sich um eine enge Bezugsperson des Hundes gehandelt hat, ist der Verlust für das Tier mitunter besonders tragisch und die Trauer kann mehrere Tage oder Wochen andauern. Aber auch nach dem Tod von Tierkumpanen ist gelegentlich bei Hunden Futterverweigerung zu beobachten.

Auch der Tod eines Tierkumpanen kann zur Futterverweigerung führen.

Wählerisches Fressen hat meist eine völlig andere Ursache. Wenn der Hund nicht von klein auf an mehrere Geschmacksrichtungen gewöhnt wurde, kann es sein, dass er später alles außer seinem gewohnten Futter verweigert. Im Gegensatz zu den Menschen zählt für Hunde weniger die Schmackhaftigkeit, Vielfalt oder Abwechslung, sondern vor allem die geschmackliche Prägung auf bestimmte Futtermittel. Launenhafte Futterverweigerung tritt gelegentlich auch im Rahmen von Aufmerksamkeit erheischendem Verhalten auf.

Auch hohe Temperaturen im Sommer führen bei manchen Hunden dazu, von sich aus weniger zu fressen oder ein paar Tage lang ganz zu fasten. Außerdem gibt es eine ganze Reihe von Krankheiten, die als Ursache für Appetitlosigkeit nicht unterschätzt werden sollten.

Besonderheiten

Hundemägen sind so angelegt, dass sie große Mengen an Futter auf einmal aufnehmen können. Für Wölfe ist dies eine Notwendigkeit, denn in freier Natur gelingt es ihnen nicht jeden Tag, eine Mahlzeit zu ergattern. Daraus ergibt sich, dass der Hundeorganismus in der Lage ist, tage- oder sogar wochenlang auf Futter zu verzichten, ohne gesundheitlichen Schaden zu nehmen.

Prophylaxe

Einseitige geschmackliche Prägung auf ein bestimmtes Futtermittel oder auf einen bestimmten Geschmack kann man verhindern, indem man dem jungen Hund Fressen in möglichst vielen verschiedenen Geschmacksrichtungen anbietet.

Therapievorschlag

Es steht natürlich außer Frage, dass ein Hund auch bei dem bloßen Verdacht auf eine medizinische Ursache für die Fressunlust in jedem Fall dringend dem Tierarzt vorgestellt werden sollte. Da ein großer Prozentsatz von Hunden heutzutage übergewichtig ist, sollte man vor einer möglichen Therapie der Fressunlust vom Tierarzt klären lassen, ob diese überhaupt einer Behandlung bedarf.

Wenn Sie sich zu einer Therapie entschließen, können Sie versuchen, dem Hund das Fressen besonders schmackhaft zu machen, indem Sie es anfeuchten, erwärmen und darauf achten, dass es reich an tierischem Eiweiß ist. Auch ein wenig Katzenfutter, das wesentlich mehr Protein enthält, kann als Geschmacksverstärker untergemischt werden.

Öfter kleine Portionen zu verabreichen ist für Hunde attraktiver als nur eine einzige gefüllte Schüssel am Tag. Gleichzeitig sollte aber auf die Gabe von Leckerchen und Häppchen zwischendurch völlig verzichtet werden. Einen zusätzlichen Anreiz stellt das Füttern mit der Hand dar. Diese Maßnahme sollte aber nur in Betracht gezogen werden, wenn die Fressunlust zu einem ernsthaften Problem wird, denn Hunde, die solche Extras genießen durften, möchten sich gelegentlich nur ungern wieder von diesem neuen Luxus trennen.

Bevor man allerdings einen Therapieversuch startet, sollte man sich vor Augen halten, dass es in den meisten Fällen überhaupt nicht schlimm ist, wenn der Hund einmal mehrere Tage lang das Futter verweigert. Droht er allerdings durch seine Hartnäckigkeit abzumagern, wird es nötig, dem entgegenzuwirken. Hierbei sollte man aber trotzdem aufpassen, dass er in Zukunft nicht zu einem wählerischen Fresser wird. Denn wenn er erst einmal mitbekommen hat, dass sein mäkeliges Verhalten dazu führt, dass die ganze Familie Kopf steht und ihm plötzlich nur noch außergewöhnlich exquisite Kost anbietet, wird er dies vermutlich auch in Zukunft weidlich ausnutzen.

Bei länger andauernder Futterverweigerung kann man außerdem über die Gabe von Medikamenten den Appetit anregen. Der Tierarzt wird die entsprechenden Präparate verschreiben, wenn sie wirklich angezeigt sind.

Fressen von Kot

Problem

Es kommt häufig vor, dass Hunde auf dem Spaziergang Kot fressen. Manche tun es regelmäßig, andere nur ab und zu. Das Verhalten bezeichnet man als Koprophagie – ein Problem, das besonders oft bei jungen Hunden zu beobachten ist. Hat der Hund eine Vorliebe für Exkremente von Fleischfressern oder Menschen entdeckt, die im Vergleich zum Kot von Pflanzenfressern wesentlich mehr stinken, und neigt er dazu, sich häufig davon verführen zu lassen, wird Koprophagie für den Hundebesitzer zum ernsthaften Problem. Zum Glück finden Hunde allerdings an ihren eigenen Ausscheidungen nur äußerst selten Geschmack.

Ursache

Bislang konnte wissenschaftlich noch nicht einwandfrei geklärt werden, welches die auslösenden Faktoren für dieses Verhalten sind. Eine Theorie gibt als möglichen Grund an, dass der junge Hund für seine Entwicklung wichtige Stoffe benötigt, die im Kot von anderen Tieren enthalten sind. Wie andere Theorien ist auch diese nicht hieb- und stichfest. Denn einerseits könnte man sich dann zwar erklären, warum es vor allem junge Hunde sind, die dieses Verhalten zeigen, andererseits bleibt aber unklar, weshalb nicht alle jungen Hunde auf diese für uns nicht nachvollziehbare Idee kommen, sich einen solchen Extrahappen auf dem Spaziergang zu gönnen. Bislang ist keine Substanz gefunden worden, die Koprophagie bei gesunden Hunden als notwendig erscheinen ließe. Auch die Theorie, kotfressende Hunde litten unter einem Defizit an bestimmten Enzymen (wie etwa bei einer auf die Verdauungsenzyme beschränkten Bauchspeicheldrüseninsuffizienz), kann nicht aufrechterhalten werden, denn die meisten betroffenen Hunde sind klinisch gesund. Unbewiesen bleibt ebenfalls, dass bestimmte Substanzen im Kot für die Stimulation der Entwicklung des Nervensystems notwendig seien. Andere Erklärungsversuche gehen dahin, Kotfressen dem Funktionskreis des Erkundungs- und Spielverhaltens zuzuordnen und nennen Langeweile als Triebfeder.

Besonderheiten

Koprophagie kommt bei anderen Tierarten, wie zum Beispiel bei Kaninchen, als ganz normale und lebenswichtige Verhaltensweise vor. Das für die normale Entwicklung benötigte Eiweiß und Vitamin B, das Kaninchen aus ihrem eigenen Kot beziehen, ist allerdings nicht in den Kötteln enthalten. Nur in dem breiigen Kot, der ausschließlich dem Blinddarm entstammt und der meist direkt nach dem Absetzen vom Kaninchen selbst gefressen wird, sind diese Stoffe enthalten. Diese Art Kot steht allerdings anderen Tierarten nicht zur Verfügung. Sollten Sie also die Beobachtung gemacht haben, dass Ihr Hund Kaninchenköttel aufnimmt, hat dies nichts mit der für Kaninchen normalen und lebensnotwendigen Koprophagie zu tun.

Für die Mutterhündin ist es ein natürlicher Vorgang, die Ausscheidungen ihrer Welpen zu fressen und steht nicht im Zusammenhang mit dem Problem des Kotfressens.

Wenn Ihr noch junger Hund die lästige Angewohnheit hat, Kot zu fressen, mag für den Fall, dass er sich nur gelegentlich – bei einem besonderen Fund – zu dem gefürchteten Tun hinreißen lässt, die Versicherung genügen, dass er dies wahrscheinlich ab einem gewissen Alter von selbst wieder lassen wird. Übersteigt das Verhalten des Hundes die tolerierbare Grenze, sollten Sie sich mit Ihrem Tierarzt zusammen über die unten genannten Therapiemöglichkeiten beraten. Um eine Fehlernährung als Erklärung für das Verhalten von vornherein auszuschließen, wird er zunächst die von Ihnen aufgestellte Liste der Nahrungsmittel, die ihr Hund bekommt, überprüfen. Dass der Hund Kot frisst, ist zwar unangenehm, aber in keiner Weise gesundheitsschädlich.

Therapievorschlag

Beobachten Sie den Hund auf dem Spaziergang gut und wirken Sie bei jedem Versuch, Kot zu fressen, sofort auf ihn ein.

Die Maßnahmen zur Gegenkonditionierung sind im Anhang beschrieben. Um das Verhalten zu unterbrechen, können Sie wortlos eine indirekte Strafe einsetzen oder ihn abrufen – falls er darauf reagiert. Auch wenn Hunde, die Kot fressen, meist gesund sind, sollte man das Tier untersuchen lassen, um eine Krankheit als Ursache auszuschließen. Eine drastische, aber wirkungsvolle Therapiemöglichkeit besteht darin, vom Tierarzt veschriebene Arzneimittel in der vorgeschriebenen Dosierung in Kothaufen einzubringen. Ideal ist es, wenn eine Hilfsperson diese Präparation vornimmt, damit der Hund keine geruchliche Verbindung herstellen kann. Diese Häufchen sollten dann so ausgelegt werden, dass der Hund sie mit größter Wahrscheinlichkeit frisst. Die für diese Maßnahme geeigneten Substanzen können verschiedener Natur sein. Zum einen eignen sich Stoffe, die sehr bitter schmecken und dem Hund auf diese Weise sein Tun verleiden, zum anderen kann man auch ein Brechmittel einsetzen. Der Hund wird fortan das Fressen von Kot immer mit dem Unwohlsein in Verbindung bringen, das er danach verspürt hat. Um bei dieser Therapie Erfolg zu haben, muss man aber darauf achten, dass die Arzneimittelwirkung bald nach dem Verzehr einsetzt, denn nur dann kann der Hund eine einfache Verknüpfung zwischen dem gerade aufgenommenen Kot und dem Unwohlsein herstellen.

Sollte der Hund Gefallen an seinem eigenen oder am Kot eines anderen Hundes aus demselben Haushalt finden, können Sie durch eine Änderung des Speiseplans versuchen, die Ausscheidungen in der Beschaffenheit so zu ändern, dass sie weniger attraktiv werden. Auch hier weiß der Tierarzt Rat.

Fressen von Gefundenem auf dem Spaziergang

Problem

Viele junge, aber auch einige erwachsene Hunde laufen auf dem Spaziergang wie Staubsauger herum und saugen alles Essbare in sich auf, das sie finden können. Diese Angewohnheit kann sehr lästig sein, weil die Hunde danach nicht selten Durchfall bekommen. Sie kann aber auch gefährlich werden, wenn die Tiere an giftige Rattenköder oder etwas Ähnliches geraten.

Ursache

Im Prinzip ist dieses Verhalten nicht ungewöhnlich, denn als Jäger besitzen Hunde auch heute noch Eigenschaften, die sie befähigen, sich selbst Futter zu beschaffen. Diese Veranlagung ist von Hund zu Hund verschieden stark ausgeprägt. Durch seine unglaublich gute Nase kann ein Hund auch im Gestrüpp jeden Essensrest aus einer für uns unvorstellbaren Entfernung orten.

Von der Hundelogik her betrachtet, gibt es für ihn keinen Grund, die Leckereien nicht aufzunehmen. Auch seinem

Der Verlockung eines umgekippten Mülleimers können manche Hunde nicht widerstehen.

Besitzer gegenüber hat der Hund im Prinzip keine Verpflichtungen, da im Sozialverband nach den Hunderegeln kleine, selbsterlegte Beute oftmals behalten werden darf und nicht die sonst übliche Futterhierarchie durchgesetzt wird.

Therapievorschlag

Als Therapie ist die unter der Rubrik »Fressen von Kot« beschriebene Methode erfolgversprechend. Sie wird allerdings dadurch erschwert, dass Fressbares, auf das der Hund draußen anspricht, vielfältiger Natur sein kann.

Gleichzeitig mit der Präparation möglichst vieler verschiedener »Leckereien« kann man sich auch ganz gezielt mit einem Bekannten verabreden, der an bestimmten Stellen einige Happen auslegt. Da Sie in diesem Fall genau absprechen, wo die Köder liegen, können Sie im entscheidenen Moment gut mit einer indirekten Methode – etwa einem kräftigen Wasserstrahl oder einer leichten Klapperbüchse – strafend auf den Hund einwirken.

Neben diesen Therapiemöglichkeiten erreichen Sie mit mehr Abwechslung durch Spiele und Übungen auf dem Spaziergang eine Besserung des Verhaltens, da der Hund durch diese Aktionen von der Futtersuche abgelenkt wird.

Fressen von unangemessenen Dingen

Problem

Die bizarre Verhaltensweise, bei der der Hund Dinge aufnimmt, die nicht für seine Ernährung geeignet sind, wird als »Pica« bezeichnet. Je nach Ursache muss sie als echte Verhaltensstörung eingeordnet werden. Die aufgenommenen Dinge können zum Beispiel Sand, Mörtel, Farben, Bodenbeläge, Haare, Gummi, Steine oder andere Dinge sein.

Ursache

Die Ursache dieses Verhaltens ist nicht hinreichend geklärt. In vielen Fällen scheint sie im medizinischen Bereich zu liegen. Sie sollte dann als ernst zu nehmende Erkrankung gewertet werden, deren vermutlicher Sitz das zentrale Nervensystem ist.

Pica kann bei Hunden aber auch im Rahmen von Aufmerksamkeit erheischendem Verhalten beobachtet werden.

Besonderheiten

Fressen von Gras und anderen Pflanzenteilen kann im weitesten Sinne ebenfalls zu diesem Problemkomplex gezählt werden. Unter der Rubrik »Grasfressen und Schlittenfahren« wird auf das Problemverhalten genauer eingegangen. Das Aufnehmen und gelegentlich auch das Abschlucken von Steinen entspringt meist einem Spielkontext und stellt somit eine anerzogene Unart dar, die schlecht für die Zähne ist und mitunter lebensgefährlich werden kann.

Therapievorschlag

Lassen Sie den Hund nicht längere Zeit unbeobachtet, damit er keine Gelegenheit hat, gesundheitsschädliche Substanzen aufzunehmen. Wenn Sie ihn dennoch alleine lassen müssen, hilft es ihn an einen leichten Plastikmaulkorb zu gewöhnen, der ihm Trinken und Hecheln ermöglicht, ihn aber am Fressen hindert (vgl. Trainingsprogramm 1).

Außerdem sollten Sie, wenn Sie das Verhalten bei Ihrem Hund beobachten, mit einer indirekten Strafmethode, die der Hund nicht mit Ihnen in Beziehung bringen kann, eingreifen. Parallel dazu sollten Sie ihm beibringen, die aufgenommenen Gegenstände auf Befehl sofort fallen zu lassen. Am einfachsten erreichen Sie das im Tausch gegen ein schmackhaftes Leckerchen. Sagen Sie den entsprechenden Befehl, zum Beispiel AUS, genau in dem Moment, wenn der Hund das Leckerchen nimmt. Auf diese Weise wird er nach einigen Wiederholungen in Erwartung der Belohnung den aufgenommenen Gegenstand auch auf den bloßen Befehl hin fallenlassen. Dies sollten Sie natürlich immer mit überschwänglichem Lob bedenken.

Wenn sich der Hund immer wieder denselben Sachen zuwendet, können Sie versuchen, diese – ähnlich wie beim »Fressen von Kot« – mit Medikamenten oder mit abstoßenden Substanzen zu präparieren. Steht die Handlung im Zusammenhang mit einer Aufmerksamkeit erheischenden Verhaltensweise, sollte die an entsprechender Stelle aufgeführte Therapie durchgeführt werden. In einigen Fällen erscheint der Einsatz von Psychopharmaka notwendig und hilfreich. Dies ist besonders dann der Fall, wenn das Verhalten dem Problemkomplex der Zwangshandlungen (Seite 134ff.) zuzuordnen ist.

Futterneid

Problem

Einige Hunde reagieren äußerst ungemütlich, wenn ein anderer Hund sich ihrem Futter nähert. Dies kann sowohl draußen als auch in einem Haushalt, in dem mehrere Hunde zusammen leben, passieren, wenn einem der Hunde ein Leckerchen zugesteckt wird.

Ursache

Futterneidisches Verhalten entsteht aus einer Mischung von Lernvorgängen und den Rangordnungsgrundsätzen des Hundes. Der Lernvorgang basiert meist auf unbewusster Belohnung durch den Besitzer. Nur sehr selten ist das Verhalten absichtlich verstärkt worden. Dem futterneidischen Hund geht es im Grunde weniger um das Futter selbst, auch wenn er es in den entsprechenden Situationen meist in einer plötzlichen Heißhungerattacke hinunterschlingt; es geht ihm vielmehr darum, seine rangordnungsbedingten Privilegien ganz klar gegen andere Hunde abzustecken und durchzusetzen.

Therapievorschlag

Auf dem Spaziergang sollten Sie strikt darauf achten, dass Sie das Verhalten nicht unabsichtlich belohnen, in dem Sie dem Hund das Futter mit der Entschuldigung: »Er mag es nicht, wenn man an sein Futter geht« tatsächlich überlassen! Eine gleichermaßen sinnvolle und bequeme Möglichkeit, das Problem anzugehen ist natürlich, den Hund nicht mehr im Beisein anderer Hunde zu füttern. Grundsätzlich aber sollte er lernen, sein Futterhäppchen nur auf einen entsprechenden Befehl hin nehmen zu dürfen. Wenn er Ihnen zu gierig ist, sollten Sie die Fütterung kommentarlos abbrechen (vgl. »Verteidigung von Futter«).

Bei Futterstreitigkeiten, die zwischen zwei im selben Haushalt lebenden Hunden auftreten, sollte man sich unbedingt der Hundelogik fügen und den Ranghöheren bevorzugt behandeln. Das bedeutet hier, ihn als Ersten zu füttern. Ist dies nicht möglich, sollten die Hunde örtlich getrennt ihr Fressen erhalten.

Verteidigung von Futter

Problem

Nicht alle Hunde lassen ihre Besitzer an die Futterschüssel heran, wenn sie gerade fressen. Auch Knochen oder Leckerchen können bewacht werden. Der Grad der Aggression ist unterschiedlich und die Signale reichen von leisem Knurren bis zu ernsthaften Angriffen mit Bissen.

Ursache

Futter zu bewachen und zu verteidigen kann Ausdruck von Rangordnungsproblemen oder territorialer Aggression sein. Oft spielt aber auch die unbeabsichtigte Verstärkung des Verhaltens durch den Besitzer eine große Rolle, besonders wenn dieser den Hund nicht nur gewähren lässt, sondern ihn noch durch beschwichtigendes Auf-ihn-Einreden belohnt.

Besonderheiten

Abgesehen von dem oftmals zumindest unterschwellig vorliegenden Rangordnungsproblem ist eine Therapie auch deshalb angezeigt, weil es sinnvoll ist, sich als Besitzer die Kontrolle über das Futter offen zu halten und damit die Möglichkeit, dem Hund jederzeit etwas abnehmen zu können.

Prophylaxe

Es ist günstig, den Hund schon als Welpen daran zu gewöhnen, dass ihm jederzeit das Futter weggenommen werden kann. Dies erreichen Sie leicht, indem Sie ihm den Napf während des Fressens einfach wegnehmen, ihn eine leichte Übung machen lassen und ihn dann mit einem besonders schmackhaften Leckerchen belohnen, bevor Sie ihn weiterfressen lassen. So verbindet er mit der Unterbrechung beim Fressen nie etwas Negatives und wird sich auch später ohne weiteres gefallen lassen, dass Sie dazwischengehen.

Therapievorschlag

Mit einem derartigen Problem konfrontiert, sollten Sie zunächst die Rangordnungsfrage kritisch beleuchten und wenn nötig Veränderungen anstreben (vgl. »Aggression innerhalb der Familie«). Unabhängig davon können Sie dem Hund auf folgende Weise verständlich machen, dass er sein Futter nur behalten darf, wenn er sich nach unseren Spielregeln richtet:

Zunächst sollten dem Hund die Befehle SITZ und NIMM beigebracht werden, indem Sie ihm SITZ befehlen, ein Leckerchen hinhalten und ihn den Happen dann aber erst unter NIMM fressen lassen. Wenn der Hund begriffen hat, dass er den Happen erst bei NIMM fressen darf, können Sie damit beginnen, ihm die Futterschüssel nicht einfach nur hinzustellen, sondern ihm mit der Hand einzelne Brocken aus der Schüssel zu reichen. Die einzelnen Futterbrocken bekommt er erst nach der Aufforderung NIMM als Belohnung, wenn er sich einem Befehl wie SITZ oder auch PLATZ gefügt hat. Wenn dies einige Tage problemlos geklappt hat, können Sie dazu übergehen, den Hund nach der Aufforderung NIMM aus der Futterschüssel fressen zu lassen, während Sie diese festhalten. Gelegentlich können Sie zwischendurch SITZ befehlen und dem Hund die Futterschüssel sofort entziehen, wenn er den Befehl nicht befolgt. Geht auch das ohne Schwierigkeiten, können Sie den Futternapf nach und nach wieder dem Boden näher bringen. Benimmt sich der Hund nicht Ihren Wünschen entsprechend, brechen Sie die Fütterung ab und geben ihm erst nach ein paar Minuten erneut eine Chance. Wenn der Hund die Tendenz hat, Kauknochen gegenüber einem Familienmitglied zu bewachen, sollten ihm diese nicht zur freien Verfügung stehen.

Aufnahme von übermäßig viel Wasser

Problem

Hunde nehmen am Tag durchschnittlich zwischen 40 und 70 ml Wasser pro kg Körpergewicht auf. Diese Menge ist neben dem Wassergehalt des Futters von den Außentemperaturen und der körperlichen Betätigung des Tieres abhängig. Meist fällt Besitzern von Hunden, die übermäßig viel trinken, dieses Verhalten dadurch auf, dass sie den Wassernapf mehrmals täglich neu füllen müssen. In ernsthaften Fällen werden auch Pfützen oder Blumenuntersetzer, das Bidet, die Toilette und jede andere Gelegenheit zum Wassertrinken genutzt.

Ursache

Es gibt grundsätzlich zwei Ursachen für dieses Problem: Zum einen kann es eine schiere Angewohnheit sein, zum anderen kann eine Erkrankung dahinterstecken.

Besonderheiten

Ist der Grund für das Verhalten eine bloße Angewohnheit, ist das im Prinzip nicht schlimm. Es belastet aber das Zusammenleben oftmals dadurch, dass der Hund, der übermäßig viel trinkt, auch wesentlich öfter pinkeln muss und seine Familie dadurch ständig auf Trab hält.

Therapievorschlag

Zunächst gilt es, den Tierarzt durch eine einfache Harnuntersuchung klären zu lassen, ob eine pure Angewohnheit oder, wesentlich häufiger, eine Erkrankung der Grund für die vermehrte Wasseraufnahme ist. Im Krankheitsfall ist selbstverständlich – soweit dies möglich ist – eine entsprechende Therapie anzustreben.

Stellt sich heraus, dass es sich tatsächlich um eine Angewohnheit handelt, können Sie die Wassermenge entsprechend einer Kalkulation vom Tierarzt rigoros auf das notwendige Maß reduzieren. Diese Menge bieten Sie – in mehrere kleine Rationen aufgeteilt – dem Hund über den Tag verteilt an. Dies hat zunächst meist zur Folge, dass er durch andere Aufmerksamkeit erheischende Verhaltensweisen versuchen wird, sich wieder in den Mittelpunkt des Geschehens zu bringen. Mit eiserner Konsequenz werden Sie aber bald erreichen, dass er das Verhalten von selbst einstellt (s. Seite 150ff.). Gleichzeitig können Sie den Hund bewusst durch Spiele und Übungen ablenken. Auf diese Weise verbessern Sie nach Ihren Spielregeln seinen Gehorsam und lassen ihm außerdem ein entsprechendes Maß an Aufmerksamkeit zukommen.

Probleme im Bereich des Sexualverhaltens

Gelegentlich treten im Zusammenleben mit dem Hund Probleme auf, die dem Funktionskreis der Reproduktion entstammen, also in Verbindung mit dem Sexualverhalten stehen. Im folgenden Kapitel werden die häufigsten dieser Probleme beleuchtet.

Besteigen von Personen, anderen Haustieren und Objekten

Problem

Einige Hunde besteigen von Zeit zu Zeit Personen, andere Tiere oder Objekte und führen an diesen Friktionsbewegungen aus. Das Verhalten wird wesentlich häufiger bei Rüden beobachtet, kann aber auch von Hündinnen gezeigt werden. Besonders lästig ist diese Angewohnheit, wenn Hunde Personen besteigen.

Ursache

Der Grund für dieses Verhalten ist meist nicht die Selbstbefriedigung, was man auf den ersten Blick hin glauben könnte, sondern findet seinen Verhaltensursprung in einem ganz anderen Bereich. Besteigen ohne primär sexuelle Intention, wenn also ein Rüde nicht eine läufige Hündin, sondern ein anderes Objekt besteigt oder eine Hündin das Verhalten zeigt, ist in den Bereich der Rangordnung eingegliedert. Es stellt eine dominante Geste dar.

Anders liegen die Dinge, wenn der Hund Objekte, Personen oder auch andere Haustiere besteigt und masturbiert. Dieses Verhalten tritt aber wesentlich weniger häufig auf. Es wird sowohl von unkastrierten als auch – allerdings sehr viel seltener – von kastrierten Tieren gezeigt. Der Anteil an gestressten und ängstlichen oder unsicheren Hunden, die masturbieren, ist besonders hoch. Neben der wirklichen Masturbation kann bei isoliert aufgezogenen Hunden das Aufreiten manchmal auch als Ausdruck einer sexuellen Fehlprägung gewertet werden.

In einer Vielzahl von Fällen wird die Lust am Besteigen, gleich welchen Ursprungs, zusätzlich durch das Verhalten der Besitzer, die den Hund inkonsequent strafen oder ihn sogar zu diesem Verhalten ermutigen, verstärkt und dann vom Hund unter Umständen auch als Mittel benutzt, mit dem er mehr Aufmerksamkeit erheischen kann.

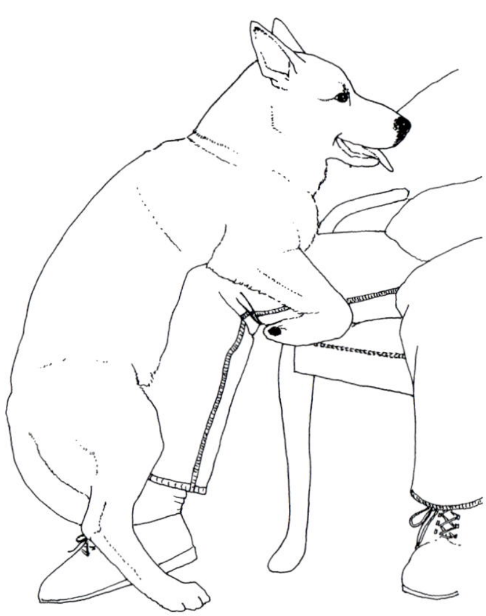

Besteigen von Personen kann je nach Situation lästig oder peinlich sein.

Besonderheiten

Gegenseitiges Bespringen ist eine Verhaltensweise, die im Spiel häufig schon von jungen Welpen gezeigt wird. Dies ist dann aber keine Komponente aus dem Sexual-, sondern aus dem Sozialverhalten. Grundsätzlich ist Masturbation ein normales Verhalten, das viele Säugetiere zeigen. Abgesehen von der Lustbefriedigung dient Masturbation als Stressventil. Dies erklärt, weshalb gerade hier der Anteil an unsicheren Hunden besonders hoch ist. Man darf sich nicht wundern, wenn auch ein kastrierter Rüde bei der Masturbation ejakuliert, denn obwohl seine Zeugungsfähigkeit durch die Kastration unterbunden wurde, bleibt die Fähigkeit zur Bildung der Transportflüssigkeit für die Spermien in gewissem Umfang erhalten. Das Ejakulat besteht bei kastrierten Hunden allerdings nur aus dieser Flüssigkeit und enthält keine Samenzellen.

Prophylaxe

Durch viel Kontakt mit anderen Hunden während der Sozialisationsphase lernt der Hund normales, hundetypisches Verhalten. Für ein intaktes Mensch-Hund-Verhältnis und leichte Führigkeit ist außerdem eine auf Belohnung basierende frühe und konsequente Erziehung wichtig. Dies ist auch die beste Vorbeugung gegen Probleme im Bereich des Sexualverhaltens des Hundes.

Therapievorschlag

In rangordnungsbezogenen Fällen können Sie dem Hund dadurch seine Handlungsgrundlage entziehen, dass Sie aufstehen und weggehen. Dies ist eine ebenso wirkungsvolle wie ungefährliche Therapiemaßnahme. Sie kann auch bei einem Hund, der sich in anderen Fällen bereits aggressiv gegenüber der Familie gezeigt hat, angewendet werden, ohne dass man sich auf direkte Konfrontation mit ihm einlassen muss. Auch indirektes Strafen wie Anspritzen mit Wasser ist sinnvoll und kann unauffällig von jeder Person eingesetzt werden, die das Verhalten gerade beobachtet.

Durch die Methode der Gegenkonditionierung können Sie erreichen, dass der Hund lernt, anstelle des Besteigens eine andere, erwünschte Verhaltensweise zu zeigen. So erzielen Sie neben einer wesentlichen Besserung des Problemverhaltens gleichzeitig auch besseren Gehorsam (Trainingsprogramm 4 zur Gegenkonditionierung).

Parallel zu den spezifischen Maßnahmen gegen das unerwünschte Verhalten sollte das bestehende Verhältnis Mensch-Hund überdacht und verändert werden. Dazu können Sie ein entsprechendes Trainingsprogramm erstellen, das nicht nur das Problem beseitigen wird, sondern meist auch das Zusammenleben im Allgemeinen erleichtert. Weitere detaillierte Angaben zur Therapie finden Sie unter den Rubriken »Aggression innerhalb der Familie« und »Aufmerksamkeit erheischendes Verhalten«.

Unsicheren Hunden, die masturbieren, helfen die im Anhang beschriebenen Trainingsprogramme 5 und 6 zur Entspannung und zur Steigerung des Selbstvertrauens. Gegebenenfalls sollte ein Tierarzt zu Rate gezogen werden, der den Hund wenn nötig durch eine medikamentöse Therapie entspannter und der Verhaltenstherapie leichter zugänglich machen kann.

Bei sexuell fehlgeprägten Rüden ist es einen Versuch wert, bei ihm das Interesse an der eigenen Art zu wecken, indem man ihn mit einer läufigen Hündin zusammenbringt – auch wenn dieser Versuch jedoch leider meistens fehlschlägt.

Sexuelle Attraktivität für andere Hunde

Problem

Einige – meist kastrierte – Rüden und kastrierte oder zumindest nicht läufige Hündinnen besitzen eine große sexuelle Anziehungskraft für andere Hunde und werden von diesen auf penetrante Art und Weise verfolgt und belästigt.

Ursache

Es scheint so zu sein, dass die betroffenen Tiere Duftstoffe absondern, die das sexuelle Interesse anderer Tiere wecken. Als Grund nimmt man eine Analbeutelentzündung mit bakterieller Beteiligung an.

Besonderheiten

Die Bakterien, die an der Umwandlung des normalen Analbeutelsekrets in solche Substanzen beteiligt sind, die den sexuellen Lockstoffen nahekommen, gehören zu den anaeroben (ohne Sauerstoff lebenden) Keimen.

Therapievorschlag

Es handelt sich hier um ein medizinisches Problem, das wirkungsvoll behandelt werden kann. Sprechen Sie Ihren Tierarzt darauf an. Er wird eine geeignete Antibiotikatherapie und falls nötig, weitere Maßnahmen wie beispielsweise Spülungen vornehmen.

Streunen

Problem

Einige Hunde neigen dazu, die Umwelt auf eigene Faust zu erkunden. Bei Rüden tritt dieses Problem wesentlich häufiger auf. Die meisten von ihnen versuchen, sich einer geeigneten Geschlechtspartnerin zu nähern. Auch läufige Hündinnen wandeln gelegentlich auf den Pfaden der Untugend. Andere nutzen die Gelegenheit des selbstverschafften Spaziergangs zum Jagen.

Da wir in der heutigen Zeit geballt auf relativ wenig Fläche leben und der Verkehr in den letzten Jahrzehnten stetig zugenommen hat, ist Streunen eine Verhaltensweise des Hundes, die mit dem modernen Leben nicht so ohne weiteres vereinbar ist. Zum einen bedroht der Verkehr den streunenden Hund, zum anderen stellt aber auch er selbst eine Verkehrsgefährdung dar.

Mit ein bisschen Übung wird solch ein Zaun leicht überwunden.

Ursache

Ist eine hormonelle Verhaltenssteuerung der Grund für das Streunen, verschlimmert sich das Problem in Zeiten der Paarungsbereitschaft. Dies gilt gleichermaßen für Rüden und Hündinnen, nur dass bei Rüden diese Zeit nicht so stark begrenzt ist. Zum anderen kann es aber auch einfach so sein, dass der Hund herausgefunden hat, dass er sich durch ein Loch im Zaun oder durch einen eleganten Sprung über denselben einen prima Extraspaziergang verschaffen kann. Diesen nutzt er zu einer Bummeltour durchs Revier oder um nach Herzenslust der Jagd zu frönen.

Hinzu kommt, dass es den Besitzern oft an Zeit mangelt, sich genügend mit dem

Hund zu beschäftigen. Dies, aber auch der Mangel an einer echten Aufgabe, die den Hundealltag ausfüllt, können weitere Gründe für das Streunen sein. Langeweile ist also ein wichtiger Grund dafür, dass Hunde »auf Abwege« geraten.

Besonderheiten

Impfungen gegen Tollwut sind möglich und nicht nur für streunende Hunde dringend zu empfehlen!

Prophylaxe

Frühe Kastration wirkt der Entstehung des Problems entgegen – zumindest wenn es hormonell motiviert ist. Auch intensiver Kontakt zum Menschen, artgerechte und konsequente, auf Belohnung basierende Erziehung sowie ein Betätigungsfeld für den Hund gegen die Langeweile helfen, die Lust am Streunen zu verhindern.

Im Zusammenhang mit dem Streunen sei darauf hingewiesen, dass es im Rahmen der »Verordnung zum Schutz gegen die Tollwut« von staatlicher Seite her verboten ist, Hunde, die mehr als drei Monate alt sind, »außerhalb geschlossener Räume frei laufen zu lassen oder mit sich zu führen, wenn sie nicht ein Halsband, einen Gurt oder ein sonstiges Hundegeschirr tragen, auf oder an dem Name und Anschrift des Besitzers angegeben sind oder an dem eine Steuermarke befestigt ist. Dies gilt nicht für Hunde auf umfriedeten Grundstücken, von denen sie nicht entweichen können und für Jagdhunde während der jagdlichen Verwendung«.

Therapievorschlag

Wenn Streunen in direktem Zusammenhang mit der Läufigkeit steht, können Sie als therapeutische Maßnahme sowohl Hündinnen als auch Rüden kastrieren. Die Erfolgsquote liegt bei Hündinnen bei nahezu einhundert Prozent, während Rüden nicht zwangsläufig damit aufhören. Neben den eigentlichen hormonellen Einflüssen spielt nämlich oft auch die erlernte Komponente – Gefallen und Gewöhnung an außerplanmäßige Spaziergänge – eine große Rolle.

Sichere Umzäunung des Grundstückes hilft meist, das Problem zu beseitigen oder einzudämmen. Um dem Hund gerecht zu werden, sollte man allerdings zusätzlich das Leben des Hundes durch Spiele, gezieltes Gehorsamstraining, andere Übungen und lange, interessante Spaziergänge abwechslungsreicher und attraktiver gestalten.

Wenn der Hund im Zwinger oder auf dem Grundstück bleiben muss, können Sie ihm durch Verstecken von Futterbrocken oder durch Einfüllen von Leckerchen in ein hohles Gummi- oder Plastikspielzeug mit kleinen Löchern eine Aufgabe geben. Auf diese Weise verbringt er mehr Zeit damit sich sein Futter zu erarbeiten. Ein Stück weit nimmt ihm dies seine Langeweile oder lenkt ihn von seinen sexuell geprägten Interessen ab.

Scheinträchtigkeit

Problem

Etwa zwei Monate nach der letzten Läufigkeit entwickeln viele Hündinnen bestimmte Verhaltensauffälligkeiten. Unter anderem zeichnen sie sich dann durch Lustlosigkeit beim Spaziergang aus, werden träge und unausgeglichen, nehmen unter Umständen etwas an Gewicht zu. Sie versuchen ein Wurflager zu errichten und versorgen schließlich imaginäre Welpen (Spielzeug, Schuhe oder ähnliches). Die Pflege dieser »Welpen« kann soweit gehen, dass die Hündinnen ihr Lager aggressiv verteidigen oder aber in den »ersten Tagen der Aufzucht« das Lager weder zur Futteraufnahme noch für einen Spaziergang verlassen wollen. Nicht selten sind die Milchdrüsen angebildet und die Hündinnen bereit, Milch zu geben.

Ursache

Das Problem tritt bei Hündinnen im Gegensatz zu unseren anderen Haustieren gehäuft auf und ist durch die anatomischen und hormonellen Besonderheiten zu erklären. In der sogenannten Gelbkörperphase wird das Hormon Progesteron gebildet, das dazu dient die Trächtigkeit aufrechtzuerhalten. Diese Phase erstreckt sich bei den anderen Tierarten nur über einen kurzen Zeitraum, wenn die Tiere nicht erfolgreich gedeckt wurden. Bei Hündinnen ist die Gelbkörperphase aber physiologisch genauso lang wie die Trächtigkeit nach erfolgreicher Konzeption. Hieraus ergibt sich das Dilemma, dass Hündinnen besonders stark zur Scheinträchtigkeit neigen, weil der Körper durch die Hormone auf eine Trächtigkeit eingestellt ist. Hintergrund dieser Besonderheit ist, dass in einem Wolfs- oder auch Wildhunderudel nur die ranghöchste Hündin gedeckt wird. Die anderen, meist mit ihr verwandten Hündinnen beteiligen sich aber auch an der Aufzucht der Welpen. Zumindest sind sie hormonell darauf eingestellt, die Mutterhündin notfalls zu ersetzen und die Welpen zu säugen.

Besonderheiten

Nach spätestens vier bis sechs Wochen hat sich das Problem von selbst gelöst. Man hat wieder die altbekannte Hündin vor sich, während ihr Charakter in der Zeit der Scheinträchtigkeit doch sehr verändert schien.

Prophylaxe

Die Scheinträchtigkeit kann nur durch Kastration sicher und dauerhaft verhindert werden.

Therapievorschlag

Eine bestehende Scheinträchtigkeit mit all ihren Begleiterscheinungen ist nur auf medizinischer Basis zu therapieren. Es empfiehlt sich, den Tierarzt zu bitten, den Milchfluss mit Medikamenten zu stoppen. Zu Hause ist es wichtig, dass Sie das Gesäuge so wenig wie möglich berühren und die Hündin daran hindern, ihr Gesäuge zu belecken, denn dies regt den Milchfluss unnötig an. Kühlende Umschläge, die auf das Gesäuge gelegt werden, können helfen. Ansonsten sollten Sie alle bereits auserkorenen oder potentiellen »Welpen« wegräumen und die Hündin durch ausgedehnte Spaziergänge ablenken.

Langfristig, irreversibel und medizinisch sinnvoll ist Scheinträchtigkeit und damit auch die Verhaltensänderung nur durch eine Kastration zu verhindern. Es werden hierbei die Eierstöcke und die Gebärmutter entfernt. Die Hündin wird dann nicht mehr läufig und somit auch nicht mehr scheinträchtig. Sie einmal werfen zu lassen, führt weder zur Ausbildung eines ausgeglicheneren Charakters noch wird dadurch Scheinträchtigkeiten nach den folgenden Läufigkeiten vorgebeugt.

Übersteigerter Sexualtrieb

Problem

Besonders Rüden neigen hin und wieder zu übersteigertem Sexualtrieb. Sie bedrängen dann sämtliche Hündinnen, denen sie begegnen, unabhängig davon, ob diese gerade läufig sind oder nicht. Sie reagieren nicht selten aggressiver auf andere Rüden und sind meist äußerst ungehorsam. Nymphomane Hündinnen sind wesentlich seltener zu finden. Sowohl Rüden als auch Hündinnen neigen bei sexueller Überaktivität vermehrt zum Streunen.

Ursache

Das hormonell gesteuerte Interesse am anderen Geschlecht ist normalerweise so eingestellt, dass außerhalb der Paarungszeit keine sexuellen Annäherungen stattfinden. Hündinnen werden im Durchschnitt zweimal jährlich läufig und sind nur während dieser Zeit paarungswillig. Weil aber nicht alle Hündinnen zur gleichen Zeit läufig sind, erstreckt sich die Periode – bezogen auf die gesamte Hundepopulation – über das ganze Jahr, so dass Rüden fast ständig eine läufige Hündin in der Nase haben.

Besonders bei Rüden ist sexuelle Überaktivität nicht selten auch mit einem Rangordnungsproblem vergesellschaftet, zumal sich in einem intakten Hundeverband nur das ranghöchste Mitglied paaren darf. Wenn sich also der Hund durch sexuelle Überaktivität auszeichnet, lässt das mitunter gewisse Rückschlüsse auf seine Rangstellung zu. Gleichzeitig muss aber auch bemerkt werden, dass auch rangniedrige Rudelmitglieder sexuelles Interesse zeigen, nur versuchen sie in der Regel nicht mit aller Gewalt, ihre Liebeslust auszuleben.

Besonderheiten

Im Gegensatz zur Mehrzahl unserer Hündinnen werden Wölfinnen nur einmal im Jahr läufig. Noch bemerkenswerter ist allerdings, dass entgegen unserer ständig einsatzbereiten Hunderüden der Wolfsrüde ebenfalls nur einmal jährlich, nämlich zur Zeit der Paarungsbereitschaft der Wölfin, sexuell aktiv ist und auch nur während dieser Zeit Spermien produziert.

Prophylaxe

Hunde, die in einer intakten Mensch-Hund-Beziehung leben und artgerecht gehalten und erzogen worden sind, neigen selten zu sexueller Überaktivität.

Therapievorschlag

Neben der Kastration ist ein konsequent durchgeführtes Gehorsamstraining oder eine Änderung in den Rangverhältnissen innerhalb der Familie nötig, um das Problem zu beheben. Entsprechende Therapievorschläge finden sich unter »Aggression innerhalb der Familie«, »Mangelnder Gehorsam« und »Streunen«.

Verminderter Sexualtrieb

Problem

Im Normalfall wird dieses Verhalten nicht weiter als störend empfunden. Will man aber mit dem Hund züchten, kann es zu einem ernsthaften Problem werden. Hündinnen, die bestimmte Rüden ablehnen, sind keine Seltenheit. Es gibt aber auch Rüden, die sich nicht für die betreffende läufige Hündin interessieren oder sich bei den Paarungsversuchen ausgesprochen ungeschickt anstellen und zum Beispiel versuchen, die Hündin vom Kopf her zu besteigen.

Ursache

Lehnt eine Hündin einen Rüden ab, so ist das noch nicht gleich ein Grund zu verzweifeln, denn Hündinnen suchen sich ihre Partner nach ganz eigenen Vorstellungen aus. Es kann schon einmal passieren, dass sie den Promenadenmischling von nebenan als Kindesvater angemessener findet als den ihr von Menschen zugedachten Zuchtrüden.

Mangel an sexueller Lust und Erregung kann auch hormonelle Ursachen haben oder daran liegen, dass der Zeitpunkt falsch gewählt wurde. Unerfahrene Rüden brauchen oft eine längere Anlaufzeit, um den Deckakt befriedigend auszuführen. Besonders wenn sie während ihrer frühen Entwicklung wenig Möglichkeit zum Spielen mit anderen Hunden hatten, kann es sein, dass sie ein adäquates Sexualverhalten nicht erlernen konnten.

Wenn ein gesunder Rüde keine Bereitschaft zeigt, sich zu verpaaren, kann der Grund dafür sein, dass er mit einem ranghöheren und sehr dominanten Rüden zusammenlebt. Er maßt sich dann einfach nicht an zu decken. Im Wolfs- oder Hunderudel ist die Paarung ein Privileg des ranghöchsten Tieres, und so kann diese Verhaltensweise auch in einem Haushund noch tief verwurzelt sein.

Therapievorschlag

Möchten Sie unbedingt mit diesem Rüden oder jener Hündin züchten, sollten Sie das Tier gründlich vom Tierarzt untersuchen lassen, um festzustellen, ob eine hormonelle Störung vorliegt. Kann diese ausgeschlossen werden und der Zustand des Tieres im Hinblick auf die allgemeine und die Erbgesundheit ist gut, können Sie eine künstliche Befruchtung durchführen lassen. Ich stehe dieser Methode allerdings kritisch gegenüber, denn ich frage mich, ob es trotz der Vielzahl herrenloser Hunde wirklich notwendig ist, mit einem Tier zu züchten, das offensichtlich von Mutter Natur nicht dazu vorgesehen war, sich zu vermehren.

Liegt bei einem Rüden Unerfahrenheit als Grund vor, hilft es meist, dem Hund etwas mehr Zeit zu lassen und ihm als Partnerin eine erfahrene läufige Hündin zum besten Bedeckungszeitpunkt anzubieten.

Probleme bei der Aufzucht

Auch im Bereich der Welpenaufzucht kommt es gelegentlich zu Verhaltensproblemen. Diese gehen meist vom Muttertier aus. In einigen Fällen können aber andere erwachsene Hunde die Probleme verursachen.

Angreifen, Töten und Fressen der Welpen

Problem

Wenn auch selten, so kann es dennoch hin und wieder passieren, dass eine Hündin ihre Welpen angreift, tötet oder gar auffrisst. Durchaus nicht ungewöhnlich ist es, wenn eine Hündin solch ein Verhalten fremden Welpen gegenüber zeigt.

Ursache

Verhält sich die Mutterhündin aggressiv gegen die Welpen oder gar kannibalisch, kommen mehrere Ursachen in Betracht. Zum einen kann es sein, dass die Hündin übergroßem Stress in ihrem Umfeld ausgesetzt wurde, zum anderen kommt es hin und wieder vor, dass eine Hündin einen oder mehrere Welpen verstößt oder gar tötet, wenn diese irgendeine Anomalie oder Krankheit aufweisen. Daneben werden auch Mangelernährung und hormonelle Imbalanzen als Gründe diskutiert.

Sollte keine dieser Ursachen in Frage kommen, kann es sich um eine echte Verhaltensstörung bei der Mutterhündin handeln. Das bedeutet, dass diese nicht in der Lage ist, die von den Welpen ausgehenden Reize in einer adäquaten Verhaltensweise zu beantworten. Vermutlich ist dies genetisch bedingt. In gewisser Weise ist der Mensch an solchen Ausnahmefällen schuld, denn dadurch, dass er durch seine Zuchtauswahl erheblich in den Naturhaushalt eingegriffen hat, konnten sich genetische Programme durchsetzen, die sonst keine Chance gehabt hätten.

Keine Abnormität hingegen stellt das Verhalten einer fremden Hündin dar, wenn sie die Welpen eines anderen Wurfes angreift, tötet oder frisst. Sie tut dies im Rahmen der natürlichen Spielregeln, bei denen jedes Individuum darauf bedacht ist, nur die eigenen Gene weiterzugeben. Je nach Rangstatus zweier in einem Haushalt lebender Hündinnen kann es auch innerhalb eines Familienverbandes dazu kommen, dass die eine Hündin den gesamten Wurf der anderen tötet (vgl. »Beißhemmung«).

Therapievorschlag

Für aggressives Verhalten des Muttertieres bei der Aufzucht gibt es im Prinzip keine Therapie. Man sollte sich deshalb darauf konzentrieren, die Welpen gegen die Übergriffe zu schützen.

Da eine genetische Komponente in den wenigsten Fällen zweifelsfrei ausgeschlossen werden kann, sollten sowohl die betroffene Mutterhündin und als auch ihre Nachkommen rigoros von der Zucht ausgeschlossen werden.

Übertriebene Welpenpflege

Problem

Bei der Welpenaufzucht kennt man das – zum Glück – seltene Problem, dass die Mutterhündin ihre Welpen übermäßig intensiv beleckt und ihnen meist am Bauch Wunden zufügt.

Ursache

Das Belecken der Welpen ist ein wichtiger Bestandteil des Fürsorgeverhaltens der Mutterhündin. Weshalb einige Hündinnen dazu neigen, die Welpen so stark zu belecken, dass Wunden entstehen, ist nicht geklärt. Stress und genetische Veranlagung kommen gleichermaßen in Betracht. Eine Rolle könnte auch spielen, dass mit der Flasche großgezogene Hündinnen oft weniger gute Mütter sind als solche, die eine liebevolle, in der Aufzucht ihrer Welpen sehr sichere Mutter hatten.

Besonderheiten

Das Lecken dient der Körperpflege und ganz besonders die Massage am Bauch ist für die Welpen in der frühen Phase lebenswichtig, weil dadurch die Darmtätigkeit angeregt wird. Die Welpen verfügen zunächst noch nicht über eine entsprechende Regulation, die für die Elimination der Exkremente notwendig ist.

Nicht nur um wiederholte Zwischenfälle

bei weiteren Würfen auszuschließen, sondern vor allem auch, damit in die Zuchtlinie keine genetischen Defekte eingeführt werden, sollte mit diesen Mutterhündinnen und auch mit ihren Nachkommen nicht weiter gezüchtet werden.

Therapievorschlag

Es ist keine Therapiemöglichkeit bekannt, mit der das Verhalten der Mutterhündin geändert werden könnte. Was die Welpen anbetrifft, muss man sich um zweierlei Dinge kümmern: Die Wunden müssen versorgt werden und es darf nicht zu weiteren Zwischenfällen kommen. Ideal wäre, wenn die Hündin soweit unter Kontrolle gehalten werden könnte, dass sie den Umgang mit ihren Welpen pflegen kann, ohne sie im Übermaß zu belecken.

Manchmal eignet sich aber eine instinktsichere Ersatzmutter besser für die Aufzucht. Der Amme kommt hierbei eine besonders wichtige Aufgabe zu, denn ein souveräner und liebevoller Umgang mit den Welpen ist für ihre normale Entwicklung von größter Bedeutung. Auch wenn es für die Sozialisation mit anderen Hunden nicht ideal ist, können die Welpen im Notfall mit der Hand großgezogen werden. Man kann versuchen, sie mit der Hündin später wieder zusammenzubringen oder die Kontrolle zu lockern, wenn man sieht, dass der Kontakt ohne Aggression und ohne übertriebene Welpenpflege abläuft.

Fehlende oder mangelhafte Welpenpflege

Problem

Einige Hündinnen kümmern sich nicht in dem Maße um ihre Welpen, wie wir es von ihnen erwarten. Das kann bedeuten, dass sie die Welpen völlig zurücklassen. Es kann aber auch sein, dass sie nicht sorgsam genug um die Aufzucht bemüht sind: Sie versuchen nicht, die Welpen vor bedrohlichen Situationen zu schützen oder sie lassen sie über das normale Zeitmaß hinaus alleine.

Auch mangelnde Fürsorge bei der Fütterung der Welpen kann beobachtet werden. Einige Hündinnen säugen ihre Welpen nur widerwillig oder nicht ausreichend.

Ursache

Wenn die Hündin ihre Welpen nicht säugen will, hat dies meist einen medizinischen Grund. Entweder hat sie zu wenig Milch oder – eher selten – eine Entzündung des Gesäuges.

Für die anderen genannten Probleme gibt es im Allgemeinen keine so einleuchtende Erklärung. Vermutlich ist mangelhaftes Aufzuchtverhalten zu einem gewissen Anteil veranlagungsbedingt und somit als genetischer Defekt zu verstehen.

Nicht alle Hündinnen sind mit der Aufzucht der Welpen gleichermaßen geschickt. Es scheint eine Rolle zu spielen, wie die Hündin selbst aufgezogen wurde, denn nicht alle Verhaltensweisen in der Aufzucht eines Wurfes sind reine Instinkthandlungen.

Auch Stress im Umfeld der Hündin kann zu unzureichendem Aufzuchtverhalten führen. Diese Überlegung liegt nahe, weil auch Hündinnen in freier Natur, die großem Stress ausgesetzt sind, entweder überhaupt keine Welpen aufziehen oder unter bestimmten Umständen den kompletten Wurf verlassen. Dies ist eine Einrichtung der Natur, um Welpen stets den bestmöglichen Start und der Hündin die besten Überlebenschancen zu sichern.

Hormonelle Imbalanzen können ebenfalls zu Verhaltensstörungen führen. Sie sind als Ursache für ungenügende mütterliche Fürsorge den Welpen gegenüber zwar nicht bewiesen, aber durchaus vorstellbar.

Bei mangelhafter Brutpflege in einem Wurf, der nur aus einem einzigen Welpen besteht, wird diskutiert, ob dieser eine möglicherweise nicht genügend Anreiz bietet, das mütterliche Verhalten voll in Gang zu bringen. Denn die Welpen ihrerseits dienen der Mutterhündin als Reiz oder Signal, das Aufzuchtverhalten auszulösen und aufrechtzuerhalten.

Besonderheiten

Besonders in den ersten Lebenstagen sind Welpen noch nicht in der Lage, mit ihren Glykogenreserven die Körpertemperatur selbst zu regulieren. Sie können bei mangelnder Fürsorge also an Unterkühlung oder an Unterzuckerung sterben.

Auch bei diesem Problem ist nicht abzusehen, ob die Hündin im nächsten Wurf ein besseres Verhalten an den Tag legen wird. Gibt es keinen klar ersichtlichen Grund für das Verhalten (etwa eine Erkrankung der Gesäugeleisten), ist zu empfehlen, mit diesen Tieren nicht weiter zu züchten, um nicht dazu beizutragen, dass sich ein genetischer Defekt, der vielleicht für dieses Fehlverhalten verantwortlich ist, in der Zuchtlinie etabliert.

Therapievorschlag

Weil es kaum möglich ist, das Verhalten der Hündin zu beeinflussen, sollte sich die Therapie auch hier auf die Welpen konzentrieren. Mit einer geeigneten Amme kann man ihnen einen guten Start ins Leben ermöglichen.

Leidet die Hündin an mangelndem Milchfluss, ist sie aber ansonsten instinktsicher und liebevoll um die Aufzucht der Welpen bemüht, dann kann man sie gut entlasten, wenn man die Welpen mit der Flasche zufüttert.

Wenn die Hündin – aus welchen Gründen auch immer – einen gesunden Wurf Welpen verlässt und keine Amme zur Verfügung steht, ist es selbstverständlich auch hier einen Versuch wert, die Welpen mit der Hand großzuziehen.

Probleme rund ums Auto

In der heutigen Zeit, in der wir fast täglich mit dem Auto unterwegs sind, gewinnt unser fahrbarer Untersatz auch im Leben des Hundes mehr und mehr an Bedeutung – allerdings nicht immer ohne Probleme.

Unruhe und Angst während der Fahrt

Problem

Nicht alle Hunde lieben Fahrten mit dem Auto, einige haben sogar eine ausgeprägte Abneigung dagegen. Das kann sich in ganz unterschiedlichem Verhalten des Tieres äußern. Während einige Hunde – ihrem Schicksal ergeben – die Fahrt zitternd oder in die Ecke gekauert überstehen, fangen andere an zu winseln, zu speicheln, zu erbrechen oder im Auto Urin oder Kot abzusetzen. All diese Verhaltensmuster sind Anzeichen von Stress und spiegeln Nervosität und Angst wider.

Neben den beschriebenen Auffälligkeiten sind auch Mimik und Gestik des Hundes wichtige Indizien dafür, wie das Verhalten richtig einzuordnen ist. Ängstliche Hunde tragen die Ohren angelegt, den Kopf tief und die Rute zwischen die Beine geklemmt (vgl. »Die Körpersprache«). Es kann sein, dass sich solche Hunde wohler fühlen, wenn sie Körperkontakt mit einer mitfahrenden Person haben, andere aber ziehen sich zurück.

Ursache

Autofahren ist für Hunde zunächst eine ungewöhnliche Angelegenheit und ihr Organismus ist nicht darauf eingerichtet. Aufgrund des Rüttelns und Ruckens während der Fahrt kann ihnen schwindlig und schlecht werden. Auch die Geräusche des Verkehrs (möglicherweise auch solche, die wir nicht hören) können Hunden Angst machen. Vergleichsweise leicht nachvollziehbar ist, wenn Hunde, die auf einer Autofahrt schon einmal in einen Unfall verwickelt waren, danach Angst vor weiteren Fahrten haben.

> Bei vielen Hunden, die Probleme mit dem Autofahren haben, kann man beobachten, dass ihre Not auch im Laufe der Zeit nicht abnimmt, im Gegenteil, sie wird größer. Dies ist mit dem Teufelskreis der Angst vor der Angst zu erklären. Wie in jedem Lernvorgang stellt der Hund auch hier nach einigen Wiederholungen eine Verknüpfung her. In diesem Fall heißt sie: Autofahrten = Angst. Später kann schon der Gang zum Auto genügen, um diese Angst auslösen. Bereits unter der Rubrik »Die Auswirkungen von Stress« ist erklärt worden, welche Lernblockade dabei entsteht. So ist es nicht erstaunlich, dass sich das Verhalten nicht von selbst bessert.

Besonderheiten

Dem Hund diese Angst zu nehmen, ist keine Sache einer einmaligen Trainingssitzung. Man muss sich vorher bewusst machen, dass das Training in schlimmen Fällen mehrere Wochen dauern wird. Auch wenn es aufwendig erscheint: Ein spezielles Training für diese Hunde lohnt sich allemal, denn für den Hund endet eine Qual und Autofahrten werden nach dem Training für Mensch und Hund angenehm stressfrei sein.

Manchmal kann die Angst des Hundes so schlimm sein, dass man ohne Medikamente schlecht Zugang zu ihm findet. Dann sollte der Tierarzt hinzugezogen werden, der ein Medikament verschreibt, das zwar die Angst nimmt, nicht aber die Lernfähigkeit beeinträchtigt, so dass der Hund für die Verhaltenstherapie aufnahmebereit bleibt.

Prophylaxe

Als Prophylaxe ist es sehr hilfreich, Hunde so früh wie möglich an zunächst kurze, später längere Autofahrten zu gewöhnen. Dadurch gehen Sie späteren Problemen aus dem Weg.

Therapievorschlag

Die Therapie stützt sich auf das Prinzip der Gegenkonditionierung. Die speziell auf das Auto abgestimmten Trainingsstufen sind folgende: Wenn möglich sollte der Hund während der gesamten Zeit der Therapie nicht auf andere Fahrten mitgenommen werden. Denn jedesmal, wenn er nach einem anfänglichen Trainingserfolg doch wieder in seine alte Angst verfällt, ist ein großes Stück Arbeit zunichte gemacht.

Sind Autofahrten jedoch nicht zu vermeiden, sollte man ein zusätzliches Hilfsmittel einsetzen, etwa eine Decke, die ausschließlich zu den Übungen ins Auto gelegt wird. Diese Decke sollte jedoch nie zu unvermeidbaren, anderen Fahrten mitgenommen werden, damit der Hund nach und nach die stressfreien Übungen von den normalen Fahrten zu unterscheiden lernt. Mit zunehmender Trainingsdauer wird ihm die Decke zusätzliche Sicherheit geben und sie kann nach Abschluss des Trainingsprogramms auf allen Fahrten mitgenommen werden.

- Der erste Schritt des Trainingsprogramms besteht darin, den Hund mit einem Leckerchen zu belohnen, wenn er in die Nähe des Autos geht. Sollte er so aufgeregt sein, dass er das Leckerchen nicht nimmt, geben Sie es ihm einen Moment später, wenn Sie sich schon ein Stück vom Auto entfernt haben. Dies wiederholen Sie etliche Male, bis der Hund ohne Anzeichen von Stress das Leckerchen direkt neben dem Auto frisst. Haben Sie dies erreicht, gehen Sie einen Schritt weiter, locken oder heben den Hund ins Auto und belohnen ihn dort.
- Ist diese Stufe überwunden, können Sie dazu übergehen, den Hund statt zu Hause im Auto zu füttern. So bekommt der Wagen für ihn eine neue, stressfreie und positive Bedeutung. Je nach Größe des Autos und des Tieres können auch Spiele eingebaut werden. Lassen Sie zum Beispiel den Hund im Auto seinen Ball oder etwas Ähnliches suchen.
- Parallel zu diesen Übungen gilt es, dem Hund zu Hause die Befehle SITZ, PLATZ und BLEIB beizubringen. Bereits dabei kann die oben erwähnte Decke eingeführt werden, indem der Hund die entsprechenden Befehle auf der Decke absolvieren muss und auch dort belohnt wird. Diese Übung sollte er hundertprozentig sicher beherrschen, bevor Sie zum nächsten Schritt übergehen. Dieser besteht darin, dass Sie den Hund ins Auto einsteigen lassen, ihm auf seiner Decke den Befehl SITZ oder PLATZ und BLEIB geben und ihn belohnen – zuerst sofort, dann nach wenigen Sekunden und später nach mehreren Minuten.
- Wenn auch dies gut klappt, gehen Sie in gleicher Weise weiter vor, setzen sich aber selbst hinter das Lenkrad – zunächst allerdings ohne den Motor anzumachen. Erst wenn der Hund fünf Minuten ohne Korrektur sitzen oder liegen bleiben kann, während Sie hinter dem Lenkrad sitzen, können Sie zum ersten Mal den Motor starten. Eine Fahrt sollte zu diesem Zeitpunkt aber noch nicht unternommen werden.
- Bei laufendem Motor wird diese Übung wiederum schrittweise auf etwa fünf Minuten ausgedehnt. Dann wagen Sie die erste kleine Fahrt. Diese muss so kurz sein, dass Sie von vornherein von einem Erfolg ausgehen können. Es reicht, wenn Sie nur Ausparken und gleich darauf wieder Einparken. Täglich werden diese Übungen nun wiederholt und die Fahrtzeiten langsam verlängert.

Sollte es einmal zu einem Rückfall kommen, muss das Trainingsprogramm mindestens auf den Tag zurückgestellt werden, an dem es noch ganz sicher geklappt hat. Von dem Punkt aus muss alles neu erarbeitet werden. Wenn die Fahrten schon mehr als fünf Minuten dauern, sollten kurze Pausen eingebaut und dazu genutzt werden, mit dem Hund auszusteigen, ein wenig zu spielen oder ihn eine leichte Übung machen zu lassen, für die er sicher belohnt werden kann. Auf diese Weise schaffen Sie immer neue Ausgangssituationen, die es dem Hund leichter machen, sich an das Auto zu gewöhnen. Nach und nach können Sie dazu übergehen, den Abstand zwischen den Pausen zu vergrößern, um sie schließlich ganz wegzulassen.

Erbrechen während der Fahrt

Problem

Besonders Welpen, aber auch einige erwachsene Hunde vertragen das Autofahren nicht, weil ihnen übel wird. Zunächst fangen sie an zu speicheln, würgen dann geräuschvoll und erbrechen schließlich. Für Hund und Hundehalter ist dieses Problem gleichermaßen belastend.

Ursache

Wie bereits erwähnt ist Autofahren für Hunde ein seltsamer Vorgang, auf den sie zunächst nicht eingerichtet sind. Genau wie auch manche Menschen vertragen einige Hunde Änderungen in der Beschleunigung, Kurvenlagen und Höhenunterschiede während der Fahrt schlechter als andere. Kommt es immer wieder zu Übelkeit und Erbrechen, kann sich als weiteres Problem die erlernte Abneigung gegen diese Art der Fortbewegung einstellen.

Besonderheiten

Ebenso wie bei uns Menschen können Hunde unter der Angst vor der Angst leiden. Die Entwicklung der sogenannten Phobophobie basiert auf dem Prinzip der klassischen Konditionierung. Genau wie wir Menschen eine Abneigung gegen etwas haben können, weil wir wiederholt schlechte Erfahrungen gemacht haben, kann dies auch beim Hund die Ursache sein. Er fürchtet die Fahrt schon im Vorfeld, weil er – vermenschlicht ausgedrückt – Angst davor hat, dass ihm schlecht wird. In besonders schlimmen Fällen beginnen Angst und Übelkeit sogar schon beim Gang zum Auto oder beim Einsteigen. Dies kann man an der Körpersprache erkennen.

Prophylaxe

Auch hier ist die beste Vorbeugung, den Hund schon früh an zunächst kurze, dann längere Autofahrten zu gewöhnen. Günstig ist es, die Fahrten zu unternehmen, wenn der Hund einen leeren Magen hat, so dass Erbrechen von vornherein unwahrscheinlich ist.

Therapievorschlag

Die Therapie basiert auf zwei Ansätzen. Zum einen muss man versuchen, die Übelkeit zu verhindern, was leicht durch entsprechende, vom Tierarzt verschriebene Medikamente erreicht werden kann. Zum anderen sollte man dem Hund schon im Vorfeld den Stress vor der anstehenden Fahrt nehmen. Dazu geeignet ist die unter »Unruhe und Angst während der Fahrt« beschriebene Therapie. Generell empfiehlt es sich, den Hund im Auto so liegen zu lassen, dass er nicht aus dem Fenster sehen kann. Auch wenn viele Hunde gerade dies besonders spannend finden, ist es oft der Auslöser für die Übelkeit.

Jaulen während der Fahrt

Problem

Neben Hunden, die beim Autofahren aus Ängstlichkeit oder Unbehagen jaulen, gibt es auch solche, die dies aus Nervosität und Vorfreude tun. Oft wissen die Hunde genau, wohin es geht und steigern ihren Gesang mit zunehmender Fahrtzeit oder je näher sie dem Ziel kommen. Meistens endet aber die Hektik und Jaulerei nicht mit der Ankunft, sondern erst, wenn die Autotür geöffnet wird und der Hund aussteigen darf. Nicht selten springen diese Hunde dann ungestüm aus dem Wagen und sind vor Freude ganz aus dem Häuschen.

Ursache

Es gibt Hunde, die stärker zu dieser Art von Nervosität neigen als andere. Sie kommt besonders häufig bei Jagdhunderassen oder Hunden vor, die generell stark zu Spannungen tendieren. Der Auslöser für dass Verhalten ist meist die Erwartung des Erlebnisses, welche die Hunde mit der Autofahrt in Verbindung bringen. Das kann zum Beispiel der bevorstehende Spaziergang sein oder der Besuch des Trainingsplatzes. Nicht selten wurde dieses Verhalten – vor allem durch unbewusste Belohnung – zusätzlich verstärkt, so dass die Hunde sich auch auf anderen Fahrten mit unbekanntem Ziel wie wild aufführen.

Besonderheiten

Das ständige Gejaule und das nervöse Umherspringen im Auto während der Fahrt kostet nicht nur die mitfahrenden Personen viel Nerven. Es kann unter Umständen auch verkehrsgefährdend sein, denn der Lautstärkepegel macht es oft unmöglich, andere Signale im Straßenverkehr noch wahrzunehmen. Außerdem wird die Konzentrationsfähigkeit des Fahrers durch das Gehampel und Gekreische des Hundes erheblich beeinträchtigt.

Prophylaxe

Wenn Sie schon beim ersten Anzeichen eines Jaulers auf den Hund einwirken, indem Sie die Fahrt unterbrechen, kann das Problem gar nicht erst entstehen. Der Hund lernt so von Anfang an, dass sein Gesang während der Fahrt nicht erwünscht ist und die Fahrt nur fortgesetzt wird, solange er sich an die gegebenen Regeln hält.

Therapievorschlag

Eine Therapiemaßnahme besteht darin, dem Hund zu vermitteln, dass eine Autofahrt das Langweiligste auf der Welt ist und sie nicht zwangsläufig mit einem tollen Erlebnis einhergeht. Um dies zu erreichen, können Sie den Hund auch zu langweiligen Fahrten mitnehmen – etwa zum Einkaufen – oder aber gezielt mit dem Hund losfahren, im Idealfall denselben Weg wie auch sonst zum Spaziergang. Dort drehen Sie einfach um und fahren zurück. Auch viele kurze Fahrten verwirren den Hund, denn so weiß er nicht mehr so genau, wohin es geht.

Das Wichtigste ist allerdings das bereits unter »Unruhe und Angst während der Fahrt« beschriebene Trainingsprogramm, bei dem sowohl ruhiges Sitzen im Auto während der Fahrt als auch die stimmlichen Aspekte berücksichtigt werden. Das Augenmerk während des Trainings muss hier natürlich auf das Jaulen gerichtet werden. Die Fahrt sollte sofort abgebrochen werden (indem man am Straßenrand anhält oder parkt), sobald der Hund zu jaulen beginnt oder den ihm zugewiesenen Platz verlässt.

Erst wenn sich der Hund wieder auf den Befehl konzentriert und er sich stimmlich beruhigt hat, sollte man die Fahrt fortsetzen. Hierbei ist entscheidend, dass man selbst sturer und ausdauernder ist als der Hund. Zu Beginn des Trainings kann es nämlich durchaus eine ganze Zeit lang dauern, bis sich der Hund wieder beruhigt hat. Es ist während dieser Maßnahme nicht notwendig, mit dem Hund zu reden, zu schimpfen oder ihm Befehle zu geben. Mit der Zeit wird der Hund die Verknüpfung herstellen, dass die Fahrt nur dann fortgesetzt wird, wenn er still auf seinem Platz liegt. Haben Sie einen Beifahrer, kann und sollte dieser den Hund bei erwünschtem Verhalten mit einem Leckerchen belohnen oder falls notwendig, durch eine indirekte Strafe wie unauffälliges Bespritzen mit Wasser maßregeln.

Außerdem ist zu empfehlen, dem Hund einen Platz im Auto zuzuweisen, von dem aus er nicht hinausschauen kann, vor allem deshalb, damit er länger darüber im Unklaren bleibt, wohin die Fahrt geht.

In das Training können ebenso die unter »Probleme beim Ein- und Aussteigen« beschriebenen Trainingspunkte eingeflochten werden. Damit wird der Hund gleichzeitig darauf trainiert, erst auf Befehl auszusteigen. Das gilt besonders für Hunde, die nicht nur während der Fahrt jaulen, sondern auch nach der Ankunft noch so lange Spektakel machen, bis die Autotür geöffnet wird. Auch hier ist nicht nur darauf zu achten, dass der Hund brav sitzt oder liegt, sondern vor allem, dass er dies lautlos tut.

Ein- und Aussteigen

Problem

Beim Einsteigen ins Auto oder beim Aussteigen kann es zu lästigen Problemen mit dem Hund kommen. Sie entstehen entweder dadurch, dass sich der Hund weigert ein- oder auszusteigen oder aber, dass er dies mit soviel Elan tut, dass er beim Aussteigen zur Verkehrsgefährdung wird, weil der Besitzer keine Kontrolle über ihn hat.

Ursache

Wenn sich der Hund weigert, ein- oder auszusteigen oder auffällig zögert, vor allem wenn er es früher ohne Probleme getan hat, kann das daran liegen, dass er einen schmerzhaften oder unangenehmen Zwischenfall damit verbindet. Dieses Ereignis kann einen direkten Bezug zum Auto haben, muss es aber nicht.

Ein Beispiel für die direkte Verbindung zum Auto wäre gegeben, wenn der Hund etwa an Arthrose leidet oder Bandscheibenprobleme hat, was ihm beim Hinein- oder Herausspringen Schmerzen bereitet. Es sind auch Fälle bekannt, in denen der Hund aufgrund elektrostatischer Aufladung im Türrahmen beim Ein- und Aussteigen schon einmal oder mehrmals einen Schlag bekommen hat und diese Schwelle nun meidet, weil er diese Schläge fürchtet.

Wenn keine direkte Relation zum Auto selbst besteht, ist der Hund möglicherweise einer Fehlverknüpfung aufgesessen. Dies kann beispielsweise dadurch passieren, dass in dem Moment, in dem der Hund ein- bzw. aussteigen wollte, gerade der Auspuff eines vorbeifahrenden Autos geknallt und er sich stark erschreckt hat.

Fortan bringt er nun diesen Schreck mit der Aktion des Ein- oder Aussteigens in Verbindung.

Hunde, die ungestüm ein- oder aussteigen, tun dies in der Regel aus der Freude heraus, mitgenommen zu werden. Die betroffenen Hunde fahren meist gerne Auto und legen oftmals auch sonst ein stürmisches Temperament an den Tag. Verstärkt wird dieses Verhalten, wenn sie noch dazu wissen, dass der Spaziergang ansteht, auf den sie sich sehr freuen. Mangel an diszipliniertem Training ist allerdings der Grund dafür, dass diese Freude zum Problem werden kann, vor allem wenn man den Hund an befahrenen Straßen aussteigen lassen muss und er die Angewohnheit hat, sofort loszustürmen.

Therapievorschlag

Die Therapie für beide Problemfälle ist unterschiedlich. Zunächst zum Training für den Hund, der nicht gerne ein- oder aussteigt:

Bevor Sie mit dem Training anfangen, ist ein Besuch beim Tierarzt dringend zu empfehlen. Dieser sollte abklären, ob ein Schmerzzustand oder eine andere Erkrankung der Grund für dieses Verhalten ist. Besonders bei älteren oder auch solchen Hunden, die einer Rasse angehören, die für derlei Probleme bekannt ist (etwa Dackel, Bassets, Deutsche Schäferhunde und andere), ist dies besonders wichtig. Als zweite Maßnahme sollte man die Türen mit einem antistatischen Band umkleben, so dass auch elektrische Schläge als Ursache ausgeschlossen werden können.

Um dem Hund nun das Auto wieder näherzubringen, können Sie folgendermaßen vorgehen:

Spielen Sie nahe am Auto ein Spiel, das Ihr Hund gerne mag. Wenn er dabei angstfrei mitmacht, können Sie am nächsten Tag die Autotür offen stehen lassen und das Spiel fortsetzen. Ideal dafür geeignet sind Apport-, aber auch Suchspiele (vgl. »Unruhe und Angst während der Fahrt«).

An einem der folgenden Tage versuchen Sie, das Spielzeug nach und nach immer näher ans Auto zu werfen oder Sie legen dort ein paar Leckerchen oder Bringsel aus, die der Hund suchen darf. Er sollte hierbei die ganze Zeit über einen gelösten Eindruck machen und für entspanntes Verhalten überschwänglich belohnt und gelobt werden. Haben Sie dies erreicht, können Sie das Spiel so verändern, dass das Spielzeug wie zufällig im Auto landet. Je lockerer Sie selbst bei die-

Helfen Sie Ihrem Hund, wenn er nicht mehr selbst einsteigen kann.

ser Übung bleiben, desto entspannter wird auch der Hund an die Sache herangehen. Wenn er sehr in sein Spiel vertieft ist, wird er kaum bemerken, dass er das Spielzeug aus dem Auto geholt hat.

Eine andere Möglichkeit, dem Hund das Auto im wahrsten Sinne des Wortes schmackhaft zu machen, ist, ihn im Auto zu füttern. Allerdings sollte man dies nur tun, wenn man ihn einigermaßen stressfrei ins Auto heben kann. Sie können auch versuchen, den Hund einfach durch eine andere Tür einsteigen zu lassen. Diese sollte vorsichtshalber auch mit antistatischem Band umklebt sein, damit von vornherein jeder negative Impuls ausgeschlossen ist.

Sollte sich herausstellen, dass eine starke Arthrose oder eine andere Erkrankung der Grund für das Verhalten des Hundes ist, müssen Sie unbedingt darauf Rücksicht nehmen. Sie sollten ihn ins Auto hineinheben und ihm genauso beim Aussteigen behilflich sein. Dazu können Sie sich die entsprechenden Griffe vom Tierarzt zeigen lassen. Er weiß genau, welche Körperzonen besonders schmerzempfindlich sind und wie man beim Heben des Hundes darauf achtet. Möglicherweise können Sie auch eine kleine Rampe oder ein ähnliches Hilfsmittel zum Einsteigen für Ihren Hund basteln.

Nun zu den Hunden, die sehr ungestüm sind: Hier empfiehlt es sich, eine Gegenkonditionierung auf die Befehle SITZ oder PLATZ und BLEIB durchzuführen, wie sie im Trainingsprogramm 4 oder unter »Anspringen« beschrieben ist. Erheblich vereinfacht wird die Kontrolle eines stürmischen Hundes in jedem Fall, wenn Sie ein Hundehalfter benutzen (Trainingsprogramm 2).

Sie brauchen übrigens nicht zu fürchten, dass Sie den Hund um seine Freude bringen, wenn Sie ihm beim Aussteigen ein wenig mehr Disziplin abverlangen. Ganz im Gegenteil, er wird es als Übung akzeptieren, für die er eine tolle Belohnung bekommt – den Spaziergang!

Übermäßiges Bewachen des Autos

Problem

Viele Hunde neigen dazu, das Auto durch Bellen, Knurren oder auch mit Scheinangriffen gegen die Scheibe zu verteidigen. Oft richtet sich das Verhalten gegen alles und jeden in der Nähe des Autos – unabhängig davon, ob sich jemand am Auto zu schaffen macht oder nicht. Ob der Hund alleine im Auto ist oder ob die Besitzer anwesend sind, ist dabei meist zweitrangig. Manchmal kommt es sogar so weit, dass der Hund das Auto gegen die eigenen Besitzer verteidigt.

Ursache

Das Auto zu bewachen gehört in den Funktionskreis des Territorialverhaltens, bei dem das angestammte Gebiet gegen Eindringlinge verteidigt wird. Hunde übertragen dieses Verhalten gerne auch aufs Auto. Das ist leicht zu erklären, denn das Auto ist vielen Hunden ein sehr vertrauter Platz und gehört somit zweifelsfrei zum Revier. Es eignet sich in besonderer Weise für territoriale Besitzansprüche, denn es ist gut überschaubar und »Eindringlinge« sind selten. Dies erhöht den Anspruch, den der Hund auf sein Territorium erhebt.

Der Ausprägungsgrad des territorialen Verhaltens in Bezug auf das Auto ist von

Hund zu Hund verschieden. Er hängt sowohl von der genetischen Veranlagung als auch von Lernvorgängen ab. Diese Lernvorgänge können direkter oder indirekter Natur sein. Oft werden sie vom Besitzer mitverursacht oder verstärkt, wenn er mit Strafmaßnahmen oder durch Beschwichtigungsformeln versucht auf den Hund einzuwirken. Ihr Übriges tun auch die Passanten. Sie bestätigen den Hund dadurch in seinem Verhalten, dass sie weitergehen: Er hat das Gefühl, die vermeintlichen Eindringlinge erfolgreich verjagt zu haben.

Besonderheiten

Grundsätzlich handelt es sich beim Bewachen des Autos um eine normale Verhaltensweise des Hundes und niemand wird etwas dagegen haben, wenn der Hund den Wagen gegen einen tatsächlichen Einbrecher verteidigt. Das Verhalten wird erst dann als Problem eingestuft, wenn es aus menschlicher Sichtweise in übertriebenem Maß auftritt.

Prophylaxe

Gute Sozialisation mit möglichst vielen verschiedenen Menschen und positive Kontakte zu Fremden helfen, das Problem zu verhindern. Konsequent durchgeführte artgerechte Erziehung, die auf Belohnung basiert, führt zur guten Kontrolle des Besitzers über den Hund und trägt ebenfalls dazu bei, die territoriale Veranlagung des Hundes nicht zum Problem eskalieren zu lassen.

Therapievorschlag

Um zu erreichen, dass der Hund nicht mehr so stark territorial reagiert, sind die bereits im Kapitel »Territoriale Aggression« und im Trainingsprogramm 4 beschriebenen Vorschläge angezeigt – natürlich in abgewandelter Form und speziell aufs Auto bezogen. Neben der besseren Kontrolle über den Hund durch ein Training der Befehle SITZ, PLATZ und BLEIB kann es die Therapie wesentlich vereinfachen, wenn man den Hund entweder im Fußraum abliegen lässt oder – falls das nicht möglich sein sollte – die Fenster verhängt, so dass ihm wenigstens die visuellen Reize genommen sind. Selbstverständlich sollte auch hier jede bewusste oder unbewusste Belohnung des unerwünschten Verhaltens in Form von ineffektiven Strafmaßnahmen oder gar durch beruhigende Worte, die der Hund als Lob interpretiert, unterbleiben! Auch im Auto hat man mit einem Hundehalfter wesentlich bessere Kontrolle über den Hund. Es ist besonders dann sehr zu empfehlen, wenn sich der Hund durch nichts von seinem Verhalten abbringen lässt und nur ungenügend auf die Befehle, die ihm gegeben werden, reagiert (Trainingsprogramm 2).

Eine andere ausgesprochen elegante, aber auch nervenaufreibende Übung ist folgende:

Bitten Sie eine Hilfsperson, vor dem Auto stehen zu bleiben, so dass der Hund in gewohnter Weise wie wild reagiert. Sie selbst sollten währenddessen im Auto sitzen bleiben und den Hund völlig ignorieren. Oropax sind ausgesprochen hilfreich! Wenn sich der Hund dann irgendwann beruhigt und sich von selbst hinlegt, sagen Sie den Befehl und geben ihm gleichzeitig ein Leckerchen. Diese Übung kann recht zeitintensiv sein, denn vor allem bei den ersten Malen legen einige Hunde eine erstaunliche Ausdauer an den Tag.

Sobald die Übungen im Auto in Anwesenheit des Besitzers gut gelingen, können Sie dazu übergehen, den Hund unter BLEIB im Auto alleine zu lassen und aus der Nähe zu beobachten, wie er sich verhält. Anfangs ist es hilfreich, wenn Sie sich wirklich in unmittelbarer Nähe des Autos aufhalten, um notfalls korrigierend auf ihn einwirken zu können und die Übung zu wiederholen. Eine Belohnung sollte der Hund möglichst immer dann bekommen, wenn er einen Passanten vorbeigehen lässt, ohne sich wie wild zu gebärden.

Für den Fall, dass der Hund das Auto auch gegen den Besitzer verteidigt, sollte die Mensch-Hund-Beziehung kritisch überdacht werden. Es sei hierbei auf »Aggression innerhalb der Familie« verwiesen.

Zwangshandlungen

Eine ganze Reihe mitunter recht bizarrer Verhaltensweisen können unter dem Oberbegriff Zwangshandlungen zusammengefasst werden. Ein hier ebenfalls oft benutzter Begriff ist Stereotypie, wobei gemäß der Definition eine bestimmte Verhaltensweise ständig in formkonstanter Weise wiederholt wird. Der Unterschied zu normalem Verhalten ist, dass die zwanghaft ausgeführten Verhaltenssequenzen keinen Bezug zu der jeweiligen Situation haben und nicht zur Antriebsbefriedigung führen.

Da sowohl die Ursache als auch die Therapie für nahezu alle Formen von Zwangshandlungen gleich ist, finden Sie sie am Schluss des Kapitels zusammengefasst. Zunächst aber werden einige mehr oder weniger häufige Verhaltensweisen beschrieben, die in diesem Problemkomplex vorkommen können.

Probleme

Übertriebene Fellpflege

Das Problem äußert sich in Form von intensivem Belecken und Beknabbern des Körpers oder einer bestimmten Körperpartie. Besonders häufig sind hierbei die Oberseite der Pfoten oder auch die Flanken betroffen. Das Verhalten steht nicht im Zusammenhang mit normaler Körperpflege, denn die Hunde lecken und nagen minuten- bis stundenlang an diesen Stellen, bis die Haut wund ist. Die Wunden selbst stellen zusätzlich ein medizinisches Problem dar, denn sie bleiben oft wochen-, monate-, ja sogar jahrelang bestehen, da die Hunde in der Regel nicht von selbst wieder mit Lecken und Knabbern aufhören. In vielen Fällen infizieren sich diese Stellen im Laufe der Zeit mit Keimen und das erschwert die Heilung und die medizinische Therapie. Der Fachausdruck für dieses Symptom lautet: akrale Leckdermatitis oder auch Leckgranulom (Akrum: die Gliedmaße, Dermis: die Haut, -itis: Entzündung, Granulom: geschwulstähnliche knötchenförmige Neubildung aus Granulationsgewebe als Gewebereaktion auf allergisch-infektiöse oder chronisch-entzündliche Prozesse).

Lichtreflexe-, Fliegen- und Schattenjagen

Im Prinzip ist nichts Ungewöhnliches dabei, wenn sich ein Hund für eine Fliege, einen Lichtreflex oder einen Schatten interessiert. Auch Kinder und sogar wir Erwachsenen neigen manchmal dazu, Licht und Schatten zu beobachten. Die betroffenen Hunde sind davon allerdings regelrecht besessen. Stundenlang können sie bis zur völligen Erschöpfung den Schatten und Lichtern hinterherspringen und -jagen oder sie auf der Wand fixieren. Auch Fliegenjagen stellt mitunter ein großes Problem dar, denn Hunde, die Fliegenjagen als Zwangshandlung zeigen, tun dies mit einer unglaublichen Ausdauer. Gelegentlich versuchen sie sogar, eine Fliege auf der anderen Seite eines geschlossenen Fensters zu erwischen und fügen sich dadurch mehr oder minder starke Verletzungen zu. Eine Sonderform dieser Verhaltensweise liegt vor, wenn der Hund Dinge jagt, die nur eingebildet sind. Er kann dabei lauern, den Mäuselsprung oder andere Elemente des Jagdverhaltens zeigen, nur dass seine Aktionen auf ein nicht existentes Opfer gerichtet sind. Wenn man eine solche Beobachtung macht, sollte man viel Wert darauf legen zu klären, ob der Hund sich tatsächlich die Dinge nur einbildet, die er jagt, oder ob er vielleicht auf etwas anderes anspringt, das uns nicht aufgefallen ist.

Fixieren eines Gegenstandes

Auch das Fixieren eines Gegenstandes gehört in diesen Problemkomplex. Hierbei übertragen die betroffenen Tiere das Fixieren – eine Sequenz des Jagd- bzw. Hüteverhaltens – auf Objekte, die mit der Jagd oder dem Hüten in keinem Zusammenhang stehen. Auch dieses Verhalten erlangt seine Auffälligkeit dadurch, dass es ohne realen Bezug zum Funktionskreis plötzlich gezeigt und dann minuten- bis stundenlang ausgeführt wird.

Manchmal endet diese Zwangshandlung – wie auch beim Schattenjagen – mit einem Scheinangriff. In anderen Fällen kann man den Hund abrufen oder er gibt sein Objekt freiwillig nach einiger Zeit wieder auf.

Schwanzjagen

Hunde, die ihrem eigenen Schwanz hinterherrennen, tun dies manchmal ohne ihn zu erwischen und drehen sich sehr schnell mit oder ohne Lautäußerungen im Kreis. Andere erwischen ihren Schwanz, reißen dort Haare aus oder fügen sich durch Knabbern und Lecken Wunden zu. In einigen Fällen kann es dazu kommen, dass die Rute bei dieser Aktion so oft angestoßen wird, dass alleine dadurch eine zunächst kleine Wunde entsteht, die auffällig schlecht abheilt. Dies liegt zum einen daran, dass die Wunde nicht zur Ruhe kommt, solange das Verhaltensproblem besteht. Zum anderen aber heilen solche Wunden in der Peripherie des Körpers grundsätzlich schlechter, weil die betroffenen Areale nicht so gut durchblutet sind.

Bellen

Auch Bellen in monotoner Form ohne erkennbaren Auslöser oder besondere Absicht muss unter Umständen als Zwangshandlung des Hundes betrachtet werden.

Graben, Rennen am Gartenzaun

Dasselbe gilt für Graben oder Rennen am Gartenzaun entlang, denn auch diese Handlungen können als stereotype Verhaltensweisen auftreten. Entscheidend für die Einordnung als Zwangshandlung ist, dass das Verhalten ohne Bezug zur Situation, das heißt ohne konkreten Anlass und in einer immer gleichen und sich ständig wiederholenden Form vorkommt.

Ursache

Im englischen Sprachraum werden die angesprochenen Verhaltensstörungen als »Obsessive Compulsive Disorder« (OCD) eingeordnet. Übersetzt bedeutet dies: zwanghafte, anfallartig auftretende Störung. Die Ursache ist noch weitgehend unbekannt. Viele Erklärungsversuche gehen dahin, dieses Verhalten beim Hund mit einer ähnlichen Störung beim Menschen zu vergleichen. Betroffene Menschen leiden zum Beispiel darunter, sich zwanghaft die Hände waschen zu müssen, in übertriebener Weise Strom oder Gas zu kontrollieren, sich bestimmte Richtlinien aufzuerlegen, etwa beim Begehen einer Treppe eine bestimmte Stufe nie zu betreten oder andere Handlungen zwanghaft ausführen zu müssen. Beim Menschen wie beim Hund sind die Ursachen dieser Verhaltensstörung nicht vollständig geklärt. Man vermutet den Grund der Erkrankung in einer Imbalanz bestimmter Neurotransmitter – der Überträger- oder Botenstoffe für Gehirnfunktionen. Gestützt wird diese Annahme von der Tatsache, dass die Anwendung entsprechender Medikamente, die direkt oder indirekt in den Haushalt der Neurotransmitter eingreifen, in vielen Fällen zu einer nachweislichen Besserung des Problems führt. Ob die Neurotransmitter selbst oder die jeweiligen Rezeptoren in zu geringer oder zu großer Menge vorhanden sind, ist noch nicht bis ins Detail erforscht.

Bei einigen Hunderassen werden auch andere, genetisch bedingte Defekte für die Ausbildung von Zwangshandlungen verantwortlich gemacht. Ein Beispiel hierfür ist die sogenannte Cockerwut, die in einigen Linien des roten Cocker Spaniels vorkommt. Es wird diskutiert, ob für diese Zwangshandlungen eine bestimmte Form der Epilepsie die Ursache sein könnte. Beim Bullterrier hingegen macht man ein Zink- oder Zink- und Kupfermangelsyndrom für gewisse Störungen verantwortlich.

Besonderheiten

Es gibt verschiedene Ausprägungsgrade der Zwangshandlungen. Bei leichten Formen gelingt es noch, das Verhalten zu unterbrechen, in schweren Fällen ist dies unmöglich. Je höher der Grad der Ausprägung ist, desto stärker werden lebensnotwendige Dinge wie Nahrungsaufnahme und Ruhepausen beeinträchtigt. Nicht selten sind Verhaltensauffälligkeiten zu beobachten, die nur scheinbar krankhafte Zwangshandlungen sind. Die Ursachen für Verhaltensweisen, die nicht der Stereotypie zugeordnet werden können, sind vielfältiger Natur. In Übersicht 4, die auch Aussagen über OCD-bedingte Handlungen enthält, sind diese Formen als Differentialdiagnosen aufgelistet und einander gegenübergestellt. Die Unterscheidung zwischen einer OCD und einer Verhaltensweise, die dazu dient, mehr Aufmerksamkeit zu erlangen, kann in einigen Fällen schwerer fallen, als man zunächst vermuten möchte. Gelegentlich ist anzuraten, einen konsequent und von allen Familienmitgliedern gleichermaßen durchgeführten Therapieversuch in Richtung Aufmerksamkeit erheischenden Verhaltens (s. Seite 150ff.) zu unternehmen, um festzustellen, ob dies eine Veränderung nach sich zieht oder nicht.

Aufgrund nicht artgerechter Haltungsbedingungen und besonders durch die oft extreme Reizarmut in Zoos oder Tierparks weisen ausgesprochen viele der dort gehaltenen Wildtiere Stereotypien auf. Besonders häufig kann man Kopfpendeln oder Schreiten entlang des Gehegezauns beobachten, es gibt allerdings noch etliche andere Zwangshandlungen, die in diesem Zusammenhang vorkommen. Auch bei Hunden kann extreme Reizarmut der Grund für eine Stereotypie sein.

Gelegentlich kann es sein, dass eine bestehende Stereotypie durch positive Bestätigung von Seiten des Besitzers in ihrer Ausprägung verstärkt wurde und nunmehr auch Komponenten eines erlernten Verhaltens aufweist.

Durch das Ausführen der Zwangshandlung werden bestimmte Endorphine freigesetzt, die eine Art Wohlgefühl verbreiten. Es entwickelt sich eine regelrechte Sucht, dieses Wohlgefühl zu verspüren und es entsteht für die betroffenen Tiere innerhalb der nicht artgerechten Haltungsform ein Teufelskreis, der nur schwer durchbrochen werden kann.

Prophylaxe

Da der genaue medizinische Grund für das Entstehen einer Zwangshandlung noch nicht bekannt ist, ist eine Prophylaxe nur bedingt möglich. Weil großer Stress, nicht artgerechte Haltung und Mangel an Umweltreizen die Ausbildung einer Stereotypie begünstigen, liegt die einzige Chance, die Verhaltensstörung zu verhindern, in der artgerechten Behandlung der Tiere. Da bei einigen Zwangshandlungen aber auch eine erbliche Komponente vermutet wird, ist dringend davon abzuraten, mit den betroffenen Tieren und bereits geborenen Nachkommen zu züchten.

Therapievorschlag

Bei echten Zwangshandlungen ist in jedem Fall der Tierarzt der geeignete Ansprechpartner. Ihm stehen eine Reihe verschiedener Arzneimittel aus dem Bereich der Psychopharmaka zur Verfügung, die in vielen Fällen zur Linderung oder gar zur Heilung beitragen können. Je nach Erscheinungsform der Stereotypie sollten geeignete Maßnahmen getroffen werden, um zumindest die Folgen der Erkrankung zu lindern. Bei Selbstverstümmelung steht beispielsweise eine angemessene Wundversorgung und – ggf. unter Antibiotikaschutz – die Gabe von Entzündungshemmern im Vordergrund. Sinnvoll sind außerdem Maßnahmen, die das Zwangsverhalten verhindern helfen wie zum Beispiel das Tragen eines Halskragens.

Das Therapieprinzip beruht ansonsten auf der im Trainingsprogramm 4 beschriebenen Gegenkonditionierung. Geeignet sind vor allem die Befehle für die Entspannungsübungen. Um überhaupt Zugang zum Hund zu bekommen, ihn von seiner Aktion abzuhalten und die Übung beginnen zu können, ist es zunächst wichtig, ein Mittel zur Unterbrechung der Zwangshandlung einzusetzen (etwa Futter, Spielzeug oder in einigen Fällen auch eine Strafe wie Anspritzen mit Wasser). Wenn man den Eindruck hat, dass eine Zwangshandlung bereits durch eine erlernte Komponente verstärkt wurde, ist es selbstverständlich notwendig, auch dieses Verhaltensproblem zu therapieren (s. Seite 150ff.).

Übersicht 4: Zwangshandlungen

Verhalten / *Erklärung*	**Übersteigerte Körperpflege**	**Luftschlucken, Fressen ungeeigneter Dinge**	**Lichtreflexe, Fliegen- und Schattenjagen**	**Fixieren eines Gegenstandes**	**Schwanzjagen**	**Bellen**	**Graben und das Rennen am Gartenzaun**
Normaler Funktionskreis	Körperpflege	Nahrungsaufnahme	Jagdverhalten	Jagdverhalten	Körperpflege, Spiel-, Erkundungsverhalten	Kommunikation	Spiel, Jagd, territoriales Verhalten
Verhaltensauffälligkeit	Körperpflege wird in übersteigertem Maß gezeigt, es entstehen Wunden	Abschlucken von Luft, Aufnahme von Dingen, die nicht zur normalen Nahrung zählen	Häufiges, langandauerndes und schwer zu unterbrechendes Jagen von Lichtreflexen oder Schatten, Jagen von Dingen, die nicht existieren	Häufiges, langandauerndes und schwer zu unterbrechendes Fixieren von Gegenständen, Fixieren eines nicht existenten Objektes	Sich-im-Kreis-Drehen, Beknabbern des Schwanzes gelegentlich, bis Wunden entstehen, Ausreißen von Haaren	Anhaltendes monotones Bellen ohne ersichtlichen Grund	Intensives Graben von Löchern, Verhalten kann nicht unterbrochen werden; Rennen und Bellen am Gartenzaun ohne Stimulus
Ursache	Stereotypie bzw. anfallweise und zwanghaft ausgeführte Handlung, die vermutlich auf einer Störung im Bereich von Neurotransmittern (Überträgerstoffe im Gehirn und an Nerven) basiert.						
Differentialdiagnosen, die ein ähnliches Erscheinungsbild haben	Verhaltensweisen, um Aufmerksamkeit zu erheischen, werden in der Regel in Anwesenheit der Besitzer gezeigt. Die Handlung wird eingestellt, wenn ihnen die ersehnte Aufmerksamkeit zuteil wird.						
	Durch Kranheiten bedingter Juckreiz (bei Flöhen, Milben, Zecken oder Allergien); Verletzungen	In Ausnahmefällen Mangelernährung	Jagen von Fliegen oder ähnlichen kleinen Objekten, die für uns auf den ersten Blick nicht sofort auszumachen sind		Durch Krankheiten bedingter Juckreiz (bei Flöhen, Milben, Zecken oder Allergien); Analbeutelentzündung; Wurmbefall; Verletzungen	Bellen, Graben oder Rennen am Gartenzaun als Antwort auf einen bestimmten Reiz (z.B. eine Katze, ein Eichhörnchen, ein Kaninchenloch etc.)	
	Die Verhaltensauffälligkeiten können ein Stressventil sein, das in reizarmer Umgebung und Isolation gehäuft auftritt. Langeweile, Angst oder auch eine innere Konfliktsituation kommen als Auslöser in Betracht. Die Handlung kann auch in ritualisierter Form auf einen bestimmten Schlüsselreiz aus einem anderen Funktionskreis des normalen Verhaltensrepertoires hin gezeigt werden.						

Andere Probleme

In diesem Kapitel sind die Probleme zusammengetragen, die nur schwer anderen Funktionskreisen zugeordnet werden können. Einige stellen Teilaspekte anderer Problembereiche dar. Da sie aber auch als einziges Symptom auftreten können, sollen sie der besseren Übersicht wegen an dieser Stelle unabhängig vom eigentlichen Problemkomplex behandelt werden.

Mangelnder Gehorsam

Problem

Vermutlich ist mangelhafter Gehorsam das weitaus häufigste Problem, das im Zusammenleben mit einem Hund beklagt wird. Der Ausprägungsgrad des Ungehorsams kann ausgesprochen stark variieren. Einige Hunde reagieren nur bei einer interessanten Ablenkung unfolgsam, weil diese ihnen im Moment viel wichtiger erscheint als zu gehorchen, andere schalten dauerhaft auf Durchzug und leisten den Befehlen der Besitzer kaum oder eher zufällig Folge.

Ursache

Ob ein Hund gehorcht oder nicht, hängt grundsätzlich von zwei Dingen ab: Ein Hund wird niemals auf einen Befehl reagieren können, wenn er die Bedeutung des Wortes nicht sicher mit der entsprechenden Handlung verknüpft hat. Dies setzt ein entsprechendes Training voraus. Außerdem ist die Bereitschaft zu folgen auch von der Motivation des Hundes abhängig. Oft liegen genau hier die Wurzeln des Problems. In der Regel haben die Hundebesitzer, die mangelnden Gehorsam des Hundes beklagen, durchaus versucht, mit verschiedenen Methoden auf den Hund einzuwirken, um ihm so die Bedeutung der Befehle beizubringen – allerdings mit wenig Erfolg.

> In gewisser Weise stellt der Ungehorsam des Hundes eine selbstbelohnende Verhaltensweise dar: Statt sich den Befehlen des Besitzers zu fügen, führt er Handlungen aus, die für ihn einen überaus starken Motivationscharakter haben.

Im Grunde ist es leicht nachzuvollziehen, dass Motivation die treibende Kraft bei der Erziehung ist. Auch Menschen tun nichts ohne irgendeine Motivation. Besonders leicht kann man dies am Beispiel von Kindern sehen. Bittet man ein Kind, einen Handstand zu machen und verspricht ihm dafür einen Apfel, wird es dies unter Umständen tun. Verspricht man ihm aber eine Tafel Schokolade, sind die Chancen ungleich größer. In vergleichbarer Weise reagieren auch Hunde. Wenn das Begehren nach bzw. die Aussichten auf etwas Positives wie Lob, Streicheleinheiten, Spiele oder gar eine Futterbelohnung größer sind als die Alternative, etwa Spielen mit einem Hundekumpel, Schnüffeln oder Jagen, dann stehen die Chancen für den Besitzer sehr gut, dass sich der Hund dem Befehl mit sichtbarer Einsatzfreude fügen wird. Leider ist aber auch das Gegenteil wahr. Der Hund gehorcht nicht, wenn der Anreiz zu kommen nicht groß genug ist.

Hunde kommen auch dann nur zögernd zu ihren Besitzern zurück, wenn diese aufgrund mangelhafter Anleitung

Fehler in der Erziehung gemacht und den Hund somit indirekt zum Ungehorsam erzogen haben. Auch die Bestrafung des Hundes dafür, dass er nicht schnell genug gekommen ist, fällt hierunter. Denn nach einer Strafe, die der Hund unter Umständen sogar mit dem Befehl selbst in Verbindung bringt, wird er beim nächsten Mal nur noch zögerlicher kommen. So wird seinem Ungehorsam immer weiter Vorschub geleistet.

Besonderheiten

Auch die soziale Rangstellung des Hundes spielt beim Gehorsam eine Rolle. Akzeptiert der Hund einen nicht als ein ihm übergeordnetes »Rudelmitglied«, hat man es als Mensch schwerer, den Hund zu motivieren, etwas Bestimmtes zu tun.

Prophylaxe

Die beste und sicherste Maßnahme, um diesem Problem zu entgehen, ist, sofort beim Einzug des Hundes in sein neues Heim mit artgerechtem, konsequentem und auf Belohnung basierendem Gehorsamstraining zu beginnen. Auf diese Weise bauen Sie eine stabile Mensch-Hund-Beziehung auf, verschaffen dem Hund Anerkennung bei den Übungen und wirken gleichzeitig der Langeweile entgegen. Die Mühe lohnt sich allemal. Sie vereinfacht das Leben erheblich, denn einen wohlerzogenen Hund können Sie überall mit hinnehmen ohne unangenehm aufzufallen. Dies gilt auch für das Zusammenleben mit einem erwachsenen Hund. Entgegen der gängigen Meinung ist es durchaus möglich, auch einen älteren Hund zu erziehen und zu jedem Zeitpunkt mit entsprechendem Gehorsamstraining zu beginnen.

Therapievorschlag

Um den Gehorsam zu verbessern, sollte man dem Hund für das erwünschte Verhalten eine Belohnung in Aussicht stellen, die sehr starken Motivationscharakter hat. Gleichzeitig sollten auch die Rangordnungsverhältnisse innerhalb der Familie überprüft und notfalls mit den an anderer Stelle beschriebenen Methoden modifiziert werden (vgl. »Aggression innerhalb der Familie«).

Als Grundtraining werden dem Hund nach und nach zunächst in Situationen ohne Ablenkung die Befehle vermittelt und mit ihm eingeübt. Dabei kommt der Motivation durch Lob, Leckerchen und Spiele die entscheidende Bedeutung zu. Nach und nach wird der Hund dann auch in Situationen mit mehr Ablenkung besser folgen, vorausgesetzt die Übungen machen ihm viel Spaß und stellen für ihn einen größeren Anreiz dar als die Dinge, mit denen er gerade beschäftigt ist, während er einen Befehl erhält. Das entsprechende Lob sollte man nach und nach ausdünnen, damit es für den Hund unvorhersehbar wird. Hin und wieder braucht jeder Hund allerdings eine positive Resonanz, damit er das von uns erwünschte Verhalten nicht wieder ablegt (vgl. »Lob und Strafe«).

Beim Heranrufen kann man sich zunutze machen, dass der Hund um so stärker motiviert ist, je interessanter das »Objekt« ist, auf das er zugehen soll (in diesem Fall der Besitzer). Hunde sprechen besonders gut auf Objekte an, die sich bewegen. Starken Motivationscharakter, umgehend zu kommen, hat es für den Hund deshalb, wenn der Besitzer schnell in die entgegengesetzte Richtung läuft. Ungewöhnliche

Durch Bewegungen, Aktivität und ungewöhnliche Körperstellungen erscheinen Menschen den Hunden interessanter. Nutzen Sie dieses Interesse und motivieren Sie Ihren Hund zusätzlich, indem Sie ihm verbales Lob, Streicheleinheiten, Leckerchen, Spielzeugprämien oder Spiele als Belohnung in Aussicht stellen. Versuchen Sie zu vermeiden, einen Befehl mehrmals zu wiederholen, wenn er nicht befolgt wurde. So lernt der Hund nur, dass das Wort im Grunde keinerlei Bedeutung hat. Passen Sie zu Beginn des Gehorsamstrainings lieber immer Momente ab, in denen der Hund seine Aufmerksamkeit bereits auf Sie richtet und der Erfolg somit vorprogrammiert ist.

Körperstellungen (zum Beispiel sich hinzuhocken oder sich auf den Boden zu legen) sowie auffällige Bewegungen reizen den Hund ebenfalls eher zum Herkommen als der bloße Befehl.

Hunde reagieren sehr sensibel auf die Stimmungslage »ihrer« Menschen. Man kann oft beobachten, dass ein Hund, der eine Strafe erwartet, sich nicht recht traut zu seinem Besitzer zurückzukehren, weil er – vermenschlicht ausgedrückt – zwischen Angst und Pflichtgefühl schwankt.

Wenn man einmal davon absieht, dass es ein fataler Erziehungsfehler ist, einen Hund zu schelten, wenn er – wann auch immer – endlich auf einen Befehl reagiert hat, führt dies nicht selten zu einem Teufelskreis: Die Wut des Besitzers über den Ungehorsam des Hundes wird von Mal zu Mal stärker, das spiegelt sich sofort in seiner Stimme wider. Der Hund wird ängstlich und folglich weiter davon abgehalten, schnell zu gehorchen.

Abhilfe lässt sich leicht durch den Gebrauch einer Hundeflöte schaffen. So wütend man auch sein mag, die Pfeife erzeugt immer denselben Ton und spiegelt so für den Hund keine erkennbaren Emotionen wider. Meist führt dies schnell zu einer wesentlichen Verbesserung des Gehorsams. Selbstverständlich muss der Hund immer wenn er auf das Pfeifen brav reagiert hat, gelobt werden, auch wenn man selbst vielleicht noch etwas wütend über seine Trödelei ist.

Zum Einstimmen auf den jeweiligen Pfeifton hilft es, erst einmal im Haus zu pfeifen, beispielsweise vor der Fütterung. Wenn der Hund nach ein paar Tagen gut darauf reagiert, können Sie die Flöte auch auf dem Spaziergang einsetzen, zunächst aber nur in Momenten, wenn der Hund sowieso gerade kommt. Geben Sie ihm dann jedesmal ein beliebtes Leckerchen oder belohnen Sie ihn mit einem Spiel. Wenn der Hund gut darauf anspricht, kann man auch hier die Belohnung ausdünnen.

Ziehen an der Leine

Problem

Ziehen an der Leine ist eine der häufigsten Verhaltensauffälligkeiten, die man bei Hunden beobachten kann. Meist ziehen die Hunde nach vorne und schleifen den Besitzer regelrecht hinter sich her ohne darauf Rücksicht zu nehmen, dass dieser möglicherweise in eine ganz andere Richtung gehen will. Diese Unart kommt bei Hunden jeder Größe vor. Bei großen

Solch ein Spaziergang kostet Nerven.

Hunden wird sie allerdings als störender empfunden als bei kleinen, weil es wesentlich mehr Kraft kostet, einen großen Hund zu halten.

Ursache

Hunde, die wie wild an der Leine ziehen, haben sich dieses Verhalten entweder angeeignet, weil es ihnen nie anders beigebracht wurde oder aber, weil sie die Erziehungsversuche falsch interpretiert oder wegen des inkonsequenten Vorgehens des Besitzers nicht ernst genommen haben. In vielen Fällen ist das Ziehen an der Leine nur eines von vielen Symptomen für den generell schlechten Gehorsam des Hundes.

Prophylaxe

Sinnvoll ist es, dem Hund von Anfang an klar zu machen, dass sein Ziehen an der Leine nicht erwünscht ist. Hierfür muss man ihm zunächst jede Chance nehmen, das Verhalten überhaupt an den Tag zu legen. Dies erreichen Sie leicht, wenn Sie seine Konzentration beispielsweise durch ein Leckerchen oder ein Spielzeug so fesseln, dass er brav neben Ihnen herläuft. Zusätzlich können Sie in diesem Moment einen entsprechenden Befehl geben und

Obwohl von der Tierbedarfsindustrie nach wie vor hergestellt und vertrieben, sollte man aus Rücksicht auf die Bedürfnisse des Tieres und auch aus Tierschutzgründen auf Hilfsmittel, wie etwa Würge- oder Stachelhalsbänder und Geschirre, deren Bänder unter den Achseln durchgeführt werden, verzichten. Sie bereiten den Hunden Schmerzen.

Versuchen Sie beim Training des Befehls BEI FUSS oder der Leinenführigkeit den entsprechenden Befehl zu geben, wenn der Hund das erwünschte Verhalten zeigt, nicht aber gleichzeitig mit einer Korrektur, denn das führt zwangsläufig zu einer Fehlverknüpfung. Dies ist der häufigste Fehler: Man neigt dazu, den ziehenden Hund mit einem Ruck an der Leine gleichzeitig mit der Erinnerung an den Befehl BEI FUSS zu maßregeln. Die Verknüpfung, die der Hund auf diese Weise herstellt, ist folgende: »Nach dem Befehl BEI FUSS bekomme ich einen Ruck an der Leine.« Die beabsichtigte Verknüpfung sollte aber lauten: »BEI FUSS heißt, wenn ich neben meinem Herrchen laufe, werde ich gelobt«.

ihn verbal loben, damit sein braves Verhalten später abrufbar wird.

Therapievorschlag

Die einfachste Möglichkeit, dem Hund gesittetes Gehen neben oder zumindest nahe bei seinem Besitzer beizubringen, ist, ihn mit einem Hundehalfter auszustatten. So kontrolliert man den Kopf des Hundes von seiner Nase aus und kann ihn, wenn er zu weit nach vorne drängt, einfach wieder sanft in die gewünschte Richtung lenken. Bei der Verwendung eines Hundehalfters empfiehlt es sich, den Hund zu Beginn des Trainings während einiger Tage an das ungewohnte Tragen des Halfters zu gewöhnen (Trainingsprogramm 2).

Ideal ist es, den Hund, wenn er ohne zu ziehen neben Ihnen läuft, zunächst stets mit einem Leckerchen zu belohnen und gleichzeitig dazu den Befehl auszusprechen. Später sollten Sie die Belohnungen nur noch geben, wenn der Hund besonders nah bei Ihnen geht. Das wird ihn veranlassen, in Ihrer unmittelbaren Nähe zu bleiben, um die ersehnte Beachtung und vielleicht sogar ein Belohnungshäppchen zu bekommen. Eine andere Möglichkeit, dem Hund gesittetes Gehen an der Leine beizubringen, ist folgende:

Mehrere Tage lang muss man immer dann, wenn man mit dem angeleinten Hund unterwegs ist, sofort die Richtung wechseln, sobald dieser anfängt zu ziehen. Diese Methode ist zwar sehr wirkungsvoll, zehrt bei der Durchführung aber auch ungeheuer an den Nerven, denn man kommt anfangs fast nicht vorwärts. Für alle Menschen mit einem stabilen Nervenkostüm ist sie aber dennoch sehr zu empfehlen. Es ist unnötig und auch nicht ratsam, während dieser Aktion mit dem Hund zu reden. Versuchen Sie bei dieser Übung so unbeteiligt wie möglich zu wirken und schenken Sie dem Hund nur Aufmerksamkeit, wenn er brav neben Ihnen geht und sich nach Ihrer Führung richtet. Sprechen Sie in diesen Momenten den Befehl aus und belohnen Sie ihn gleichzeitig.

Für den Fall, dass der Hund schon einen Befehl kennt und auf diesen nicht entsprechend reagiert, ist es besser, Sie überlegen sich ein neues Kommando. Sie können davon ausgehen, dass er den alten Befehl mit einer falschen Handlung verknüpft hat.

Ansprungen

Problem

Viele Hunde neigen dazu, ihren Besitzer bei der Begrüßung anzuspringen. Wenn sie aber auch fremde Menschen zum Beispiel auf der Straße anspringen, kommt es verständlicherweise leicht zu Problemen. Einige Hunde springen auch im Spiel an ihrem Besitzer hoch, je nach dessen »Standfestigkeit« mit mehr oder weniger großer Wirkung.

Ursache

Es entspricht dem normalen Welpenverhalten, die Mutterhündin und – wenn er bei der Aufzucht dabei ist – auch den Vater anzuspringen. Hierbei versuchen die jungen Hunde, den Elterntieren die Lefzen zu lecken oder im Sprung gegen die Mundwinkel zu stupsen, um zu erreichen, dass die Eltern ihnen Futter hervorwürgen.

Dieses Gebaren übertragen sie leicht auf die menschlichen Rudelmitglieder und gewöhnen sich das Anspringen schnell als feste Verhaltensweise an, wenn man ihnen nicht schon von Anfang an klar macht, dass es unerwünscht ist. Mit dem Heranwachsen des Hundes entwickelt sich das Verhalten nach und nach zu einem Problem. Zunächst stört es die Besitzer meist nicht sehr, wenn ein kleiner knuffeliger Welpe an ihnen hochspringt. Sie übersehen aber, dass sie dieses Verhalten bei ihrem Hund von Tag zu Tag mehr etablieren, wenn sie ihn in diesem Moment streicheln und sich mit ihm beschäftigen. Wenn aus dem kleinen Kerl in wenigen Monaten beispielsweise ein ausgewachsener Schäferhund geworden ist, dann sieht die Situation ganz anders aus.

Viele Menschen empfinden es als unangenehm, von einem Hund angesprungen zu werden.

Besonderheiten

Je weniger Brimborium Sie um die Begrüßung machen und je leiser und ruhiger Sie sich selbst verhalten, desto weniger regt sich der Hund auf und desto weniger fühlt er sich genötigt, zur Begrüßung hochzuspringen.

Prophylaxe und Therapievorschlag

Um dem Hund das Anspringen abzugewöhnen, gibt es zwei sehr effektive Möglichkeiten: Am leichtesten gelingt es, indem Sie ihm nur dann Beachtung schenken, wenn er nicht hochgesprungen ist. Dies bedeutet, Sie ignorieren den springenden Hund völlig, reden nicht mit ihm, schauen und fassen ihn auch nicht an. Immer wenn er zum Sprung ansetzt, wenden Sie sich ab und gehen weg. Dies

kann in den ersten Tagen sehr viel Nerven kosten, weil der Hund zunächst versucht, sein Verhalten noch beharrlicher auszuführen, um wieder beachtet zu werden. Bei absoluter Konsequenz führt diese Maßnahme aber immer – und das sogar relativ rasch – zum Erfolg.
Eine andere Möglichkeit ist folgende: Im Vorfeld sollten dem Hund die Befehle SITZ oder PLATZ und BLEIB beigebracht werden. Wenn dies gut funktioniert, öffnen Sie beim Eintreten die Tür nur einen Spalt und geben dem Hund die entsprechenden Befehle. Wenn er diese ordentlich ausführt, öffnen Sie die Tür langsam weiter. Steht er auf oder kommt er gar auf die Tür zugelaufen, machen Sie diese von außen wieder so weit zu, dass der Hund nicht hindurch kann und wiederholen das Ganze. In dieser Weise gehen Sie solange vor, bis Sie problemlos eintreten können, ohne dass der Hund seinen Platz verlässt. Sie können ihm dort als Belohnung ein Leckerchen geben oder ihn einfach nur kurz begrüßen. Dieses Training entspricht dem Prinzip der Gegenkonditionierung (Trainingsprogramm 4) und ist in abgewandelter Form auch dazu geeignet, dem Hund das Anspringen fremder Menschen abzugewöhnen.

Durch die Ritualisierung mit Hilfe der gerade beschriebenen Methode wird die Begrüßung für alle Beteiligten entspannter und angenehmer. Natürlich soll der Hund, der sich ja so sehr freut, trotz allem auf seine Kosten kommen – aber eben nach Ihren Spielregeln. Empfehlenswert ist es, ihm abgesehen von den Befehlen und dem Belohnungsleckerchen nicht allzuviel Beachtung zu schenken und durch einen ruhigen Umgangston die Übung zu erleichtern. Nach ein paar Minuten, wenn sich der Hund völlig beruhigt hat und Sie selbst auch ein wenig zur Ruhe gekommen sind, können Sie ihn heranrufen. Machen Sie dann ein paar lustige Übungen, ein Spiel oder schmusen Sie mit ihm. Auf diese Weise erfährt er die Beachtung, nach der er so sehr trachtet.

Ziehen an Kleidung und Beißen in Arme und Hände

Problem

Dass der Hund an Kleidung zieht oder mehr oder weniger sanft in Arme oder Hände beißt, kommt besonders häufig bei der Begrüßung vor. Das Verhalten kann von Hunden aber auch wunderbar als Druckmittel gegen die Familie eingesetzt werden, um mehr Aufmerksamkeit zu erhalten.

Ursache

Wie schon erwähnt, orientieren sich Welpen bei der Begrüßung zunächst am Gesicht des Menschen – genau wie sie es bei Hunden tun, um deren Mundwinkel zu lecken. Sie merken aber sehr schnell, dass wir dieses Willkommenheißen mit den Händen abwehren, weil wir nicht wünschen, dass der Hund unser Gesicht ableckt. Deshalb versuchen es einige junge Hunde mit einer Ersatzhandlung, wie beispielsweise dem Ziehen an der Kleidung, oder sie umfassen mehr oder minder sanft eine Hand mit der Schnauze und beißen darauf herum. Bei Welpen neigt man leider oft dazu, dieses Verhalten zu tolerieren und verstärkt es zusätzlich, indem man den Hund zur Begrüßung liebkost.

Wenn Sie ihn dann weiter streicheln, obwohl Sie eigentlich zur Tagesordnung übergehen wollten, der Hund aber immer noch nicht loslässt und Sie es so interpretieren, dass er noch nicht genug Zuwendung bekommen hat, erziehen Sie sich in kürzester Zeit einen kleinen Querulanten heran. Er lernt, diese Handlung später bewusst einzusetzen, um mehr Aufmerksamkeit zu bekommen. Spätestens wenn der Hund ausgewachsen ist, werden Sie merken, dass dieses Verhalten überhaupt nicht mehr niedlich oder lustig ist.

Diese Angewohnheit des Hundes kann auch Ausdruck eines gleichzeitig bestehenden Rangordnungsproblems sein. Wenn dies der Fall ist, zeigt der Hund dann auch noch andere Verhaltensweisen, die in den Kapiteln »Aggression innerhalb der Familie« bzw. »Drängeligkeit« beschrieben sind.

Prophylaxe

Damit sich dieses Problem nicht erst entwickelt, sollten Sie schon beim Welpen – selbst wenn Sie das Verhalten noch nicht so sehr stört – von Anfang an darauf achten, dass sie ihm keine Beachtung schenken, wenn er an der Kleidung zieht oder Ihnen in die Hände beißt.

Therapievorschlag

Die wirkungsvollste Therapie besteht darin, den Hund bei diesem Verhalten sofort für einen Moment völlig zu ignorieren und ihn wie für dumm verkauft stehen zu lassen. Wenden Sie sich wortlos ab und beschäftigen Sie sich mit etwas anderem, bis der Hund das Verhalten von selbst einstellt (vgl. »Beißhemmung« und »Aufmerksamkeit erheischendes Verhalten«).

Wenn Sie es sich nicht zutrauen, den Hund konsequent zu ignorieren, können Sie auch den Weg der Gegenkonditionierung auf eine erwünschte Verhaltensweise gehen. Besonders geeignet ist hierfür der unter »Anspringen« aufgeführte Therapievorschlag oder das Trainingsprogramm 4.

Bewachen von Gegenständen

Problem

Im Zusammenleben mit Hunden tritt als Problem relativ häufig das Bewachen von Gegenständen auf. Mit mehr oder minder sicherem Drohverhalten, Knurren oder Schnappen, verteidigen einige Hunde bestimmte Gegenstände und veranstalten Scheinangriffe oder beißen sogar ernsthaft zu, wenn man versucht, ihnen den Gegenstand wegzunehmen.

Besonders oft wird dieses Verhalten ge-

Dieser Hund droht. Seine Sicherheit erkennt man an den runden Mundwinkeln und an der Ohrstellung.

zeigt, wenn es sich um Spielzeug, Kauknochen, bevorzugte Schlaf- und Liegeplätze oder auch die Futterschüssel handelt. Grundsätzlich gibt es neben diesen Gegenständen aber keinen, den sich ein Hund nicht auch zum Verteidigen aussuchen könnte. Nicht selten sind es Dinge, die der Hund dem Besitzer entwendet hat wie beispielsweise eine Socke, ein Schuh, die Zeitung oder Ähnliches. Manche Hunde treiben das Verhalten insofern auf die Spitze, dass sie den Gegenstand dem Besitzer für ein Spiel vor die Füße legen, in dem Moment aber, wenn dieser zugreifen will, danach schnappen und ihn sich nicht wieder abnehmen lassen.

Ursache

Das Verhalten ist oft eng an ein rangordnungsbezogenes oder territoriales Aggressionsproblem gekoppelt, besonders dann, wenn der Hund noch weitere, unter der entsprechenden Rubrik beschriebene Verhaltensweisen an den Tag legt. Nicht selten zeichnen sich die betroffenen Hunde durch Drängeligkeit aus. Sie zeigen diese Handlungen, um Aufmerksamkeit zu erheischen.

Meist ist dieses Verhalten vom Besitzer über einen mehr oder minder langen Zeitraum entschuldigt oder toleriert worden. Verharmlosende Sprüche wie: »Ja, ja, er passt halt auf das auf, was ihm gehört« oder ähnliche Ausflüchte dienen während dieser Zeit dazu, das unangenehme Verhalten zu entschuldigen. Durch an den Hund gerichtete Beschwichtigungsreden wie: »Fido, ist doch gut, ich will's dir ja gar nicht wegnehmen«, wurde das Verhalten oftmals zusätzlich verstärkt.

Einen völlig anderen Ursprung hat es, wenn dem Hund das Bewachen von Gegenständen antrainiert wurde. Dies führt vergleichsweise selten zu Problemen, weil es in den meisten Fällen kontrolliert werden kann.

Prophylaxe

Konsequentes und auf Lob basierendes Gehorsamstraining hilft, dieses Problem weitgehend zu verhindern. Viel Wert sollte dabei auf die Befehle HIER, SITZ, PLATZ, BLEIB und AUS gelegt werden. Diese vereinfachen einem das Leben mit dem Hund erheblich und werden ihm viel Spaß bereiten, wenn er weiß, dass er für eine brave Ausführung ein entsprechendes Lob erwarten kann.

Therapievorschlag

Übermäßiges Bewachen beim Hund ist aus der Welt zu schaffen, wenn Sie ihn zunächst unter Anwendung eines Tricks ablenken und ihn dann zu einer Handlung veranlassen, die mit dem Bewachen nicht vereinbar ist. So können Sie nach und nach wieder mehr Kontrolle über den Hund gewinnen. Als Hilfe kann beispielsweise ein Leckerchen dienen, das Sie dem Hund in einiger Entfernung zum bewachten Gegenstand anbieten. Oder Sie lassen ihn einen Befehl ausführen, den er gut beherrscht und lenken ihn so von seinem Tun ab. Trickreich und sehr wirkungsvoll kann es sein, an der Haustür zu klingeln, um seine Aufmerksamkeit zu fesseln. Wenn der Hund bei solch einem Täuschungsmanöver zur Haustür stürmt, kann man ihn dort eine kleine Unterordnungsübung machen lassen und ihn für gutes Verhalten belohnen. Während Sie den Hund auf eine Übung konzentrieren, kann eine zweite Person den kritischen Gegenstand gefahrlos entfernen.

Hunde, die dazu neigen, Dinge zu bewachen, sollten weder Spielzeug noch Kauknochen zur freien Verfügung haben. Denn all diese Dinge bergen die Gefahr für Auseinandersetzungenin sich. Außerdem sollten sie auch Spieltrophäen nicht behalten dürfen. Am Ende jeder Spielphase muss dem Hund der Gegenstand wieder abgenommen werden. Falls er hierfür noch keinen entsprechenden Befehl beherrscht, erreichen Sie eine sichere Verknüpfung am ehesten durch den Tausch des Gegenstandes gegen ein schmackhaftes Leckerchen, wie auf Seite 113 beschrieben.

Wenn es sich insgesamt um ein rangordnungsbezogenes Problem handelt, wird auf die Ausführungen unter »Aggression innerhalb der Familie« verwiesen. In jedem Fall sollten Hunde, die dazu neigen, einen Gegenstand gegenüber ihrem Besitzer zu bewachen, durch artgerechtes und auf Lob ausgerichtetes Gehorsamstraining geschult werden. Das erleichtert die Kontrolle enorm und verbessert die Qualität des Zusammenlebens erheblich.

Je nach Aggressionsbereitschaft des Hundes gilt es, direkte Konfrontationen zu vermeiden und sich nicht auf einen Kampf mit dem Hund um den Gegenstand einzulassen. Ein Kampf führt nämlich leicht zu mitunter ernsthaften Bissverletzungen. Besser ist es, den Hund wie oben beschrieben abzulenken. Die Gewöhnung an ein Hundehalfter verhilft auch hier zu leichterer Kontrolle.

Nervosität

Problem

Es gibt viele Hunde, die auffällig hektisch sind. Die Nervosität äußert sich in körperlicher Unruhe und allgemein leichter Erregbarkeit. Betroffene Hunde sind den ganzen Tag über latent gestresst. Wenn ihre Grundhaltung nicht übermäßig ängstlich gefärbt ist, spielen sie viel, sind sehr neugierig und voller Tatendrang. Außerdem sprechen sie überdurchschnittlich leicht auf Reize an, wie etwa Türklingeln, Bellen eines anderen Hundes oder ähnliches. Für den Besitzer kann dies störend sein und auch für den Hund ist es kein idealer Zustand. Ähnlich wie bei Menschen kann die ständige Hochspannung, unter der die Tiere stehen, zu einer ganzen Reihe krankhafter Veränderungen wie Störungen im Magen-Darm-Bereich mit Erbrechen, Magenentzündungen oder Durchfall führen.

Auch die Lernfähigkeit dieser Tiere ist beeinträchtigt, denn die bei Stress erhöhte Ausschüttung von Noradrenalin verhindert eine schnelle Abspeicherung neuer Eindrücke (vgl. Seite 16). Vielfach äußert sich dies dadurch, dass sie auffällig unkonzentriert und während einer Übung sehr leicht ablenkbar sind.

Je nach Ausprägungsgrad befinden sich die betroffenen Hunde in einem mehr oder weniger konstanten Stresszustand und sind oft kaum in der Lage, sich einmal ruhig irgendwo hinzulegen und völlig abzuschalten. Auch aus diesem Grund sollten Sie mit speziellem Training den Hund zu mehr Gelassenheit erziehen. Letzten Endes wird dann auch das Zusammenleben mit ihm sehr viel einfacher.

Ursache

Im Einzelfall ist zu klären, ob der leichten Erregbarkeit des Hundes vielleicht eine Erkrankung zugrunde liegt. Beispielsweise geht eine Schilddrüsenüberfunktion mit vermehrter Aktivität einher. Diese Erkrankung tritt bei Hunden ausgesprochen selten auf, sollte aber dennoch als Ursache ausgeschlossen werden.

Schlechte Sozialisation ist einer der Hauptgründe für die vermehrte Nervosität. Dem mangelhaft sozialisierten Hund erscheinen mehr Dinge im täglichen Leben neu und ungewohnt als einem Tier, das während der Sozialisationsphase viele verschiedene Eindrücke sammeln konnte. Deshalb ist das tägliche Leben für mangelhaft sozialisierte Tiere stressreicher. Besonders in Situationen, die ihnen fremd oder bedrohlich erscheinen, zeigen sie ein mehr oder weniger stark ängstlich geprägtes Verhalten. Sicherlich spielen auch die genetische Veranlagung und der charakterliche Einfluss des Muttertieres eine große Rolle. Welpen von nervösen Hündinnen neigen im späteren Leben oft ebenfalls zu Nervosität. Echte Hyperaktivität bzw. Hyperkinese ist ausgesprochen selten. Diese in gewissem Umfang medizinisch therapierbare Erkrankung wird durch das Unvermögen, normale Ruhephasen einzulegen und anhaltende motorische Aktivität charakterisiert, ohne dass Letztere zielorientiert sein muss.

Besonderheiten

Der Grund, weshalb nervöse Hunde nicht selten an Magenentzündungen leiden, ist damit zu erklären, dass die Salzsäureproduktion des Magens in denselben Regelmechanismus eingebunden ist wie die vermehrte Bereitschaft zu körperlicher Spannung. Erhöhte Salzsäureproduktion ihrerseits, wenn es sich dabei um einen Dauerzustand handelt, führt zu Schäden der Magenwand und somit zu Magenentzündungen und -geschwüren.

Prophylaxe

Eine breit gefächerte Sozialisation hilft viele Stress-Situationen zu verhindern. Außerdem sollte der Hund schon vom Welpenalter an darauf trainiert werden, sich auf bestimmte Übungen einen Moment lang zu konzentrieren. Dies erreichen Sie leicht, indem Sie seine Aufmerksamkeit durch ein Leckerchen oder ein Spielzeug fesseln und es ihm nach ein paar Sekunden oder nachdem er eine Übung brav ausgeführt hat als Belohnung überlassen. Geben Sie dem Hund seinem Alter und seiner Veranlagung entsprechend genügend Möglichkeiten zum Spielen und Toben und lasten Sie ihn auf diese Weise aus. Wenn Sie bemerken, dass er nervös auf etwas Bestimmtes reagiert oder voller Unrast ist, sollten Sie ihm sofort die Aufmerksamkeit entziehen, um übersteigerter und erlernter Nervosität so früh wie möglich entgegenzuwirken.

Therapievorschlag

Die Therapie basiert darauf, den Hund durch ein spezielles Training zu mehr Ruhe und Gelassenheit zu erziehen: Man belohnt ihn in Ruhephasen und erzieht ihn auch im Spiel und in Übungen langsam zu höherer Konzentrationsfähigkeit. Gleichzeitig sollte die übermäßige Nervosität des Hundes konsequent ignoriert werden, um das Verhalten nicht unbeabsichtigt zu verstärken.

Das Training für bessere Konzentrationsfähigkeit sieht so aus: Bieten Sie dem Hund beispielsweise ein Spielzeug oder ein Leckerchen an und enthalten ihm dies nach und nach immer ein klein wenig länger vor, so dass er sich auf das Leckerchen oder das Spielzeug konzentrieren muss, bevor er es bekommt. Man kann diese Übung zusätzlich an entsprechende Befehle koppeln – zum Beispiel WARTE und NIMM.

Diese Trainingssequenzen können stets auch mit verbalem Lob gekoppelt sein. Außerdem ist es wichtig, Belohnungen zu verwenden, die der Hund auch wirklich schätzt, sonst werden Sie gerade bei den leicht ablenkbaren Hunden nicht erreichen, dass sie sich über einen längeren Zeitraum auf die Übung konzentrieren.

Für nervöse Hunde sind die als Trainingsprogramm 5 beschriebenen Entspannungsübungen besonders geeignet. Auch hier müssen Sie aber darauf achten, dass ruhiges Verhalten zu Beginn rechtzeitig belohnt wird, bevor der Hund die Lust verliert. Anfangs liegt die kritische Zeitspanne sehr nervöser Hunde bei nur wenigen Sekunden!

Mangelhafte Sozialisation im späteren Leben des Hundes wettzumachen, ist praktisch unmöglich. Für einen schlecht sozialisierten Hund lässt sich das Leben aber trotzdem stressärmer gestalten, indem man Schritt für Schritt alle Situationen, mit denen das Tier täglich konfrontiert wird, soweit wie möglich in allen einzelnen Aspekten einstudiert. Hierzu sind die im Anhang beschriebenen Trainingsprogramme 3 und 6 zur Desensibilisierung und zur Stärkung des Selbstvertrauens hervorragend geeignet.

Hunde, die unter Nervosität leiden, verlangen meist auch nach mehr Bewegung und mehr Aufgaben im täglichen Leben. Dem sollte man unbedingt Rechnung tragen und den Hund mit ausgedehnten Spaziergängen, Spielen und Übungen auslasten.

Einige Vitamine aus dem B-Komplex werden von Nervenzellen für Stoffwechselvorgänge benötigt. Deshalb wird ihnen ein positiver Effekt auf die Konzentrations- und Lernfähigkeit zugeschrieben. Man kann das Futter gefahrlos zum Beispiel mit Hefetabletten oder speziellen vom Tierarzt verschriebenen Mitteln anreichern.

Im Zusammenhang mit den beschriebenen Therapiemaßnahmen kann es bei besonders nervösen Hunden notwendig sein, über einen gewissen Zeitraum hinweg Psychopharmaka zu verabreichen, um überhaupt Zugang zum Tier zu finden und so eine Basis für die Verhaltenstherapie zu bekommen. Auch wenn der Hund aus purer Nervosität erbricht, ist eine medikamentöse Therapie angezeigt, die den Hund aus dem Teufelskreis zwischen Nervosität und Magenentzündung befreien hilft. Gerade bei Nervosität gibt es etliche Berichte über durchschlagende Erfolge mit alternativen Heilmethoden. Fragen Sie Ihren Tierarzt, der auch in diesen Fällen der richtige Ansprechpartner ist.

Aufmerksamkeit erheischendes Verhalten

Problem

Die Palette der Verhaltensweisen, die Hunde an den Tag legen, um mehr Aufmerksamkeit von ihren Besitzern zu bekommen, ist nahezu endlos. Sie reicht vom Bellen, Spielzeug apportieren, Kunststückchen machen, Sich-krank-Stellen bis hin zu Anwandlungen wie Erbrechen oder dem Belecken einer bestimmten Körperstelle.

Je eindrucksvoller das Verhalten ist, um so schneller sind die Besitzer geneigt, sich dem Hund zuzuwenden. Nicht selten sind sie ernsthaft um den Hund besorgt, besonders wenn sie sein Verhalten als krankhaft einstufen. Charakteristisch für dieses Problem ist, dass es ausschließlich in Anwesenheit von Personen auftritt, nie aber wenn der Hund alleine ist oder sich unbeobachtet fühlt.

Ursache

Hunde finden von Natur aus gern Beachtung und Anerkennung. Darin liegt auch die Ursache dieses Problemkomplexes. In gewisser Weise steht Aufmerksamkeit erheischendes Verhalten in Bezug zur Rangordnung, denn ein Hund mit einem relativ hohen Platz in der familiären Hierarchie verlangt im Allgemeinen nach mehr Aufmerksamkeit als ein rangniedriges Tier. Der wesentlichste Punkt bei der Entstehung des Problems ist allerdings die Reaktion des Besitzers auf die Handlungen des Hundes. Letzten Endes ist es so, dass dem Hund das Problemverhalten – unabsichtlich – anerzogen wurde.

Wie bereits erwähnt, ist es für den Hund in vielen Fällen von untergeordneter Bedeutung, ob die Aufmerksamkeit positiv oder negativ gefärbt ist. Manchmal zählt für ihn einfach nur, überhaupt Beachtung zu finden, ganz gleich ob diese in Form einer Bestrafung oder eines Lobes zum Ausdruck gebracht wird. Das ist der Grund dafür, dass die angesprochenen Verhaltensweisen in der Regel nicht mit Strafen in den Griff zu bekommen sind. Auch die Aufmerksamkeit, die dem Hund dabei zuteil wird reicht aus, um den Teufelskreis aufrechtzuerhalten.

Besonderheiten

Kaum ein anderes Problemverhalten spiegelt so einzigartig und eindrucksvoll die Grundprinzipien der Hundeausbildung wider – leider mit dem kleinen Haken, dass in diesen Fällen die geschickte Konditionierung des Hundes durch die Besitzer weder beabsichtigt war noch bewusst durchgeführt wurde. Die Hundehalter haben deshalb leider keinerlei Freude an der »gelungenen Erziehung«. Im Gegenteil: Das nervenaufreibende Verhalten ihres Vierbeiners bereitet ihnen viel Kummer.

Betrachtet man dieses Problem einmal aus einem anderen Blickwinkel, wird man leicht merken, dass die betroffenen Hunde intelligent genug waren, ihre Besitzer nach ihren Bedürfnissen zu »erziehen«. Diese offensichtliche Raffinesse des Hundes kann man für das weitere Zusammenleben durchaus positiv nutzen. Denn diese Hunde genießen jede Form der vermehrten Aufmerksamkeit und sind somit auch mit Feuereifer dabei, neue Übungen zu erlernen. So wird man sowohl dem Hund, der mehr Aufmerksamkeit bekommen möchte als auch dem Besitzer gerecht, der lieber einen wohlerzogenen, verspielten oder zumindest unproblematischen Hund hätte.

Vergegenwärtigt man sich, dass die Wurzeln des Aufmerksamkeit erheischenden Verhaltens in der instrumentellen Konditionierung und vor allem in der Unregelmäßigkeit der Belohnung liegen (vgl. »Verschiedene Lernprinzipien« und »Methoden der Verhaltensmodifizierung«), so wird man eher bereit sein, konsequent vorzugehen, um das bestehende Problem nicht durch Nachgiebigkeit noch weiter zu verschlimmern.

Prophylaxe

Da es sich um anerzogenes Verhalten handelt, besteht die einzige Möglichkeit der Vorbeugung darin, darauf zu achten, dass unerwünschtes Verhalten nicht unabsichtlich bestätigt wird. Durch Übungen, Spiele oder auch Hundesport nimmt man dem Hund das Verlangen, sich selbst in den Mittelpunkt zu stellen. Gleichzeitig mit diesen Beschäftigungsmaßnahmen verbessert sich auch der Gehorsam des Hundes nachhaltig und so auch das Verhältnis zwischen Mensch und Hund.

Therapievorschlag

Wichtig zu wissen ist, dass der Hund zu Beginn des Trainings das Problemverhalten meist auf ein kaum erträgliches Maß steigern wird, bevor er es dann immer seltener und schließlich gar nicht mehr zeigt. Dies ist leicht zu verstehen, wenn man sich überlegt, dass das Verhalten für den Hund bis zum Therapiebeginn immer von Erfolg gekrönt war, weil es – früher oder später – immer zu irgendeiner Regung bei seinem Besitzer geführt hat. Er wird also zunächst versuchen, durch mehr Nachdruck das zu erreichen, was bisher so leicht war. Leider wird er hierbei umso hartnäckiger sein, je öfter der Besitzer bereits versucht hat, das störende Verhalten des Hundes zu ignorieren, dann aber doch weich geworden ist. Auf diese Weise hat er ihn nur darauf konditioniert, immer länger am Ball zu bleiben.

Wenn Sie dem Hund ein bestimmtes unerwünschtes Verhalten abgewöhnen möchten, dürfen Sie ihn ab dem Moment, in dem Sie sich für das Training entschieden haben, niemals wieder für die unerwünschte Handlung belohnen. Da Hunde auf Dauer nur Verhaltensweisen an den Tag legen, die sich in irgendeiner Form für sie »lohnen«, erreichen Sie auf diese Weise, dass der Hund das unerwünschte Verhalten ab einem bestimmten Zeitpunkt seltener und dann überhaupt nicht mehr zeigt. Da seine spezielle Verhaltensweise zu keinerlei Vorteil in seinem Leben mehr führt, ist sie »unökonomisch« geworden und wird vernachlässigt. Dieses Lernprinzip bezeichnet man als Extinktion (vgl. Seite 28).

Nur wirklich konsequentes Ignorieren des Hundes kann deshalb zur Lösung des Problems führen. Sollte Ihnen das schwerfallen, empfiehlt es sich, den Hund einfach stehen zu lassen und den Raum zu verlassen, bevor Sie weich werden. Jeder Blickkontakt, jedes Wort, jede Aktion in Richtung des Hundes und sogar jedes Lächeln müssen Sie vermeiden und so tun, als wäre der Hund Luft.

Sollte es der Hund – manchmal Wochen nach der erfolgreichen Therapie – doch noch einmal mit der alten Verhaltensweise versuchen, darf man natürlich auch dann unter keinen Umständen nachgeben und reagieren. Wenn es einem unmöglich ist, das Verhalten konsequent zu ignorieren, gibt es eine andere, ausdrücklich nur als Notlösung gedachte Möglichkeit, das Zusammenleben zu verbessern. Diese basiert auf dem Prinzip der Gegenkonditionierung. Das Leben wird zwar einfacher, die Methode birgt allerdings den großen Nachteil, dass zunächst der Hund weiterhin die Aufmerksamkeit einklagt (Trainingsprogramm 4). Seine unerwünschte Verhaltensweise wird aber gegen eine erwünschte ausgetauscht.

Als Besitzer sollten Sie der ersten Methode den Vorzug geben und gleichzeitig dafür sorgen, dass dem Hund auf andere

Nur völliges Ignorieren führt zum Erfolg. Jedes Nachgeben verschlimmert das Problem.

Weise ein ausreichendes Maß an Aufmerksamkeit, Beschäftigung und Abwechslung zuteil wird. Spaziergänge, Spiele und Übungen lenken ihn ab und lasten ihn aus, so dass er nicht aus lauter Langeweile versucht, sich durch sein penetrantes Verhalten mehr Aufmerksamkeit zu verschaffen.

Bellen

Problem

Anhaltendes oder häufiges Bellen kann im Zusammenleben mit dem Hund ein ernsthaftes Problem darstellen. Einige Hunde antworten auf den kleinsten Reiz mit Gebell, andere neigen vor allem auf dem Spaziergang dazu, ihren Senf bei sämtlichen Geschehnissen dazuzugeben oder das Spielen lautstark zu untermalen.

Ursache

Die Tendenz zu bellen ist bei den unterschiedlichen Hunderassen verschieden stark ausgeprägt. Einige Rassen bellen nur relativ selten, andere neigen dazu, auf alle möglichen Reize sofort mit Gebell zu reagieren.

Im Haus bellen sehr viele Hunde, wenn es an der Haustür klingelt. Dies ist erlerntes Verhalten, das sich Hunde schnell aneignen, nachdem man es ein paarmal – meist unbewusst – unterstützt hat: Der zunächst für den Hund bedeutungslose Klingelton wird für ihn zum Auslöser, weil man selbst wie auf Kommando auf dieses Zeichen hin aufspringt und an die Tür geht. Im Grunde ist das Bellen an der Haustür, wenn auch durch die Reaktion des Besitzers verstärkt, Teil des territorialen Verhaltens (s. Seite 75).

In einem völlig anderen Zusammenhang steht Bellen bei Hunden, die Aufmerksamkeit erheischen wollen. Sie haben gelernt, dass ihre Menschen dazu neigen, in welcher Weise auch immer, auf ihr Bellen zu reagieren (vgl. »Aufmerksamkeit erheischendes Verhalten«).

Andere bellen auf dem Spaziergang, beim Spiel oder wenn sie andere Hunde treffen. Hier kann man nur von Fall zu Fall entscheiden, was im Einzelnen die Ursache ist.

Wenn Hunde bellen, nachdem sie alleine in der Wohnung zurückgelassen wurden, liegt die Vermutung nahe, dass es sich um Trennungsangst handelt. In seltenen Fällen kann Bellen auch Ausdruck einer Stereotypie sein. Bellen kann dem Hund außerdem auf einen bestimmten

Häufiges Bellen kann zum Problem werden.

Reiz hin absichtlich antrainiert worden sein. In dem Fall soll er anschlagen.

Besonderheiten

Das Bellen der Haushunde ist eine Verhaltensweise, die sich erst durch die Domestikation herausgebildet hat. Wölfe bellen selten und verfügen vor allem auch nicht über die ungeheure Vielfalt an Bell-Lauten wie Hunde. Einige Fachleute erklären das so: Hunde verfügen nicht mehr über eine so ausgeklügelte Körpersprache wie Wölfe, sind aber gleichzeitig in der schwierigen Lage, sowohl mit Menschen als auch mit Hunden kommunizieren zu müssen. Sie versuchen dies über häufigeren und differenzierteren Einsatz von verschiedenen Bell-Lauten zu kompensieren.

Prophylaxe

Man sollte strikt darauf achten, den Hund nicht für sein Bellen zu bestätigen – gleich ob positiver oder negativer Art. Die Basis dafür, dass dieses Problem nicht entstehen muss, ist außerdem auch hier Gehorsamstraining und eine gute Sozialisation in Bezug auf möglichst viele verschiedene Reize, die den Hund zum Bellen aus Unsicherheit veranlassen könnten.

Therapievorschlag

Das Grundprinzip bei der Therapie ist, dem Hund ein Verhalten abzuringen, das mit dem Bellen nicht vereinbar ist – Fressen zum Beispiel. Versorgen Sie sich mit sehr schmackhaften Leckerchen oder halten Sie diese zum Beispiel an der Haustür griffbereit. Geben Sie dem Hund, sobald er zu bellen beginnt, zunächst einfach eines der Leckerchen. Nach und nach verzögern Sie die Futtergabe immer weiter, bis der Hund schließlich die Belohnung erst für die zunächst noch recht kurze Stille bekommt, während der er gespannt auf das Leckerchen fixiert ist.

Gleichzeitig können Sie dieses Verhalten auch an einen Befehl koppeln. Der Befehl AUS eignet sich hierfür allerdings nicht so gut, weil er selbst praktisch ein Bell-Laut ist. Ein langsam gesprochenes A-U-S L-A-U-T ist zweckmäßiger oder ein anderer Befehl, der gedehnt werden kann wie zum Beispiel R-U-H-I-G. Gelingt es, den Hund auf diese Weise vom Bellen abzuhalten, hat man schon halb gewonnen und muss dies nur oft genug wiederholen, damit der Hund die Verknüpfung sicher herstellen kann.

Es empfiehlt sich, den Hund nebenher eine einfache Übung machen zu lassen, auf die er sich zusätzlich konzentrieren muss, besonders wenn er schon so weit im Training ist, dass man ohne Probleme auf ihn einwirken kann. So vergisst er zum einen den Reiz, der ihn zum Bellen veranlasst hat, zum anderen können Sie auf diese Weise ein erwünschtes Ersatzverhalten belohnen.

Um die Trainingseinheiten nicht von äußeren Reizen abhängig zu machen, auf die man keinen Einfluss hat, kann man gleichzeitig dem Hund das Bellen zunächst auf einen Befehl hin beibringen. Die Übung wird immer nach den Worten R-U-H-I-G beendet und mit einem schmackhaften Leckerchen belohnt. Dieses Training kann sowohl in der Wohnung als auch draußen durchgeführt werden.

Man sollte davon absehen, durch Schnauzezuhalten, Schimpfen oder beruhigende Worte auf den Hund einzuwirken, weil daraus in aller Regel eine Fehlverknüpfung entsteht, da der Hund die vermehrte Aufmerksamkeit fälschlicherweise als Belohnung interpretiert.

Im Zusammenhang mit dem Bellen zur Begrüßung sei auf die Therapievorschläge im Kapitel »Anspringen« verwiesen, die man in abgewandelter Form gut für das Bellen an der Haustür einsetzen kann. Wenn Bellen als Aufmerksamkeit erheischende Verhaltensweise, Stereotypie oder bei Trennungsangst gezeigt wird, sind die in den jeweiligen Kapiteln beschriebenen Therapiemaßnahmen angezeigt.

Sollte der Hund in den Momenten der Erregung, die ihn zum Bellen veranlassen, schwer kontrollierbar und sehr unbändig sein, empfiehlt sich der Einsatz eines Hundehalfters (Trainingsprogramm 2).

Im Handel sind Geräte zu erwerben, die bei jedem Bellen einen Spritzer Citronelladuft abgeben. Der plötzliche intensive Geruch verwirrt den Hund und lenkt ihn vom Bellen ab. Mit diesen Geräten ist allerdings Vorsicht geboten, obwohl die Grundidee nicht schlecht ist. Sie sollten nicht fälschlicher- oder unachtsamerweise als Strafmaßnahmen eingesetzt werden. Zu diesem Zweck sind sie auch nicht entwickelt worden. Sinn der Geräte ist es, den Hund durch den Geruch von dem Reiz abzulenken, der ihn zum Bellen veranlasst hat. In diesem Moment der Verwirrung gilt es auf den Hund mit einem Befehl einzuwirken und ihm so die Möglichkeit zu geben, für erwünschtes Ersatzverhalten gelobt zu werden. Auf diese Weise erreicht man eine sinnvolle Gegenkonditionierung (Trainingsprogramm 4). Einen Ersatz für intensives Training stellen diese Geräte nicht dar. Leider reagieren die Apparate auch auf andere laute Geräusche, zum Beispiel wenn eine Tür zuschlägt, ein anderer Hund bellt oder ein langohriger Hund sich schüttelt. Dies ist ein großer Nachteil. Lassen Sie den Hund deshalb nicht mit dem Gerät unbeaufsichtigt und geben Sie ihm die Möglichkeit, auch bei unabsichtlicher Auslösung des Sprühmechanismus für eine Ersatzhandlung belohnt zu werden.

Lecken, Anstupsen, Pföteln

Problem

Viele Hunde zeigen in den verschiedensten Situationen Verhaltensweisen wie Lecken, Anstupsen mit der Schnauze und Pföteln. Meist bedenkt man diese Handlungen mit kleinen Aufmerksamkeiten wie netten Worten, Streicheln, einem Happen oder auch nur einem liebevollen Blick, weil man zunächst gerührt und entzückt ist. Zum Problem werden diese Handlungen erst dann, wenn der Hund sie im Übermaß zeigt und sie gezielt einsetzt, um seine Besitzer zu manipulieren und tyrannisieren.

Ursache

Die angesprochenen Handlungen entstammen normalem Welpenverhalten und dienen auch später noch als Unterwürfigkeitsgesten. Aufgrund von Lernvorgängen können sie für den Hund mit der Zeit allerdings auch eine andere Bedeutung erlangen. Der Besitzer – begeistert von dem niedlichen Welpen, der ihm die Hand leckt oder mit der Pfote nach ihm angelt – bringt den Hund über die vermehrte Aufmerksamkeit erst darauf, dass er seine Menschen auf diese Art ganz leicht auf den Plan rufen kann.

Besonderheiten

Es ist irrig anzunehmen, dass Hunde unsere Haut des Salzes wegen lecken. Wenn sie das Ablecken einmal in ihr Verhaltensrepertoire aufgenommen haben, tun sie es völlig unabhängig davon, ob man frisch geduscht ist oder gerade völlig verschwitzt vom Sport kommt.

Prophylaxe

Wie bei diversen anderen Problemen steht auch hier als Prophylaxe im Vordergrund, dass man – besonders beim Welpen – dieses Verhalten nicht unabsichtlich oder unbedacht belohnt und dadurch als feste Verhaltensweise etabliert.

Therapievorschlag

Da die angesprochenen Verhaltensweisen dazu dienen, Aufmerksamkeit zu bekommen oder den Besitzer zu manipulieren, sei auf die unter »Aufmerksamkeit erheischendes Verhalten« und »Drängeligkeit« beschriebenen Therapievorschläge verwiesen.

Zerstören von Gegenständen

Problem

Wenn Hunde Gegenstände durch Knabbern zerstören, kann dies schnell zum ernsthaften Problem werden. Leicht nimmt der angerichtete Schaden Ausmaße an, die unhaltbar sind. Es können Schuhe sein, die zerbissen werden, Möbel, teure Gegenstände, das Körbchen, die Leine – die Vorlieben sind von Hund zu Hund recht unterschiedlich.

Ursache

Verschiedene Erklärungen für das Problem können in Frage kommen. Es kann sich zum Beispiel um das Ausleben eines Spieltriebes handeln. Fast alle Hunde lieben es, Dinge zu zerbeißen und darauf herumzukauen. Wenn der Hund nicht seinen Bedürfnissen entsprechend mit Artgenossen, Menschen oder Spielzeug spielen kann, sucht er sich aus Langeweile und Mangel an Betätigungsmöglichkeiten oft im Haushalt Dinge, die einen Spielpartnerersatz darstellen: Diese Gegenstände »spielen zurück«. Beispielsweise werden Kissen »totgeschüttelt« oder Telefonbücher zerrissen und ausgeweidet. In anderen Fällen dient die Verhaltensweise dem Hund dazu, Stress abzubauen. Hier handelt es sich oft um ein Symptom aus dem Problemkomplex Trennungsangst.

Weiterhin kommt Aufmerksamkeit erheischendes Verhalten in Betracht. An diese Möglichkeit sollte man denken, wenn der Hund nur dann Dinge zerlegt, wenn mindestens eine Person anwesend ist.

Das Bedürfnis eines jungen Hundes, auf Gegenständen herumzukauen, ist während des Zahnwechsels, also etwa zwischen dem vierten und sechsten Monat, besonders stark ausgeprägt. In dieser Zeit sind Kauknochen oder auch Hundekekse besonders beliebt, die einen gewissen Widerstand darstellen, aber nicht zu hart sind. Wenn ihm keine entsprechenden Objekte zur Verfügung gestellt werden, führt das leicht dazu, dass der Hund sich seine Gegenstände selbst aussucht.

Langeweile ist oft ein Grund, weshalb sich Hunde eigenständig Spielzeug suchen.

Nicht selten fällt seine Wahl dann auf Schuhe, Lederhandschuhe, Bücher und dergleichen.

Besonderheiten

Auch wenn sich die Kosten für die Schäden vielleicht noch im Rahmen halten, sollte man dennoch unbedingt versuchen, dem Hund dieses Verhalten abzugewöhnen. Nicht selten schluckt er Teilstücke der zerstörten Gegenstände ab. Das kann zu Darmverlegungen oder anderen gelegentlich lebensbedrohlichen Magen-Darm-Erkrankungen führen.

Prophylaxe

Einem Hund sollte durch verschiedenes Spielzeug oder bestimmte Futtermittel wie Kauknochen, Schweineohren oder Ähnliches die Möglichkeit gegeben werden, sein Kaubedürfnis zu befriedigen. Durch zusätzliches Lob während dieser »Betätigung« lernt er, dass Kauen und Knabbern an diesen Gegenständen durchaus erlaubt und erwünscht ist.

Therapievorschlag

Um zu überprüfen, ob die Verhaltensweise als Stressventil dient und vielleicht ein Symptom für Trennungsangst ist, sollte man sich anschauen, ob das Verhalten nur dann auftritt, wenn der Hund alleine im Haus zurückgelassen wird. Sollte dies der Fall sein, wird auf die unter »Trennungsangst« vorgeschlagene Therapie verwiesen.

Wenn der Hund aus reinem Spieltrieb Gegenstände annagt, kann man folgendermaßen vorgehen, um das Verhalten umzuleiten: Zunächst sollte man dem Hund genügend Möglichkeiten geben, seinem Kaubedürfnis in ausreichendem Maße nachzukommen. Gut geeignet hierfür sind Büffelhautknochen, Ochsenziemer, Schweineohren, Rinderluftröhren oder Klauen. (Echte Knochen eignen sich für die gesunde Ernährung nicht und sollten deshalb nicht angeboten werden.) Abgesehen davon lieben es viele Hunde, Kartons zu zerpflücken oder mit Latexquietschepüppchen zu spielen. Immer wenn der Hund mit diesen Dingen oder einem anderen Hundespielzeug spielt, sollten Sie ihn zusätzlich loben. Wenn Sie ihn dabei erwischen, wie er sich gerade über einen verbotenen Gegenstand hermacht, sollten sie ihm »seine« Gegenstände als Ersatz anbieten. Durch Zieh- oder Apportspiele erlangen die erlaubten Gegenstände besondere Attraktivität und der Hund lernt, eine positive Beziehung zu ihnen herzustellen.

Gleichzeitig können Sie dem Hund durch spezielles Training beibringen, an ganz bestimmte Gegenstände nicht zu gehen und zwar, indem Sie indirekte Strafmethoden einsetzen. Dies kann in Form einer kleinen Konstruktion mit leeren Büchsen geschehen, die auf den Hund herunterfallen, wenn er an den verbotenen Gegenstand geht. Oder Sie spritzen ihn in diesen Momenten wortlos mit einer Wasserpistole an. Je weniger ersichtlich für den Hund ist, dass Sie die Quelle der Strafe waren, desto besser bringt er die Strafe direkt mit dem Gegenstand und seiner Handlung in Verbindung. Je nach Gegenstand ist es auch möglich, diesen mit einer bitter schmeckenden Flüssigkeit zu benetzen, so dass der Hund bei seinem nächsten Überfall auf direkte Weise durch den Gegenstand selbst bestraft wird.

Kleinere Dinge kann man dem Hund auch anbieten und ihn mit NEIN daran hindern, sie ins Maul zu nehmen. Sofort danach lassen Sie ihn einen anderen Gegenstand apportieren (beispielsweise seinen Ball) und loben ihn dafür überschwänglich. Das führt dazu, dass die alte Handlungsweise, das Zerbeißen von Gegenständen, weniger oft und schließlich nicht mehr gezeigt wird, weil die Ersatzhandlung für den Hund durch das zusätzliche Lob attraktiver geworden ist.

Neben den oben erwähnten Beispielen sind auch futterbezogene Spielzeuge geeignet, um den Hund zu beschäftigen. Es gibt im Handel Plastikbälle, die eine oder zwei kleine Öffnungen haben, durch die man Futter einfüllen kann. Wenn der Hund den Ball rollt, kommen die Häppchen nach und nach wieder heraus. Sie können auch – wie schon an anderer Stelle angeregt – unter einer Decke oder umgedrehten Blumentöpfen versteckte Leckerchen als Beschäftigung anbieten.

Grundsätzlich ist zerstörerisches Verhalten durch einen abwechslungsreichen Tagesablauf – genügend Zeit zum Spielen mit Artgenossen, Übungen mit der Familie und Spaziergänge – entscheidend zu beeinflussen. Ein zufriedener und ausgelasteter Hund hat im Haus seltener das Bedürfnis, sich auf eigene Faust anderweitig zu beschäftigen; er sammelt lieber Kräfte für die nächsten Abenteuer mit seiner Familie.

Ist es nicht möglich, den Tagesablauf für den Hund attraktiver zu gestalten und ist der Grund für das zerstörerische Verhalten die pure Langeweile, dann sollten Sie in Betracht ziehen, einen »Dogsitter« für Spaziergänge oder Spielstunden anzustellen oder einen zweiten Hund als Spielkameraden anzuschaffen.

Post kaputt machen

Problem

Ein nicht ganz alltägliches Problem kann entstehen, wenn der Hund die Post oder die Zeitung, die bei manchen Häusern einfach durch einen Briefschlitz in der Haustür geschoben wird, wegträgt oder kaputtbeißt.

Ursache

Der Grund liegt sicherlich darin, dass es für den Hund eine spaßige Angelegenheit ist, Dinge zu zerfetzen. Das Zerreißen ist eine Sequenz aus dem normalen Jagdverhalten. Die Beute wird erst totgeschüttelt und dann auseinandergenommen. Hinzu kommt die vermehrte Aufmerksamkeit, die dem Hund zuteil wird, wenn man hinter ihm herläuft, um ihm die Post wieder abzunehmen, bevor er zur Tat schreiten kann.

Prophylaxe

Der durch positive Bestätigung erlernte Befehl AUS hilft, das Problem schon im Keim zu ersticken, sobald der Hund zum ersten Mal versucht, sich die Post vor dem Besitzer zu schnappen.

Therapievorschlag

Die einfachste Möglichkeit, dem Hund dieses Verhalten abzugewöhnen ist, ihn auf indirekte Weise zu strafen, sobald er an die Post geht. Auf diese Weise verbindet er die Bestrafung mit der Post selbst bzw. mit seiner Tat und nicht mit dem Besitzer. Je nach Einfallsreichtum können Sie zum Beispiel eine kleine selbstgebastelte Falle als indirekte Strafe einsetzen, so dass Sie selbst gar nicht in Erscheinung treten, wenn sich der Hund verbotenerweise der

Hier könnte man eine Falle als indirekte Strafmethode einsetzen.

Post bemächtigt (vgl. »Zerstören von Gegenständen«).

Stehlen von Essen und Mülleimer ausräumen

Problem

Viele Hunde können nicht widerstehen, wenn Essen herumliegt und gönnen sich in einem unbeobachteten Moment gerne ein Häppchen. Einige sind sogar so gierig, dass sie sich nicht mit Essbarem begnügen, das man auf dem Couchtisch genau in Hundehöhe herumliegen lassen hat. Sie suchen nach neuen Quellen, stehlen und fressen fast alles, was sie nur finden können. Wenn nötig, erklimmen sie dazu auch Tische und Anrichten.

Abgesehen davon, dass dieses Verhalten für die Besitzer störend ist, bekommt dem Hund das Essen auch nicht immer. Durchfall oder Erbrechen sind nicht selten die Folge der futterorientierten Streifzüge des Hundes. Das ist für beide Seiten zusätzlich belastend.

Auch das Durchstöbern und Ausräumen des Mülleimers fällt in diese Sparte. Neben dem Dreck, der entsteht, befinden sich gerade im Mülleimer oft Dinge, die für den Verzehr nicht geeignet sind. Das kann schlimme gesundheitliche Folgen wie Vergiftungen oder Darmverlegungen haben.

Ursache

Wenn ein Welpe oder Junghund Mülleimer durchstöbert, ist dies im Allgemeinen normales Erkundungs- und Neugierdeverhalten. Leider stellen sich die Handlungen als selbstbelohnende Verhaltensweisen dar, die vom Hund ohne zusätzliche Bestätigung schnell als lustvolles Erlebnis abgespeichert und deshalb beibehalten werden.

Beide angesprochenen Verhaltensweisen werden ebenfalls auch im Zusammenhang mit Trennungsangst beobachtet und bedeuten dann für den Hund eine Möglichkeit der Stressbefreiung und Ablenkung. Gelegentlich wird das Stehlen oder die Müllinspektion auch gezeigt, um mehr Aufmerksamkeit auf sich zu ziehen.

Besonderheiten

Auch in diesem Fall darf das möglicherweise unterwürfige Verhalten des Hundes bei der Heimkehr des Besitzers nicht als Schuldbewusstsein missgedeutet werden. Der Hund hat vielmehr entweder bei früheren Begebenheiten gelernt, dass er geschlagen wird, wenn er neben dem Müll erwischt wurde oder aber er hat einfach Angst vor der Körperhaltung des Besitzers, die drohend ist und Wut und Zorn widerspiegelt. Einige Hunde neigen in solchen Situationen dazu, sich zu verkriechen, was den Ärger des Besitzers meist noch zusätzlich schürt. Grund für das Missverständnis zwischen Mensch und Hund ist, dass der Hund wegen des langen Zeitintervalls zwischen seiner Tat und der Strafe diese nicht richtig deutet. Er bezieht die Strafe direkt auf die Handlung, die er genau im Augenblick der Strafe ausgeführt hat. So kommt es zwangsläufig zu einer Fehlverknüpfung und das Problem wird nicht aus der Welt geschafft.

Ein kurzer Moment der Unaufmerksamkeit kann ausreichen und das Frühstück ist gegessen.

Prophylaxe

Die sicherste Vorbeugung besteht darin, dem Hund die Chance überhaupt nicht zu geben, irgend etwas zu stehlen oder den Mülleimer auszuräumen. Lässt man ihn alleine, dürfen keine Essensreste oder sonstige attraktive Gegenstände herumliegen, der Mülleimer muss gesichert sein und es sollten genügend eigene Spielzeuge oder Knabbereien da sein, mit denen sich der Hund beschäftigen kann.

Therapievorschlag

Die Therapiemaßnahme besteht darin, dem Hund eine Verhaltensweise beizubringen, die er anstelle des Problemverhaltens ausführen soll. Gemäß dem Prinzip der Gegenkonditionierung tritt durch die Verstärkung des erwünschten Verhaltens nach und nach das Problemverhalten in den Hintergrund (Trainingsprogramm 4).

Ist das Problem sehr ernst, kann der Hund gleichzeitig auch daran gewöhnt werden, einen leichten Maulkorb aus Plastik zu tragen. Mit diesem kann man ihn – nach dem Gewöhnungstraining – reinen Gewissens für kurze Zeit alleine lassen, solange gewährleistet ist, dass es sich um ein Modell handelt, bei dem Trinken und Hecheln nicht wesentlich behindert werden (Trainingsprogramm 1).

Verzichten Sie auf direkte Strafen wie

Schläge, Schütteln oder Schimpfen, besonders wenn das Malheur schon ungewisse Zeit zurückliegt. Geben Sie statt dessen indirekten Methoden den Vorzug. Auch diese können aber nur sinnvoll eingesetzt werden, wenn man den Hund auf frischer Tat ertappt. Der Vorteil der indirekten Strafe liegt darin, dass der Hund sie nicht mit dem Besitzer in Verbindung bringt. Damit ist die Chance wesentlich größer, dass die angestrebte Verknüpfung auch gelingt, nämlich dass der Hund die Gegenstände unter keinen Umständen anrührt und er dieses erwünschte Verhalten aus Furcht vor einer Strafe nicht etwa nur in Anwesenheit des Besitzers zeigt.

Geeignete Mittel sind Anspritzen mit einer Wasserpistole, der gezielte Wurf mit einer kleinen leeren Metallbüchse, in die ein paar Münzen getan wurden, damit es laut scheppert, oder auch die Präparation eines besonders leckeren Happens mit einem Brechmittel oder einer anderen für den Hund unangenehmen, aber ungefährlichen Substanz. Bei der zuletzt genannten Methode wird der Hund vom Objekt seiner Begierde selbst bestraft. Dies lässt die sicherste Verknüpfung erwarten. Dasselbe ist der Fall, wenn man eine Konstruktion aus leeren Büchsen oder einem kleinen wassergefüllten Eimer so errichten kann, dass sie auf den Hund hinabfällt, wenn dieser sich gerade anschickt, etwas zu stehlen. Ist Langeweile der Grund, sollte Ihr Hund interessante Aufgaben bekommen.

Besteht der Verdacht, dass die Handlungen Ausdruck von Trennungsangst sind oder als Aufmerksamkeit erheischendes Verhalten gezeigt werden, sei auf die Therapievorschläge in den entsprechenden Kapiteln verwiesen.

Von Fremden Nahrung annehmen

Problem

Besonders futtergierige Hunde lassen sich von fremden Menschen leicht mit einem leckeren Happen locken. Es ist dringend anzuraten, dem Hund beizubringen, von fremden Menschen nichts ohne den vorherigen Befehl des Besitzers anzunehmen. Es passiert immer wieder, dass Tierdiebe versuchen, mit Leckerchen auf Hundefang zu gehen. Abgesehen davon macht sich die Einflussnahme des Besitzers auch ganz allgemein auf dem Spaziergang bezahlt, weil er verhindern kann, dass dem Hund von Fremden unkontrolliert Happen zugesteckt werden.

Ursache

Es ist normales Hundeverhalten, dass der Hund ihm angebotenes Futter annehmen möchte. Hunde hinterfragen nicht, weshalb sie den Happen bekommen, sondern akzeptieren eine kleine Extramahlzeit gerne.

Therapievorschlag

Um dem Hund sicher beizubringen, keine Nahrung von fremden Menschen anzunehmen, ist die Mithilfe einiger nicht zur Familie gehörender Personen notwendig. Es kann nach dem Prinzip der indirekten Strafe vorgegangen werden, indem die Hilfsperson dem Hund zunächst ein Leckerchen anbietet und ihn in dem Moment, in dem er es nehmen will, zum Beispiel mit einer Wasserpistole kräftig ins Gesicht spritzt oder eine Klapperbüchse auf ihn fallen lässt. Es ist auch möglich, die Leckerchen mit einem bitteren Geschmacksstoff oder – noch drastischer – mit einem Brechmittel zu präparieren.

Je weniger für den Hund ersichtlich ist, dass die Strafe von der Hilfsperson gekommen ist, desto sicherer wird er die Verknüpfung mit der Situation herstellen: Strafe folgt auf das Annehmen eines Leckerbissens von einer fremden Person. Es ist ganz wichtig, dass der Besitzer auf keinen Fall selbst, etwa durch Rufen oder Schimpfen, in das Geschehen eingreift. Sonst lernt der Hund, dass er nur im Beisein seines Besitzers nichts nehmen darf.

Gemäß dem Prinzip der Gegenkonditionierung sollte der Besitzer von seinem Hund, der nach einer solchen Strafe noch etwas verwirrt ist, in diesem Moment verlangen, einem leichten Befehl wie SITZ zu folgen. Er sollte ihn für die ordentliche Ausführung dann überschwänglich loben. Selbstverständlich muss er ebenfalls gelobt werden, wenn er das von der Hilfsperson angebotene Leckerchen verweigert.

Wichtig ist, dass man mit möglichst vielen verschiedenen Hilfspersonen arbeitet und auch die Situationen so oft wie möglich variiert. Eine gute Abwechslung des Trainings ist, den Hund einmal vor einem Geschäft warten zu lassen und sein Verhalten in Bezug auf die Leckerchenannahme zu testen. Das nächste Mal verabreden Sie sich mit einer anderen Hilfsperson im Wald oder arrangieren eine Begegnung in der Straßenbahn.

Sie können nachträglich dafür sorgen, dass die Hilfsperson und der Hund sich trotz der Strafaktionen – vielleicht durch ein Spiel – kennenlernen. Schließlich möchten Sie ja nicht, dass der Hund fremde Personen ängstlich meidet. Deshalb ist es besonders wichtig, dass das Hilfsmittel für die indirekte Strafe gut verborgen wird. Der Hund soll die Strafe so wenig wie möglich mit der Person in Verbindung bringen, trotzdem soll die Strafe durch die Hilfsperson aber so eindrucksvoll sein, dass der Hund den Happen auch tatsächlich verweigert.

Besonders sinnvoll erscheint mir die folgende Variante des Trainings: Zunächst gehen Sie so vor, wie oben erklärt, nur dass Sie den Hund für braves Verhalten immer mit einem Leckerchen belohnen, das er aus seinem extra auf den Spaziergang mitgenommenen Napf fressen darf. Auch die Hilfsperson kann den Hund mit einem Leckerchen aus dem Napf belohnen. Durch diese kleine Abwandlung der Übung wird der Hund zwar die Verknüpfung, nichts von fremden Personen anzunehmen, nicht sicher herstellen, statt dessen lernt er aber, Nahrung nur aus seinem eigenen Napf aufzunehmen. Sie halten sich so die Möglichkeit offen, den Hund reinen Gewissens in Urlaubspflege oder während eines Klinikaufenthaltes weggeben zu können ohne Gefahr zu laufen, dass er dort keine Nahrung annimmt.

Jagen

Problem

In unserer heutigen Zeit haben die wenigsten Hunde die Möglichkeit, ihren Jagdgelüsten nachzugehen. Es kann vor allem dann zu Problemen kommen, wenn ein Hund mit starker Jagdpassion in Gegenden ausgeführt wird, wo es Wildbestände gibt.

Besonders wenn Gruppen von mehreren Hunden zusammen auf die Jagd gehen, kann es leicht passieren, dass sie stundenlang nicht mehr auftauchen. Je nachdem, welche Tierart die Hunde jagen, gibt es entweder Ärger mit den Besitzern (z. B. bei Schafen, Kühen und Pferden) oder aber mit der Öffentlichkeit, Jagdaufsehern und Forstwirten (z. B. bei Rehen, Wildschweinen und Hasen).

Der Schaden, den Hunde anzurichten vermögen, kann enorm sein. Aber schon allein aus dem Grund, dass man als Besitzer vielleicht stundenlang auf seinen Hund warten muss (immer in der Sorge, dass ihm selbst etwas zugestoßen sein könnte oder dass er ein Wildtier gerissen hat), sollte man versuchen, das Problem so schnell wie möglich in den Griff zu bekommen.

Ursachen

Die Tatsache, dass Hunde jagen und dies gerne und ausdauernd tun, sollte im Prinzip nicht weiter verwundern (vgl. »Raubtierhafte Aggression«). Schließlich ist und bleibt der Hund trotz Domestikation ein Jagdraubtier, selbst wenn man dies bei der unglaublichen Anzahl von mehr als vierhundert verschiedenen Hunderassen leicht vergisst.

Die einzelnen Rassen unterscheiden sich nicht nur äußerlich, sondern auch in ihrer Jagdpassion – schließlich sind sie jeweils für ganz spezielle Zwecke gezüchtet worden. Aber nicht nur die erblich bedingte Jagdleidenschaft einer Rasse, sondern auch die Art und Weise, wie der junge Hund aufgewachsen ist, spielen bei der Ausprägung des Problems eine Rolle. Je früher ein grundsätzlich jagdambitionierter junger Hund die Möglichkeit zum Jagen hatte, desto stärker wird sich dieses Verhalten ausbilden und um so schwieriger ist es auch, es ihm abzugewöhnen.

Jagdverhalten ist, auch wenn man es – aus welchem Grund auch immer – als unerwünscht einstuft, Teil des völlig norma-

Wenn Hunde andere Tiere hetzen, kann es schnell ernste Probleme geben.

len Hundeverhaltens. Darin liegt auch die Schwierigkeit der Therapie, denn diese zielt darauf ab, einen Urinstinkt soweit einzudämmen oder unter Kontrolle zu bringen, dass ein reibungsloses Zusammenleben möglich ist.

Prophylaxe

Schon beim Hundekauf sollte man einen Hund auswählen, der von seinen Anlagen her gut in seinen zukünftigen Lebensraum passt. Auch wenn grundsätzlich jeder Hund ein Jagdraubtier ist, so sind doch einige Rassen aufgrund ihrer jahrzehnte- bis jahrhundertelangen Zucht so weit in ihren Jagdambitionen eingeschränkt, dass sie sich besser für ein Leben ohne Jagdmöglichkeiten eignen als zum Beispiel Hunde aus einer Jagdleistungszucht. Kaum einem anderen Problem kann man also so leicht aus dem Weg gehen.

Therapievorschlag

Sinn und Zweck der Therapie ist es, gemäß der Gegenkonditionierung (Trainingsprogramm 4) den Hund zu Aktivitäten zu animieren, die ihm ebensoviel Spaß bereiten wie das Jagen selbst.

Hierfür kommt an erster Stelle ein Jagdspiel in Frage, denn so können Sie seine natürlichen Anlagen in der Therapie geschickt nutzen.

Während der gesamten Trainingsdauer sollte dem Hund jede Möglichkeit zum Jagen genommen werden. Gehen Sie mit ihm nur an der Leine oder in einer Gegend spazieren, wo kein Wild vorkommt. Gleichzeitig sollten Sie dem Hund zur besseren Kontrolle die Befehle SITZ, PLATZ, STEH, HIER und BLEIB beibringen und täglich üben. Loben Sie den Hund jedes Mal besonders bei guter Ausführung .

> Es ist ein ausgesprochen hohes Ziel, das Sie sich stecken, wenn Sie versuchen, die Jagdleidenschaft des Hundes unter Kontrolle zu bringen. Sie sollten sich deshalb von vornherein darüber im Klaren sein, dass solch ein Training mehrere Monate dauern kann, je nachdem wie stark die Jagdleidenschaft des Hundes ist. Es bedarf an die fünftausend Wiederholungen der Übung, bis sie der Hund verinnerlicht hat.

Die Therapie selbst beginnen Sie am besten zunächst zu Hause, und zwar indem Sie dem Hund den Befehl DOWN (der Hund muss im Liegen auch den Kopf auf den Boden legen) beibringen. Nach und nach üben Sie diesen Befehl auch draußen und belohnen den Hund stets überschwänglich, wenn er alles richtig gemacht hat.

Parallel dazu muss dem Hund ein besonderes Spielzeug als Ersatzobjekt angeboten werden, mit dem er die für ihn wichtigsten Teile der Jagdhandlungskette durchlaufen kann. Das heißt, er muss das Objekt erst jagen, überwältigen und dann totschütteln können. Gut geeignet sind zum Beispiel Gummispielzeuge, deren Absprungswinkel nicht so leicht vorauszusehen ist wie der eines Balles. Mittlerweile gibt es von verschiedenen Firmen unterschiedlich gestaltete Spielzeuge, die diese Bedingungen erfüllen. Einige Hunde sprechen besonders gut auf fell- oder stoffbezogene Bringsel an. Diese gibt es mit und ohne Quietschemechanismus. Nach Belieben können die Spielzeuge mit einer Kordel versehen werden.

Mit solchem Spielzeug sollten Sie übermütig mit dem Hund herumtoben und ihn für die Teilnahme an diesem Spiel zusätzlich durch verbales Lob oder mit Leckerchen belohnen. Mit schnellen Bewegungen kann man den Hund für solche Spiele noch leichter begeistern. Hunde mit sehr starker Jagdpassion sollte man auch während des Spiels zunächst angeleint lassen. Diese Spielsequenzen wiederholen Sie im Haus und auch draußen mehrmals täglich, bis Sie das Gefühl haben, dass sie für den Hund zum freudigsten Erlebnis des Tages geworden sind. Haben Sie dies erreicht, können Sie den nächsten Schritt wagen und mit dem Hund an einer Stelle spazieren gehen, wo er erfahrungsgemäß zur Jagd animiert wird.

Die Übung DOWN und das Spiel, das man gut mit einem zusätzlichen Befehl wie ACHTUNG koppeln kann, sollte nun auf diesem Terrain durchgeführt und der Hund für seine Konzentration auf die Befehle überschwänglich gelobt werden. Wiederholen Sie diese Übungen täglich und steigern Sie den Schwierigkeitsgrad vorsichtig und schrittweise. In Gebieten mit Hunden, die Ihren Hund zum Jagen verleiten könnten oder wo durch die Wilddichte mehr Anreiz zur Jagd besteht, wird die Übung immer schwieriger. Gehen Sie kein zu großes Risiko für einen Zwischenfall ein!

Die oftmals angepriesene und in letzter Zeit kontrovers diskutierte Möglichkeit, mit Elektroschocks auf den Hund einzuwirken, ist kritisch zu betrachten. Selbst bei sachgemäßer Anwendung durch einen umsichtigen Fachmann, der sich gut im Hundeverhalten auskennt, kann es durch Mängel im Trainingsablauf oder unvorhergesehene Situationen zu Fehlverknüpfungen kommen. Das passiert relativ leicht, wenn der Hund den Stromstoß statt auf seine Jagdhandlung beispielsweise auf einen in diesem Moment vorbeifliegenden Vogel oder auch auf eine Hummel bezieht. So kreiert man einen leidenschaftlichen Jagdhund, der in der Zukunft in Bezug auf den jeweiligen Zwischenfall paranoide Angstzustände durchlebt.

Abgesehen von diesen Problemen beim Einsatz der Elektroschockhalsbänder sollte man auch ethische Aspekte und den Tierschutzgedanken bei der Wahl der Therapieform berücksichtigen. Ich finde es ausgesprochen fragwürdig, ob der Einsatz von Elektroschocks als Erziehungsmittel vor dem Hintergrund zu vertreten ist, dass der Hund schließlich als Jagdraubtier gezüchtet und auch mit diesem Wissen um sein Wesen gekauft wurde.

Im Übrigen besagt das am 1.6.1998 in Kraft getretene neugefasste Tierschutzgesetz in § 3 Nr. 11: »Es ist verboten, ein Gerät zu verwenden, das durch direkte Stromeinwirkung das artgemäße Verhalten eines Tieres, insbesondere seine Bewegung, erheblich einschränkt oder es zur Bewegung zwingt und dem Tier dadurch nicht unerhebliche Schmerzen, Leiden oder Schäden zufügt, soweit dies nicht nach bundes- oder landesrechtlichen Vorschriften zulässig ist.« Beim Druck dieses Buches lagen noch keine entsprechenden bundes- oder landesrechtlichen Vorschriften vor, die diesen Paragraphen näher auslegen.

Treiben bei Hütehunden

Problem

Es gibt einige Hütehunde, die wie bei der echten Arbeit mit Schafen oder anderem Vieh auch in der Wohnung oder im Garten ihrem Hütetrieb nachgehen. Sie treiben dort die Kinder der Familie oder auch Katzen und andere kleine Haustiere, ja sogar andere Hunde zusammen. Zum echten Problem wird dieses Verhalten dann, wenn der Hund seinem Wirken dadurch Nachdruck verleiht, dass er nach den Fersen schnappt, um das jeweilige Opfer in die gewünschte Richtung zu zwingen.

Ursache

Hüteverhalten ist eine genetisch verankerte Handlung, die bei einigen Rassen durch Zuchtwahl besonders stark und bei anderen so gut wie überhaupt nicht ausgeprägt ist. Langeweile oder ein Mangel an artgerechten und der Rasse entsprechenden Betätigungsmöglichkeiten verleiten Hunde dazu, das Hüteverhalten auf die genannten Ersatzobjekte auszudehnen.

Aber auch ein unterschwellig vorliegendes Rangordnungsproblem kann Auslöser dafür sein, denn Hüten und Treiben beinhaltet durchaus eine dominante Komponente. Selten tritt Hüten auch als Stressventil auf oder wird im Zusammenhang mit Aufmerksamkeit erheischendem Verhalten beobachtet.

Besonderheiten

Abgesehen vom eigentlichen Treiben zählt zum Hüteverhalten auch das Anstarren bei geduckter Haltung, das Anschleichen sowie das Schnappen nach den Fersen und das Nachjagen. Meist zeigen betroffene Hütehunde alle diese Verhaltensweisen, wobei natürlich das Schnappen nach den Fersen die eindrucksvollste und auch unangenehmste für den Menschen ist.

Therapievorschlag

Die Therapie dieses Problems besteht darin, dem Hund nach dem Prinzip der Gegenkonditionierung ein Ersatzverhalten abzuverlangen, das durch Lob und Aufmerksamkeit für ihn an Bedeutung gewinnt und im Idealfall mit dem Hüten oder Treiben nicht vereinbar ist. Wenn Kinder vom Treiben betroffen sind, ist es ratsam, sie in das im Anhang als Trainingsprogramm 4 beschriebene Übungsprogramm mit einzubeziehen. Dadurch, dass sie unter Aufsicht mit dem Hund die Übungen auch selbst trainieren, erlangen die Kinder für den Hund eine andere Bedeutung. Sie stellen dann nicht mehr nur potentielle Opfer der Treibelust, sondern »kleine Chefs« dar, die dem Hund viel Spaß und Anerkennung bei den verschiedensten Übungen bereiten können.

Gleichzeitig zur Gegenkonditionierung kann man die Kinder auch mit einem Gerät ausstatten, das ein für den Hund unangenehmes Geräusch erzeugt. Dies ist immer dann einzusetzen, wenn der Hund wieder dabei ist, sie zusammenzutreiben oder zu dirigieren. Lässt er sich durch den Ton vom Treiben abbringen, sollte man sofort daran die Übung anschließen, die man als Ersatzverhalten etablieren möchte. Für die ordentliche Ausführung sollte er dann überschwänglich gelobt werden. Das können selbstverständlich nach einer entsprechenden Anleitung auch die Kinder selbst tun. Um das Training und vor allem das Zusammenleben zu erleichtern, bis der

Hund die Übungen verinnerlicht hat, empfiehlt sich auch hier der Einsatz eines Hundehalfters (Trainingsprogramm 2).

Neben der oben beschriebenen speziellen Therapie sollten Sie sich unbedingt überlegen, wie Sie dem Bedürfnis des Hundes nach einer Aufgabe, die seiner Veranlagung entspricht, nachkommen können. Teilnahme an der einen oder anderen Sparte des Hundesportes bietet solche Möglichkeiten. Als Beispiel soll an dieser Stelle Agility genannt werden, eine Sportform bei der sowohl Gehorsam als auch Schnelligkeit und Geschicklichkeit gefordert sind.

Sollten Hinweise dafür vorliegen, dass hinter dem Verhalten des Hundes ein Rangordnungsproblem oder eine Verhaltensweise steht, um Aufmerksamkeit zu erheischen, wird auf die an entsprechender Stelle gemachten Therapievorschläge verwiesen.

Graben

Problem

Nahezu alle Hunde graben gerne in lockerer Erde oder im Sand und verstecken gelegentlich auch ein Spielzeug oder einen Kauknochen in den Löchern. Zum Problem wird dieses Verhalten erst, wenn der Hund andere gartenbauliche Vorstellungen hat als seine Besitzer.

Nach getaner Arbeit wird das Grasbüschel totgeschüttelt.

Ursache

Es gibt verschiedene Gründe für dieses Verhalten. Oft steht die bloße Lust des Hundes im Vordergrund. Die Freude am Graben variiert hier von Hund zu Hund stark. Langeweile und der Mangel an einer echten Aufgabe verleiten Hunde oft zum Graben. Auch im Zusammenhang mit dem Nahrungserwerb spielt Graben eine gewisse Rolle, nämlich wenn der Hund Essensreste versteckt oder wieder ausgräbt. Zum anderen graben sich Hunde gerne ein Mulde oder sogar eine kleine Höhle, um sich darin auszuruhen. Besonders bei heißem Wetter ist dies beliebt, weil die aufgewühlte und feuchte Erde ihnen angenehme Kühlung verschafft.

Das Graben und Arrangieren eines kleinen Nestes kann man auch bei Hündinnen kurz vor der Geburt ihrer Welpen oder aber bei scheinträchtigen Hündinnen beobachten. In einigen Fällen ist Graben, das ebenso auf ungeeignetem Boden im Haus gezeigt werden kann, auch Ausdruck starken Stresses. Es kann mit Trennungsangst vergesellschaftet oder – recht selten – Ausdruck einer Stereotypie sein.

Prophylaxe und Therapievorschlag

Sollte das Graben des Hundes im Garten Anstoß erregen, können Sie das Problem meist dadurch lösen, dass Sie eine kleine »Baustelle« oder einen Sandkasten für Ihren Hund einrichten. Um dem Hund diesen Platz besonders nahezubringen, können Sie dort kleine Leckerbissen oder auch ein begehrtes Spielzeug verstecken und ihn unter zusätzlichem Lob zum Graben anhalten. Wenn der Hund mit besonderer Hingabe buddelt, muss man hin und wieder die Löcher zuschütten. Dies können Sie immer gleich dazu nutzen, die Attraktivität der erlaubten Grabestelle zu erhöhen, indem Sie dort einige Kleinigkeiten verstecken. Bieten Sie dem Hund durch Spiele, Sport und Übungen viel Abwechslung und geben Sie ihm eine Aufgabe, um ihm die Langeweile im Alltag zu nehmen.

Handelt es sich um ein Symptom der Trennungsangst, eine Stereotypie oder um den Nestbau einer scheinträchtigen Hündin, sei auf die entsprechenden Kapitel verwiesen.

Ob sich ein Hund – wie hier – genüsslich wälzt oder um sich zu »parfümieren«, kann man leicht an seiner Haltung unterscheiden.

Wälzen

Problem

Fast alle Hunde lieben es, sich von Zeit zu Zeit im Schnee, auf der Wiese oder im Sand zu wälzen. Einige haben aber auch die leidige Angewohnheit, dies in Fäkalien oder auf toten Tieren zu tun.

Ursache

Sich zu wälzen, ist eine völlig normale Verhaltensweise, die jeder Hund von Zeit zu Zeit ausführt. Zu Problemen und somit zum Nachdenken über die Ursache dieses Verhaltens kommt es meist erst dann, wenn sich die Tiere in für das menschliche Empfinden wenig attraktiven Gerüchen wälzen. Eine harmlose Variante stellt das Wälzen auf Spielzeugbeute dar.

Über den Ursprung dieser Angewohnheit gibt es verschiedene Theorien. Eine besagt, dass Hunde dieses Verhalten zeigen, um ihren eigenen Geruch zu überdecken, da es früher bei der Jagd wichtig war, möglichst unerkannt zu bleiben. So fragwürdig dieser Erklärungsversuch ist und was auch immer die wirkliche Ursache sein mag, fest steht, dass Hunde sich in stinkenden Dingen ausgesprochen lustvoll wälzen und sich danach gut fühlen – ganz im Gegensatz zu den Besitzern!

Andere Theorien stellen die Fellpflege in den Vordergrund. Das trifft sicherlich für normales Wälzen zu, hat aber nicht unbedingt etwas mit dem Wälzen in bestialischen Gerüchen zu tun.

Hindert man die Hunde am Wälzen, entschließen sich einige, statt dessen auf dem Unrat eine Urinmarke zu hinterlassen. Aufgrund dieser Tatsache könnte man vermuten, der Sinn für den Hund bestehe darin, Besitzansprüche auf den »Dreck« zu erheben und die eigene Rangstellung durch den Gestank zu bestätigen oder aufzuwerten. All diese Überlegungen sind Hypothesen, die nicht bewiesen sind.

Diese Haltung ist typisch, wenn sich der Hund in »Düften« wälzt.

Besonderheiten

In den meisten Fällen kann man schon durch aufmerksames Beobachten des Hundes abschätzen, ob er sich tatsächlich nur aus Spaß an der Freude oder etwa ganz bewusst in einer übelriechenden Masse wälzen will. Letzteres trifft zu, wenn die Hunde die Stelle besonders genau beschnüffeln und sich dann vor allem mit der Hals- und Schulterpartie in den ekelerregendsten Dingen reiben.

Therapievorschlag

Leider gibt es für dieses Verhalten keine passende Alternative, die man dem Hund anbieten könnte, denn das Verhalten an sich scheint selbstbelohnend zu sein. Das einzige, was man tun kann ist, den Hund rechtzeitig davon abzuhalten.

Möglicherweise führt es auch zum Erfolg, wenn man den Hund, nachdem man verhindert hat, dass er sich wälzt, zum Zweck der Gegenkonditionierung eine einfache Ersatzhandlung ausführen lässt. Dafür wird er dann mit einem besonders schmackhaften Leckerchen belohnt. Mit der Zeit kann er so die Verknüpfung herstellen, dass er dieses besonders begehrte Leckerchen nur bekommt, wenn er die Ersatzhandlung ausführt, statt sich zu wälzen. Der Haken an diesem Training ist allerdings, dass man einige Male schneller sein muss als der Hund und die Ersatzhandlung von ihm verlangen muss, bevor er sich gewälzt hat. Das ist ausgesprochen schwer zu verwirklichen. Um überhaupt eine Chance auf Erfolg zu haben, sollte die in Aussicht gestellte Belohnung für die Ersatzhandlung ein mindestens ebenso großes Verlangen auslösen, wie die für den Hund sehr verlockende Aussicht, zum Himmel stinken zu können.

Grasfressen und Schlittenfahren

Problem

Sowohl Fressen von Gras oder anderen Pflanzen als auch Rutschen auf dem Hinterteil, im Volksmund als »Schlittenfahren« bezeichnet, stellen rein medizinische Probleme dar. Sie treten häufig auf und sollen hier kurz erwähnt werden, weil sie auch Verhaltensauffälligkeiten darstellen.

Wenn Hunde nur gelegentlich Gras fressen, kann man das Verhalten im Allgemeinen vernachlässigen, auch wenn sie sich unter Umständen danach erbrechen. Zum Problem wird es allerdings, wenn die Hunde besonders häufig oder übermäßig viel Gras oder andere Pflanzen fressen. Wenn die Hunde sich dann erbrechen, ist das Erbrochene oftmals von gelblicher Farbe und kann schaumig aussehen, was darauf schließen lässt, dass Gallenflüssigkeit und Luft in den Magen gelangt sind.

Das sogenannte Schlittenfahren des Hundes tritt sowohl im Haus als auch draußen auf. Gelegentlich ist es damit verbunden, dass die Afterregion hektisch beleckt wird oder der Hund sich gar die Schwanzhaare ausreißt.

Ursache

Wie bereits erwähnt, deuten beide Verhaltensweisen auf eine Erkrankung hin. Hunde, die dazu neigen, fast anfallartig oder übermäßig oft Gras zu fressen, leiden in aller Regel unter einer Magenentzündung, Magengeschwüren oder einer anderen Störung im Magen-Darm-Trakt.

Beim Schlittenfahren kommen zwei Diagnosen in Betracht: Zum einen kann Wurmbefall zu starkem Juckreiz in der Afterregion führen. Die Tiere versuchen, sich durch das Rutschen über den Boden Erleichterung zu verschaffen. Zum anderen können aber auch verstopfte oder entzündete Analdrüsen ein derartiges Verhalten auslösen.

Besonderheiten

Obwohl es eine normale Verhaltensweise ist, die fast jeder Hund gelegentlich zeigt ohne dass irgendein Problem vorliegt, bekommt Hunden übermäßiges Grasfressen nicht. Es entsteht ein Teufelskreis zwischen Unwohlsein und dem sich daraus ergebenden Bedürfnis wieder Gras zu fressen, gefolgt von erneutem Unwohlsein und so fort. Sie sollten Ihren Hund dann unbedingt vom Grasfressen abhalten.

Prophylaxe

Regelmäßige Entwurmungen oder Kotuntersuchungen auf Parasiten helfen, das durch Wurmbefall verursachte Schlittenfahren zu verhindern.

Therapievorschlag

Hunde, die eine dieser beiden problematischen Verhaltensweisen zeigen, sollten in jedem Fall umgehend dem Tierarzt vorgestellt werden. Dieser wird die nötigen Untersuchungen durchführen und anschließend die entsprechende Therapie ansetzen. Im Prinzip besteht kein Grund zur Besorgnis, denn diese Krankheiten sind zu behandeln, wenn auch leider mehr oder weniger oft Rückfälle zu beobachten sind.

Unvermögen, Treppen zu begehen

Problem

Ein nicht allzu häufig auftretendes Problem entsteht, wenn der Hund sich weigert, Treppen zu begehen. Dies kann je nach Wohnsituation und Größe des Hundes ein Zusammenleben unnötig belasten. Es tritt meist bei Hunden auf, deren Vorgeschichte unbekannt ist oder die früher in irgendeiner Form der Isolation gelebt haben. Bei Hunden hingegen, die in einem normalen Umfeld in häuslicher Umgebung aufgewachsen sind, ist dieses Problem selten anzutreffen.

Ursache

Wenn man Bewegungsschmerzen von vornherein als Ursache ausschließen kann, ist das Verhalten als angstbedingt einzustufen. Die Wurzeln des Problems liegen darin, dass frühe Erfahrungen mit dem Treppensteigen fehlen. Meist bereitet Aufwärtsgehen dem Hund weniger große Schwierigkeiten, weil er genau sehen kann, wo er seine Pfoten hinsetzt. Abwärtsgehen dagegen ist für einen Hund wesentlich schwieriger.

Hunde, die in ihrer frühen Entwicklung nicht die Gelegenheit hatten, in einem spielerischen Kontext viele verschiedene Bewegungsformen auszuprobieren, wie sie für das Herabsteigen einer Treppe notwendig sind, scheuen oftmals vor Treppen zurück. Das ist leicht nachzuvollziehen, wenn man sich selbst einmal auf allen Vieren vor einen Treppenabsatz begeben und versucht hat, in dieser Haltung die Treppe herunterzugehen.

Eine offene Wendeltreppe mit Metallgitterstufen erfordert auch von einem treppenerfahrenen Hund viel Konzentration.

Ein weiterer Aspekt, weshalb Hunde die Treppe scheuen, wenn es abwärts geht, könnte ihre im Vergleich zum Menschen schwächere Sehkraft sein. Besonders bei schlechten Lichtverhältnissen sind Hunde gezwungen, in einen ungewissen Abgrund zu gehen, was sie verständlicherweise veranlassen kann, dies zu verweigern.

Besonderheiten und Prophylaxe

Hunde großer Rassen zählen häufiger zu den Problempatienten. Das liegt vermutlich daran, dass sie die zusätzliche Schwierigkeit zu meistern haben, ihre vier Pfoten auf verschiedenen Stufen platzieren zu müssen und nicht wie kleine Hunde von Stufe zu Stufe hüpfen können.
Genau wie Kleinkinder müssen auch Hunde die verschiedenen Bewegungsformen erlernen. Das geschieht normalerweise ins Spiel eingebunden innerhalb der ersten Lebenswochen und -monate. Nach und nach werden die zunächst tolpatschigen Welpenbewegungen gegen die wesentlich anmutigeren, zielorientierten und dadurch auch ökonomischeren Bewegungen des erwachsenen Hundes ersetzt.

Alle Erfahrungen, die bis zur 16. Lebenswoche, also während der Sozialisationsphase gemacht werden, speichert der Hund als normale Umwelteindrücke ab. Hierzu zählt auch Treppensteigen. Wenn er während dieser Zeit keine Gelegenheit hatte, mit einer Treppe Bekanntschaft zu machen, wird er beim ersten Mal nicht wissen, wie er damit umgehen soll und sich zweifelsohne ängstigen. Durch eine möglichst breit angelegte Sozialisation und frühe Übungen, einzelne Treppenstufen zu überwinden, wirkt man der Entstehung des Problems entgegen.

Therapievorschlag

Um dem erwachsenen Hund das Erlernen dieser neuen Bewegung zu erleichtern, kann man ihm gleichzeitig zu den anderen Therapiemaßnahmen Massagen verabreichen, die sein Körpergefühl verbessern. Dabei sollte natürlich besonders der Bein- und Pfotenbereich berücksichtigt werden.

Im Folgenden ist ein spezielles Desensibilisierungsprogramm beschrieben mit dem Ziel, dem Hund Schritt für Schritt die neuen und ungewohnten Bewegungen beizubringen, so dass er später angstfrei treppauf und treppab laufen kann.

Dazu müssen Sie einen geeigneten Übungsplatz finden oder aber sich zunächst künstlich ein paar Stufen und später eine kleine Treppe zusammenbasteln. Zu Beginn des Trainings muss man den Hund auf die unterste Stufe heben oder eine Treppe mit sehr tiefen Stufen finden, auf die er freiwillig geht. Dort lässt man ihn einen kurzen Moment lang stehen, bevor man ihn heruntersteigen lässt. Für die erfolgreich absolvierte Übung wird er besonders überschwänglich gelobt. Wenn Sie möchten, können Sie diese Übung auch mit einem Wort wie RUNTER koppeln. Sobald der Hund die Übung angstfrei beherrscht, können Sie eine weitere Stufe einbeziehen, bis der Hund schließlich eine kleine Treppe mit etwa zehn Stufen bewältigen kann. Wenn Sie selbst eine Treppe basteln, sollten Sie dies so gestalten, dass die einzelnen Stufen übereinander zusammenschiebbar sind. Dann können Sie die Übung mit tiefen Stufen beginnen und ganz langsam die Schwierigkeit steigern, indem Sie jeweils drei Zentimeter der Stufentiefe verringern, bis sie der Problemtreppe entspricht. Wenn diese Übung gut klappt, können Sie den Hund an die echte Treppe heranführen, bei der es zu den Problemen gekommen ist und ihn mit ein wenig Futter als Belohnung und gegebenenfalls mit dem neuen Befehl dazu bringen, die Treppe hinabzugehen.

Auch wenn es den Hunden meist weniger Schwierigkeiten bereitet, eine Treppe hinaufzulaufen, sollte man in den Übungen beides verlangen, damit es später nicht plötzlich treppauf zu Problemen kommt.

Hunde gehen übrigens eine Treppe wesentlich lieber an der Wandseite abwärts als am Geländer. Auf diese Eigenart sollten Sie unbedingt Rücksicht nehmen. Um dem Hund noch zusätzliche Sicherheit zu geben, können Sie gegebenenfalls das Geländer verhängen, so dass es aussieht wie eine Wand. Genügend Licht erleichtert dem Hund die Übung ebenfalls.

Für Hunde, die nicht so selbstsicher sind oder auch in anderen Momenten immer einmal wieder vor neuen Dingen zurückscheuen, ist außer diesem konkreten Training an der Treppe auch das Trainingsprogramm 6 zur Stärkung des Selbstvertrauens sehr zu empfehlen.

Um in besonders schweren Fällen überhaupt Zugang zum Hund zu bekommen und das Training beginnen zu können, ist der Einsatz von angstmindernden Medikamenten angezeigt. Diese dürfen allerdings nicht die Lernfähigkeit blockieren. Besprechen Sie diese Möglichkeit mit Ihrem Tierarzt.

Trainingsprogramme

Trainingsprogramm 1

Gewöhnung an das Tragen eines Maulkorbes

Wenn Sie den Hund – ganz gleich aus welchem Grund – an das Tragen eines Maulkorbes gewöhnen wollen, sollten Sie ihm einen leichten Plastik-Gitter-Maulkorb kaufen. Achten Sie darauf, dass der Hund die Schnauze noch ein wenig öffnen kann, um zu hecheln und um ungehindert Wasser aufnehmen zu können. Damit sich der Hund schnell und stressfrei an den Maulkorb gewöhnt, sollten Sie das Tragen von vornherein mit etwas Positivem koppeln. Außerdem ist es sinnvoll, die zeitlichen Abstände zwischen den einzelnen Trainingsschritten nicht zu lang zu wählen, um eine baldige Gewöhnung sicherzustellen.

Der Hund sollte auch mit einem Maulkorb Wasser trinken können.

1 Schmieren Sie etwas Leckeres, beispielsweise Schmelzkäse oder Leberwurst, vorne und auch seitlich zwischen die Plastikgitterstäbe des Maulkorbes. Halten Sie dem Hund nun den Maulkorb hin und ermutigen Sie ihn, die Leckerei von innen herauszulecken. Wiederholen Sie diese Übung ein paar Mal, bis der Hund sich das Überstülpen des Maulkorbes gut gefallen lässt.

2 Beim nächsten Mal schnallen Sie den wiederum mit einer Belohnung versehenen Maulkorb kurz fest, loben den Hund und lassen ihn eine leichte Übung machen, um ihn vom Tragen des Maulkorbes abzulenken. Nach kurzer Zeit nehmen Sie ihm diesen wieder ab. Wiederholen Sie diese Übung ruhig mehrmals täglich, aber verlangen Sie vom Hund jeweils nur ein kurzes Tragen des Maulkorbes.

3 Wenn er sich schon gut an die vorige Übung gewöhnt hat, können Sie den Maulkorb nun beim Aufsetzen gleich festschnallen und den Hund eine Übung machen lassen. Belohnen Sie ihn durch die Gitterstäbe hindurch. In Streifen ge-

Dieser Hund ist noch sehr skeptisch. Nur ein Belohnungsleckerchen mit starkem Motivationscharakter wird ihn seine Skepsis überwinden lassen.

schnittene Käsescheiben oder auch im Handel erhältliche flache Hundeleckerchen eigenen sich dafür gut. Steigern Sie nun langsam die Zeitabstände, bis Sie den Maulkorb wieder abnehmen. Angemerkt sei in diesem Zusammenhang, dass Sie bei gierigen oder bissigen Hunden sehr darauf achten müssen, keine Finger zwischen die Stäbe zu halten, weil der Hund bei diesen Maulkörben noch Bewegungsspielraum mit der Schnauze hat. Bissverletzungen können nur durch entsprechende Vorsicht ausgeschlossen werden!

4 Sinnvoll ist es, den Hund auch bei den folgenden Malen während des Tragens des Maulkorbes möglichst gut abzulenken und von ihm ein paar Übungen zu verlangen, für die Sie ihn belohnen sollten. Auf diese Weise lernt der Hund, dass das für ihn zunächst ungewohnte Tragen des Maulkorbes stets mit etwas Positivem – der Aufmerksamkeit und den Futterbelohnungen – gekoppelt ist. Er wird sich dann nicht sträuben, den Maulkorb zu tragen, sondern sich regelrecht darauf freuen.

Trainingsprogramm 2

Gewöhnung an das Tragen eines Hundehalfters

Dadurch, dass Sie den Hund vom Kopf her lenken, wenn er ein Hundehalfter trägt, gewinnen Sie leicht gute Kontrolle über ihn. Sie können ihm mit dieser Hilfe nun ohne Anstrengung beibringen, zum Beispiel auf dem Spaziergang nicht mehr an der Leine zu ziehen. Auch bei anderen Übungen können Sie durch das Hundehalfter verhindern, dass der Hund auf ablenkende Reize reagiert und erreichen so, dass er sich besser konzentriert. Beim ersten Mal empfinden Hunde das Tragen eines Hundehalfters allerdings oft als unangenehm oder lästig, weil sie es nicht gewöhnt sind, etwas auf der Nase zu spüren. Welpen oder jungen Hunden geht es bei der Gewöhnung an ein herkömmliches Halsband nicht anders. Um die Eingewöhnung zu erleichtern, empfiehlt sich folgende Vorgehensweise:

1 Der geringste Widerstand gegen das Aufsetzen des Hundehalfters wird Ihnen der Hund entgegenbringen, wenn Sie ihn mit Hilfe eines Leckerchens dazu bringen, von selbst die Nase durch die Schlaufe zu stecken. Wiederholen Sie dieses Prozedere einige Male. Dann können Sie das Halfter befestigen und den Hund mit einer Übung ablenken, für deren gute Ausführung er natürlich belohnt wird.

2 Nachdem Sie die Leine mit der einen Seite am Halsband (damit der Hund nicht rückwärts aus dem Hundehalfter herausschlüpfen kann) und mit der anderen am

Um das Leckerchen zu erhalten, steckt der Hund seine Schnauze freiwillig durch die Schlaufe.

Halfter befestigt haben, sollten Sie den Hund ein paar Schritte führen. Wenn er läuft, ohne mit den Pfoten am Halfter zu kratzen oder mit dem Kopf zu schütteln, sollten Sie ihn mit Lob und Leckerchen bedenken. Dieser erste Gang sollte kurz sein, damit beim Hund kein Unmut aufkommt. Das Halfter nehmen Sie dann bis zur nächsten Eingewöhnungsübung wieder ab.

3 Beim nächsten Mal gehen Sie im Prinzip genauso vor, können aber die Zeit ein klein wenig ausdehnen. Um den Hund vom Tragen des Halfters abzulenken, können Sie den Gang mit ein paar einfachen Übungen unterbrechen. Oder Sie lassen den Hund während des Gehens an einem Leckerchen oder Spielzeug schnüffeln.

4 Sollte sich der Hund mit den Pfoten gegen das Halfter wehren, was zu Beginn häufig der Fall ist, stellen Sie dies ab, indem Sie das Leinenende, das am Halfter befestigt ist, sanft aber unnachgiebig in die Höhe ziehen, so dass der Hund seinen Kopf unweigerlich heben muss und dann auch nicht mehr mit den Pfoten dran kommt. Anschließend lassen Sie den Hund beispielsweise SITZ machen und belohnen ihn. Bedenken Sie, dass der Hund sich vom Tragen des Halfters nur mit etwas besonders Interessantem ablenken lassen wird!

5 Sie sollten strikt darauf achten, die Übung immer nur in einem Moment abzubrechen, in dem der Hund sich nicht gegen das Halfter sträubt. Sonst lernt er

Loben Sie Ihren Hund, wenn er sich nicht gegen das Halfter wehrt.

schnell, dass übermäßiges Sträuben dazu führt, dass ihm das Halfter wieder abgenommen wird.

6 Hat sich der Hund bereits gut an das Tragen des Hundehalfters gewöhnt, können Sie dieses auch mit einer Ausziehleine statt mit einer normalen Leine verbinden. Das empfiehlt sich besonders bei ängstlichen Hunden, denn so haben sie die Möglichkeit, angstauslösenden Situationen oder bedrohlichen Konfrontationen – zumindest in einem gewissen Radius – aus dem Weg zu gehen.

7 Wollen Sie den Hund von einem bestimmten Objekt ablenken, von dem Sie wissen, dass er ängstlich oder aggressiv darauf reagiert, lenken Sie durch sanften Zug an dem am Hundehalfter befestigten Leinenende einfach den Kopf des Hundes in Ihre Richtung.

Anmerkung: Wenn ein Hund erst einmal an das Tragen des Halfters gewöhnt ist, kann man oft besonders bei nervösen und eher ängstlichen Hunden beobachten, dass sie durch das Tragen des Halfters ruhiger und selbstsicherer werden. Sie müssen sich nun mit ihnen kritisch erscheinenden Situationen auseinandersetzen, während sie sich an einem normalen Halsband bei einer solchen Gelegenheit panisch und kopflos in die Leine hängen, sich zusätzlich die Luft abdrücken und durch den Sauerstoffmangel noch panischer werden. Ziehen Sie niemals ruckartig an dem mit dem Halfter verbundenen Leinenende. Ruckartige Bewegungen oder Korrekturen sind beim Einsatz eines Halfters nicht angezeigt und auch nicht notwendig. Nehmen Sie dem Hund das Halfter ab, wenn er spielt oder frei läuft.

Trainingsprogramm 3:

Allgemeine Maßnahmen zur Desensibilisierung

Bevor man eine gezielte Desensibilisierung beginnt, sollte man sich bewusst sein, dass je nach Ausprägung des Problemverhaltens, der Lernfähigkeit des Hundes und den Möglichkeiten des Trainingsansatzes ein solches Programm mehrere Wochen oder Monate dauern kann! Es macht sich in jedem Fall bezahlt, die Übungsschritte möglichst klein zu wählen, denn so kommt man letztendlich am schnellsten und ohne Zwischenfälle vorwärts.

1 Versuchen Sie jeden Reiz, der das Problemverhalten auslöst, sicher zu identifizieren, denn das Prinzip der Desensibilisierung ist nur anzuwenden, wenn der Auslöser bekannt ist und in einer Übungssituation reproduziert werden kann.

2 Finden Sie eine Möglichkeit, die Intensität dieses Reizes auf ein für den Hund fast nicht mehr wahrnehmbares Maß zu reduzieren. (Beispiele: bei Geräuschen, indem man eine Tonbandaufnahme von dem Geräusch anfertigt und das Band auf der leisesten Stufe ablaufen lässt beziehungsweise sogar die Lautsprecher des Rekorders zusätzlich mit einem Schal umwickelt oder indem man bei einer Schussphobie mit einer Schreckschusspistole einen Schuss in einen dicken Stapel von ineinander geschachtelten Kartons abgibt; bei visuellen Reizen kann man die Intensität über die Entfernung zum Hund regulieren; bei Schwierigkeiten mit Körperkontakten kann man an den Körperstellen beginnen, an denen der Hund sowieso kaum oder gar nicht reagiert etc.).

3 Der Hund sollte auf der kleinstmöglichen Intensitätsstufe in Bezug auf den Reiz, der ehemals das Problemverhalten ausgelöst hat, keine Reaktion mehr zeigen, sondern es soll völlig entspannt sein.

4 Nun können Sie den Hund dem Reiz auf dieser niedrigen Stufe aussetzen.

5 Beschränken Sie sich zunächst auf eine kurze Trainingsdauer.

6 Während der Übung können Sie den Hund gleichzeitig auf ein Spiel, auf Futter oder eine Übung, die er schon sicher beherrscht und gerne ausführt, konzentrieren. Für sein entspanntes Verhalten wird er überschwänglich gelobt.

7 Alle paar Tage können Sie in ganz kleinen Schritten die Intensität des Reizes steigern (z. B. indem Sie – auf die oben gemachten Vorschläge bezogen – etwa zunächst eine Umwicklung des Schals weglassen, einen Pappkarton aus dem Stapel entfernen oder die Entfernung zu dem angstauslösenden Objekt ein wenig verringern). Nach diesem Schema verfahren Sie weiter, bis Sie schließlich die normale Reizintensität erreichen. Es ist wichtig, die Möglichkeit zu haben, die Reizintensität wirklich jedesmal nur minimal zu steigern, denn sonst überschreitet man die Toleranzgrenze des Hundes. Dann ist ein Trainingserfolg schwer zu erreichen.

8 Der Hund sollte während der gesamten Dauer des Traingsprogramms in keiner der Übungen jemals Anzeichen von Angst zeigen. Wenn es während des Trainings doch einmal zu einem Zwischenfall kommt, empfiehlt es sich, das Programm gleich um einige Stufen zurückzuschrauben und von dort aus in noch kleineren Schritten fortzufahren, damit möglichst nichts von der positiven Grundstimmung eingebüßt wird.

9 Für dieses Training kann ein eigener Befehl gewählt werden, der den Hund in Zukunft immer an die lustvollen Erlebnisse erinnert (Futter, Spiel oder eine leichte Gehorsamsübung), die mit viel Lob gefestigt werden sollen.

Trainingsprogramm 4:

Allgemeine Maßnahmen zur Gegenkonditionierung

Gegenkonditionierung bedeutet, eine negative Erwartungshaltung gegen eine positive auszutauschen. Auch unerwünschte Handlungen können so durch erwünschte ersetzt werden.

1 Als Ersatzhandlung muss man etwas wählen, das mit der ursprünglichen Handlung nicht zu vereinbaren ist, zum Beispiel Fressen, Schmusen, Spielen etc.. Besonders geeignet sind bei der Gegenkonditionierung die Befehle SITZ oder PLATZ. Ebenfalls sehr beliebt ist auch ein Ziehspiel mit einer Trophäe. Dieses Spiel kann man ebenfalls mit einem Kommando belegen. Gleichzeitig sollte man dem Hund, indem man die Trophäe gegen ein Leckerchen tauscht, den Befehl AUS beibringen.

2 Der Hund sollte immer mit einem besonderen Lob bedacht werden, wenn er in den Trainingseinheiten auf Befehl seiner Ersatzhandlung zufriedenstellend ausführt, so dass er nach einigen Tagen darauf schnell und entspannt oder freudig erregt reagiert.

3 Nach und nach sollte die Zeitspanne zwischen Befehlsausführung und Auflösung der Übung verlängert werden. Das bedeutet für den Hund, dass er entsprechend lange in der jeweiligen Stellung ruhig verharren oder sich auf das Ziehspiel konzentrieren muss, bevor er dann als Krönung die Belohnung bekommt. Durch verbales Lob für sein braves Verhalten auch während der Übung oder aber durch zackige Bewegungen mit dem Spielzeug kann man sein Interesse über einen längeren Zeitraum fesseln.

4 Durch tägliches Üben der Ersatzhandlung – zunächst unter Ausschluss von Problemsituationen – können Sie erreichen, dass diese Übung den höchsten Stellenwert im normalen Tagesablauf des Hundes bekommt.

5 Wenn der Hund den Befehl schon gut beherrscht, können Sie zum eigentlichen Training übergehen. Das sieht so aus, dass der Hund immer, wenn er die unerwünschte Handlung ausführt, unterbrochen und dazu angehalten wird, sein neu erlerntes Ersatzverhalten zu zeigen. Dazu müssen Sie ihm den entsprechenden Befehl geben und versuchen, ihn – wie auch in den vorangegangenen Übungen – bei der Stange zu halten, das heißt seine Konzentration auf die Ersatzhandlung zu richten.

6 Je besser Sie am Anfang dadurch, dass Sie auf eine geringe Reizintensität achten, Situationen schaffen können, in denen der Hund gut auf die ihm befohlene Ersatzhandlung reagiert, desto schneller und besser stellt er die Verknüpfung zwischen eben dieser Ersatzhandlung und seinem persönlichen Erfolg her. Später wird er auch in schwierigeren Situationen leichter auf den entsprechenden Befehl reagieren.

7 Wenn Sie es einrichten können, sollten Sie sich außerdem anfangs die Möglichkeit offenhalten, die Übung abzubrechen, wenn der Hund sich nicht auf seine Ersatzhandlung konzentriert (beispielsweise indem Sie etwa im Problembereich der Tür diese wieder schließen oder bei Problemen mit Artgenossen nach Möglichkeit noch keine direkten Kontakte mit anderen Hunden wagen).

8 Am Schluss des Trainingsprogramms wird der Hund den Reiz mit der Ersatzhandlung verknüpft haben. Die im Training eingesetzten Ablenkungsmaßnahmen, etwa das Spiel, die Übungen oder auch die Futterhäppchen, erzeugen in ihm eine positive Grundstimmung entsprechend der klassischen Konditionierung .

Trainingsprogramm 5:

Entspannungsübungen

1 Der ideale Befehl für diese Übungen ist PLATZ bzw. ein Pendant, das ihm bedeutet, für längere Zeit ruhig an einem Ort zu bleiben und abschalten zu können.

2 Für den Fall, dass der Hund noch keinen entsprechenden Befehl kennt, gibt es mehrere Möglichkeiten, ihm diesen beizubringen. Dabei sollten Sie für die Übungen eine möglichst ablenkungsfreie und ruhige Umgebung wählen:

- Man hockt sich vor den Hund hin und legt ein besonders begehrtes Leckerchen auf den Boden, das man mit der Hand abdeckt. Nun wartet man solange, bis sich der Hund, der das Leckerchen gerne haben möchte, irgendwann vor das Leckerchen hinlegt. (Zunächst wird er versuchen, durch Lecken, Bellen oder ähnliche Handlungen an das Leckerchen zu kommen). Wenn der Hund liegt, sollte man die Hand sofort wegnehmen und den Hund das Leckerchen zur Belohnung fressen lassen, während man gleichzeitig den Befehl PLATZ ausspricht.
- Man befiehlt dem Hund SITZ und zieht langsam dessen Vorderfüße nach vorne weg, bis er liegt, sagt gleichzeitig den Befehl PLATZ und belohnt ihn mit einem schmackhaften Leckerchen. Wenn er eine erste Verknüpfung hergestellt hat, übt man den Befehl mit immer weniger und schließlich ohne Hilfestellung.
- Man kann dem Hund den Befehl auch indirekt beibringen, indem man immer dann, wenn er von sich aus liegt, den entsprechenden Befehl sagt und ihn mit Lob überschüttet. Es sind einige Wiederholungen notwendig, bis der Hund die Verbindung zwischen seiner Position, dem Befehl und dem Lob hergestellt hat. Nach einigen Trainingseinheiten kann man aber auch den mit dieser Methode erlernten Befehl abrufbar machen.

3 Der Befehl PLATZ soll nun mit dem Befehl BLEIB gekoppelt und die Dauer des Liegens langsam gesteigert werden. Den Schwierigkeitsgrad der BLEIB-Übung können Sie sowohl durch die Zeitdauer (es empfiehlt sich im Sekundenbereich zu beginnen!) als auch durch Ihre Entfernung zum Hund variieren.

4 Bei sehr nervösen und rastlosen Hunden empfiehlt es sich, sie an Ruhepausen zu gewöhnen, die von zunächst wenigen Minuten auf bis zu 1 1/2 oder 2 Stunden gesteigert werden.

5 Es kann notwendig und hilfreich sein,

den Hund während der »Ruhepausen« zunächst so anzuleinen, dass ein entspanntes Liegen für ihn die einzige bequeme Position darstellt.

6 Immer wenn der Hund brav liegt, sollte er von Zeit zu Zeit mit sanfter, schmeichelnder Stimme oder mit einem Leckerchen belohnt werden, ganz gleich ob es nötig war, ihn anzuleinen oder nicht. Die Ruhephasen auf Befehl werden auf diese Weise für den Hund einen hohen Stellenwert im Tagesablauf bekommen.

7 Eine andere Möglichkeit ist, den Hund gemäß der klassischen Konditionierung auf einen Entspannungsbefehl zu konditionieren. Wählen Sie einen ganz bestimmten Befehl, den Sie nur in Momenten der völligen Entspannung des Hundes sagen. Dabei benutzen Sie einen besonders schmeichelnden Tonfall.

Einsetzen kann man den Befehl allerdings später nur dann, wenn die Erregungslage noch nicht zu hoch ist. Das bedeutet, man muss den Entspannungsbefehl beim leisesten Anzeichen einer beginnenden Erregung einsetzen, um diese im Keim zu ersticken. Dies ist eine Form der klassischen Konditionierung.

8 Zur Entspannung sprechen viele Hunde außerdem sehr gut auf alternative Heilmethoden wie beispielsweise Akupunktur, Bachblütentherapie, Homöopathie, Massagen etc. an. Mehr und mehr Tierärzte öffnen sich diesem Feld, ansonsten werden die alternativen Heilmethoden auch von Tierheilpraktikern angeboten. Diese Therapien können parallel zu der oben beschriebenen Erziehungsmethode angewandt werden.

Trainingsprogramm 6:

Allgemeine Maßnahmen zur Steigerung des Selbstvertrauens

1 Um dem Hund mehr Selbstvertrauen zu schenken, können Sie auf dem Spaziergang ruhig mehrmals täglich kleine ungezwungene Übungen einschieben, bei denen der Hund Ihre volle Anerkennung finden sollte. Ideal ist es, wenn Sie an den Übungen selbst mitbeteiligt sind, denn dadurch wird die Mensch-Hund-Beziehung zusätzlich gefestigt. Hervorragende »Partnerübungen« sind zum Beispiel, einen gefällten Baumstamm, eine kleine Mauer, einen großen Stein oder eine Parkbank gemeinsam zu Besteigen. Es ist ganz wichtig, dem Hund durch besonders überschwängliches Lob das Gefühl zu vermitteln, etwas ganz Besonderes getan zu haben, auch wenn er zunächst recht schüchtern an die Sache herangegangen ist.

Je nach Grad der Ängstlichkeit sollten Sie die Übungen entsprechend leicht auswählen und den Hund nicht vor eine zu große Aufgabe stellen. Denken Sie daran, dass Übungen, die für das menschliche Empfinden ausgesprochen einfach sind, vom Hund mitunter ein großes Maß an Konzentration und Mut fordern – schließlich hat er nicht nur zwei, sondern vier Beine zu kontrollieren und verfügt außerdem nicht über die gleiche Sehkraft wie ein Mensch.

2 Eine ebenfalls hervorragend geeignete Methode, Hunden zu mehr Selbstsicherheit zu verhelfen ist, sie im Spiel öfter einmal gewinnen zu lassen. Denn kaum eine andere Handlung hat für den Hund soviel

Ängstlichen Hunden verhilft ein gewonnenes Ziehspiel zu mehr Selbstsicherheit.

Bedeutung, wie solch ein Erfolgserlebnis, besonders wenn es durch zusätzliches Lob verstärkt wurde.

In diesem Fall sind Ziehspiele besonders empfehlenswert, denn hierbei ist die Verknüpfung mit dem Erfolgserlebnis am eindrucksvollsten, da der Hund am Schluss die Trophäe erkämpft hat – und sie in diesem Fall ruhig auch behalten darf. Sollte der Hund noch zu schüchtern sein, um an der Trophäe wirklich zu ziehen, kann er bereits für das bloße Interesse oder auch für das Ins-Maul-Nehmen des Spielzeuges belohnt werden. Auch Such- oder Apportspiele sind geeignet. Stecken Sie die Ziele nicht zu hoch, damit der Hund Erfolgserlebnisse hat!

3 Hunden mit mangelndem Selbstvertrauen kommen außerdem Massagen besonders zugute, da diese zu einem besseren Körpergefühl verhelfen, das besonders bei isoliert aufgezogenen Hunden oft nur ungenügend ausgebildet ist.

Nach entsprechender Anleitung durch einen Fachmann, sei es ein Tierarzt, ein Tierheilpraktiker oder ein Masseur, kann man diese Massagen auch sehr gut selbst zu Hause durchführen. Wichtig ist, dass bei der Massage neben Kopf- und Rückenpartie auch die Gliedmaßen bis hin zu den Pfoten mit einbezogen werden.

4 Wenn man offen ist für alternative Heilmethoden wie Homöopathie, Akupunktur, Bachblüten etc., kann man auch auf diesem Weg versuchen, dem Hund zu mehr Selbstvertrauen zu verhelfen – eine Möglichkeit, die schon bei den Entspannungsübungen angesprochen wurde.

Literaturverzeichnis

Abrantes, R.: Hundesprog. Borgen Forlag, Kopenhagen 1997.

Askew, H. R.: Behandlung von Verhaltensproblemen bei Hund und Katze. Parey Buchverlag im Blackwell Wissenschafts-Verlag, Berlin, Wien 1997.

Bernauer-Münz, H. und Ch. Quandt: Problemverhalten beim Hund. Gustav Fischer Verlag, Jena und Stuttgart 1995.

Brunner, F.: Der unverstandene Hund. Naturbuch Verlag, Augsburg 1994.

Coren, S.: The Intelligence Of Dogs. Headline Book Publishing, London 1994.

Dodman, N.: The Dog Who Loved Too Much. Hodder and Stoughton, London 1996.

Dodman, N.und L. Shuster: Psychopharmacology Of Animal Behavior Disorders. Blackwell Sience Inc., Malden 1998.

Fisher, J.: Think Dog!. Blandford Books, London 1998.

Fisher, J.: Why Does My Dog...? Bantam Books, London 1994.

Feddersen-Petersen, D.: Hundepsychologie. Franckh´sche Verlagshandlung, Stuttgart 1989.

Feddersen-Petersen, D.und F. Ohl: Ausdrucksverhalten beim Hund. Gustav Fischer Verlag, Jena und Stuttgart 1995.

Fogle, B.: Was geht in meinem Hund vor? Gustav Lübbe Verlag, Bergisch Gladbach 1993.

Hallgren, A.: Lehrbuch der Hundesprache. Verlagshaus Oertel und Spörer, Reutlingen 1995.

Hart, B. und L. Hart: Verhaltenstherapie bei Hund und Katze. Enke, Stuttgart 1991.

Landsberg, G., Hunthausen, W. und L. Ackerman: Handbook Of Behaviour Problems Of The Dog And Cat. Butterworth-Heinemann, Oxford 1997.

Manteca, X.: Etología Clínica Veterinaria. Multimédica, Barcelona 1996.

Morris, D.: Warum wedeln Hunde mit dem Schwanz? Heyne Verlag, München 1995.

Mugford, R.: Hunde auf der Couch. Kynos Verlag, Mürlenbach/ Eifel 1991.

Neville, P.: Hunde verstehen. Droemersche Verlagsanstalt, München 1992.

Niemand, H. G. und P.F. Suter: Praktikum der Hundeklinik. Blackwell Wissenschaft Verlag, Berlin, Wien 1994.

O´Farrel, V.: Problem Dog. Mandarin Paperback, London 1994.

O´Farell, V.: Verhaltensstörungen beim Hund. Verlag M. & H. Schaper, Alfeld 1991.

Overall, K. L.: Clinical Behavioral Medicine For Small Animals. Mosby-Year Book Inc., St. Louis, Missouri 1997.

Scott, J. P.und J.L. Fuller: Genetics and The Social Behavior of The Dog. The University of Chicago Press, Chicago 1965.

Tierschutzgesetz vom 1. Juni 1998, Bundesgesetzblatt.

Tortora, D.: Schwieriger Hund was tun?. Albert Müller Verlag, Zürich, Stuttgart, Wien 1979.

Verordnung zum Schutz gegen die Tollwut vom 23.Mai 1991, Bundesgesetzblatt.

Bildquellen

Die Zeichnungen hat Dr. Anna Laukner, Stuttgart, nach Angaben der Autorin gefertigt. Die Grafiken Seite 16, 19 und 24 wurden entsprechend dem Entwurf der Autorin von Artur Piestricow, Stuttgart bearbeitet.

Bildagentur Ipo, Linsengericht:
Seite 11, 27, 33, 52, 73, 78, 87, 118, 131, 144.

Bildarchiv Juniors, Senden: Umschlagrückseite (U.Schanz), Seite 17 (E. Müller), 19 u. 42 (U. Schanz), 76 (R. Zweig), 81 u. 104 (U. Schanz), 153 (St. Liebold), 161 (J.u.P.Wegner).

Marie-Luce Hubert & Jean-Louis Klein, Lupstein: Titelbild, Seite 8, 14, 22, 26, 30, 89, 96, 103, 111, 142, 164, 174, 183.

Dieter Kothe, Stuttgart: Seite 16, 39, 146, 172, 175, 176, 177 (2), 178.

Regina Kuhn, Stuttgart: Seite 12, 107, 160.

Karina Mahnke, Berlin: Seite 66.

Hans Reinhard, Heiligkreuzsteinach:
Seite 70, 85, 108, 154, 169.

Ulrike Schanz, München: Seite 13, 48, 71, 82, 157, 168.

Register

Alles über Haltung und Erziehung.

Wer kennt nicht das mulmige Gefühl, wenn ein unbekannter Hund den Weg kreuzt und das Nackenfell sträubt? Oder wenn der sonst so liebe Golden Retriever plötzlich ein Familienmitglied anknurrt? Häufig weiß keiner so recht, wie er reagieren soll. Dabei signalisieren Hunde in der Regel sehr deutlich, was in ihnen vorgeht. Dieses Buch macht mit ihrem Ausdrucksverhalten vertraut und gibt Tipps zum richtigen Verhalten. Zeichnungen veranschaulichen die Elemente der Körpersprache. Verhaltensprobleme entstehen oft aus Verständigungsproblemen. Wer das Ausdrucksrepertoire von Hunden richtig versteht, kann Problemen vorbeugen.

Die Körpersprache des Hundes. Ausdrucksverhalten erkennen und verstehen. Frauke Ohl. 1999. 111 Seiten, 57 Farbfotos, 22 Zeichnungen. ISBN 3-8001-7445-6.

Dieses Buch zeichnet ein liebevolles, aber objektives Porträt der bärigen Riesen. Zu verschiedenen Themenbereichen gibt es Informationen und Ratschläge, so finden Sie hier z.B. Wissenswertes über die Auswahl des geeigneten Welpen, über Ernährung und Erziehung sowie über die Verantwortlichkeiten eines Hundebesitzers.

Berner Sennenhunde. Alexandra Haug. 1998. 96 S., 63 Farbf. ISBN 3-8001-7399-9.

Der Rottweiler kann auf eine lange Geschichte als Treib- und Herdenschutzhund zurückblicken. Heute gehört er zu den anerkannten Schutzhunderassen und erfüllt bei Polizei, Zoll und Rettungsdiensten wichtige Aufgaben. Sein Image ist das eines wehrhaften Kraftprotzes, doch hinter der rauhen Schale verbirgt sich ein sensibler Kern.

Rottweiler. Torsten Winter. Etwa 96 S. 50 Fotos. ISBN 3-8001-7467-7.

Wenn Sie mehr wissen wollen...

Eine konsequente Erziehung des Hundes ist die Basis für ein konfliktfreies Zusammenleben von Mensch und Tier. Viele Hundehalter besuchen deshalb Übungsgruppen in Hundevereinen und Hundeschulen. Dieses Training soll ab-wechslungsreich sein und Spaß machen – trotz der Mühen, die damit verbunden sind. Für die Kursleiter ist es oft nicht leicht, Tag für Tag und Woche für Woche die Hunde und ihre Besitzer zu motivieren und ihnen zu Erfolgserlebnissen zu verhelfen.

Abwechslung im Hundetraining. Monika Schaal, Ursula Thumm. Etwa 96 Seiten. 40 Fotos, 30 Zeichnungen. ISBN 3-8001-7462-6.

Nordische Hunde. Nordische Jagdhunde, Japanische Spitze, Nordische Hütehunde. Doris Baumann. 3. Auflage 1999. 199 S., 71 Farbf. ISBN 3-8001-7440-5.

Stöckchen holen und Pfote geben, das kann jeder Hund lernen – aber irgendwann wird das langweilig! Die in diesem Taschenbuch beschriebenen 100 Spielideen und Übungen für drinnen und draußen – mit Schritt-für-Schritt-Anleitungen und vielen Fotos – zeigen, wie man garantiert die Langeweile aus dem Hundeleben vertreibt und ihm ganz nebenbei auch den nötigen Gehorsam beibringt. Schließlich kennt die Autorin sich aus, hat sie sich doch intensiv mit der Hundepsychologie auseinandergesetzt.

Celina del Amo. Spielschule für Hunde. 100 Tricks und Übungen. 2. Auflage 1999. 190 S., 86 Farbfotos; 19 Zeichnungen. ISBN 3-8001-6901-0.

Spiel und Spaß mit meinem Hund. Agility, Mobility, Obedience. Doris Baumann. 1997. 149 S., 104 Farbfotos, 32 Zeichnungen. ISBN 3-8001-7377-8.